음식윤리학

음식윤리학

모든 음식인을 위한 응용윤리

김석신 지음

궁리
KungRee

머리말

    음식윤리는 의료윤리, 생명윤리, 환경윤리, 소비윤리, 기업윤리 등과 같은 응용윤리이다. 재미 삼아 닭이 먼저냐 달걀이 먼저냐 식의 우문을 해보자. 의료윤리에서 의료가 먼저인가, 윤리가 먼저인가? 기업윤리에서 기업이 먼저인가, 윤리가 먼저인가? 물론 정답은 없다. 그래도 굳이 답을 고르라고 한다면 아마도 의료나 기업에 동그라미 표시를 할 것 같다. 의료나 기업에서 발생하는 이슈를 윤리적으로 판단하는 것이 응용윤리이기 때문이다. 음식윤리도 마찬가지다.

    일상생활에서 속을 겉으로 싸는 형태의 음식을 자주 본다. 영어로 속 또는 소를 filling, 겉 또는 피를 crust라고 한다. 우리 음식으로는 김밥이, 서양 음식으로는 파이가 대표적이다. 만약 응용윤리를 이런 형태의 음식에 비유한다면, 김밥의 속은 의료나 기업에 해당하고, 겉의 김이 윤리에 해당할 것이다. 김밥의 속에 따라 참치김밥도 되고 멸치김밥도 되듯, 응용윤리의 속에 따라 의료윤리도 되고, 기업윤리도 되는 것이다. 음식윤리도 마찬가지다.

그렇다면 속을 알고 겉을 알면 속을 겉으로 감싼 응용윤리는 자연스럽게 알게 되는 것 아닐까? 이 책의 주제인 음식윤리의 경우라면, 음식을 알고, 윤리를 알고, 음식윤리를 아는, 순차적인 과정을 예상할 수 있을 것이다. 하지만 그 과정이 1+1=2 식으로 간단할까? 생각해보자. 분명 김밥은 속을 김으로 둘둘 만 것이지만, 김밥이 되면 이미 속도 아니고 김도 아니다. 구조가 달라지면서 김밥이라는 새로운 음식으로 창조된 것이다. 김밥은 구성 재료의 단순한 선형적인 합이 아닌, 그 이상의 비선형적인 합, 1+1)2 식의 창조물인 것이다. 즉 일종의 복잡계(complex system)로 보아야 한다. 그러므로 음식을 알고 윤리를 안다고 해도 이해하기 어려운 '깊음'이 음식윤리에 존재한다. 이를 잘 알기 위해서는 깊은 '생각'이 필요할 것이다.

사실 음식윤리는 음식이 지키는 것이 아니라 음식과 관련 있는 사람 가운데 전문인이 지키는 것이다. 이 책에서는 음식과 관련 있는 사람을 줄여서 '음식인'이라고 부른다. 음식인에는 만드는 사람, 파는 사람, 먹는 사람이 있다. 그중 누가 전문인일까? 만드는 사람과 파는 사람은 만드는 것과 파는 것에 각각 전문적인 지식을 가진 사람이므로 응당 전문인으로 볼 수 있다. 그렇다면 먹는 사람도 전문인일까? 그렇다. 먹는 사람이야말로 먹는 것에 관한 한 태어날 때부터 음식 공부를 해온 전문인 중의 전문인이다. 따라서 음식을 만들고 팔고 먹는 음식인 모두가 전문인이며, 모든 음식인을 위한 응용윤리가 바로 이 책이다.

끝으로 이 책의 저술과 출판에 도움을 주신 모든 분들께 감사 인사를 올린다. 우선, 저술을 지원해주신 (재)오뚜기재단과 함태호 이사장님께 감사드린다. 다음, 전문학술서적임에도 기꺼이 출판을 맡아주신 궁리출판의 이갑수 대표님, 김현숙 편집주간님과 궁리의 모든 분께 감사드린다. 그리고 무모한 도전에 격려와 조언을 주신 가톨릭대학교의 여러 교수님들께도 감사의 인사를 전한다. 마지막으로 부모형제를 비롯한 가족들과 내 삶의 의미이자 행복의 원천인 아내와 아이들에게도 사랑과 기쁨을 전한다.

2016년 2월

봉제산(鳳啼山) 선우재(仙羽齋)에서 淡谷

2부 · 음식윤리에 대한 다양한 이론적 접근

3부 · 다른 응용윤리와 음식윤리의 관련성

표 차례

그림 차례

이야기 속의 이야기 차례

디딤돌 차례

음식윤리 사례 차례

들어가는 글

이 책은 1부 '음식과 음식윤리'부터 8부 '음식윤리학의 요약 및 제언'까지 총 8개 부분으로 구성되어 있다. 그리고 독자의 이해를 돕기 위해 '이야기 속의 이야기' 20개, '디딤돌' 26개, '음식윤리 사례' 23개의 칼럼을 별도로 제공하였다. '이야기 속의 이야기'에는 전문서적의 지루함을 덜어 줄 수 있는 내용이 많고, '디딤돌'에서는 윤리나 철학을 테마에 따라 이해하기 쉽도록 요약하여 정리했으며, '음식윤리 사례'에서는 실제로 발생했던 음식 관련 이슈를 음식윤리의 관점에서 재해석하였다.

독자에 따라 이 책을 읽는 방법이 다소 다를 수 있다. 그렇지만 어떤 독자든 꼭 읽어야 할 부분으로, 1부 '음식과 음식윤리,' 5부 음식윤리의 핵심 원리 위배 사례, 7부 '음식인 윤리강령' 및 8부 '음식윤리학의 요약 및 제언'을 추천한다. 1부는 음식윤리를 제대로 알기 위해 꼭 읽어야 할 부분이고, 5부는 응용윤리로서의 음식윤리를 핵심 원리를 중심으로 이해하는 부분이며, 7부는 음식인이 지켜야 할 강령을 제시하는 부분이고, 8부는 전체 내용을 요약하고 제언하는 부분이기 때문이다.

윤리나 철학에 관심이 많지 않은 독자는 1부, 5부, 7부 및 8부를 읽은 다음에 '이야기 속의 이야기' 20개를 읽으면, 음식윤리에 대한 흥미가 생길 것이다. 그 다음 '음식윤리 사례' 23개를 더 읽으면 음식윤리에 대한 실제적인 관심이 커질 것이다. 그리고 '디딤돌' 26개를 마저 읽으면 철학이나 윤리 그리고 음식윤리 자체를 '깊이' 이해할 수 있는 바탕이 생길 것이다.

이러한 기초지식과 관심을 가지고, 2부 '음식윤리에 대한 다양한 원리적 접근,' 3부 '다른 응용윤리와 음식윤리의 관련성,' 4부 '음식윤리의 실용적 접근방법' 및 6부 '음식윤리의 대표적 문제 연구'를 읽는다면 음식윤리를 '더 깊이' 이해할 수 있을 것이다. 음식 분야에서 현역으로 일하는 독자라면, 그리고 이 분야에 대해 '아주 깊이' 이해하고 싶다면, 1부부터 8부까지 차례대로 읽는 것이 도움이 될 것이다. 글의 전개가 순차적으로 되어 있기 때문이다.

1부에서는 '음식과 음식윤리'라는 제목 아래 6개의 주제를 다루었다. 그 주제는 1) 음식이란 무엇인가, 2) 음식과 생명의 관계, 3) 음식과 공동체의 관계, 4) 음식과 규범의 관계, 5) 음식윤리란 무엇인가, 그리고 6) 음식윤리의 역사이다.

2부. '음식윤리에 대한 다양한 이론적 접근'에서는 1) 음식윤리 이론의 선정, 2) 이기주의와 공리주의의 결과주의 윤리, 3) 자연법 윤리와 인간존중의 윤리의 비결과주의 윤리, 3) 정의론, 생명존중의 윤리 및 덕의 윤리의 최근의 윤리에 대해 고찰하였다.

3부. '다른 응용윤리와 음식윤리의 관련성'에서는 1) 의료윤리, 2) 생명윤리, 3) 환경윤리, 4) 소비윤리 및 5) 기업윤리와 음식윤리의 관련성을 살펴보았다.

4부. '음식윤리의 실용적 접근방법'에서는 1) 실용적 접근방법의 선정 근거와 2) 실용적 접근방법의 대표적 예를 검토하였는데, 후자의 예로서, 1) 최적 이론 접근법, 2) 윤리 매트릭스(Ethical Matrix) 접근법, 3) 핵심 원리 접근법, 4) 결의론 접근법 및 5) 덕 윤리 접근법에 대해 고찰하였다.

5부. '음식윤리의 핵심 원리 위배 사례'에서는 1) 생명존중 위배 사례, 2) 정의 위배 사례, 3) 환경보전 위배 사례, 4) 안전성 최우선 위배 사례, 5) 동적 평형 위배 사례를 검토하였고, 6) 소비자 최우선 위배 사례에서 는 소비자의 권리 측면과 소비자의 책무 측면으로 구분하여 살펴보았다.

6부. '음식윤리의 대표적 문제 연구'에서는 1) 관행농업 및 유기농업, 2) 광우병, 3) 공장식 축산 및 동물복지형 축산, 및 4) 유전자변형 식품과 관련한 음식윤리의 문제에 대해 고찰하였다.

7부. '음식인 윤리강령'에서는 음식인의 정의 및 음식윤리의 특수성을 살펴본 후, 전문인 윤리로서의 음식인 윤리강령을 제안하였다.

8부 '음식윤리학의 요약 및 제언'에서는 저술의 전체 내용을 요약 정리하였으며, 여기에 음식윤리의 이론과 실제에 대한 몇 가지 제언을 덧붙였다.

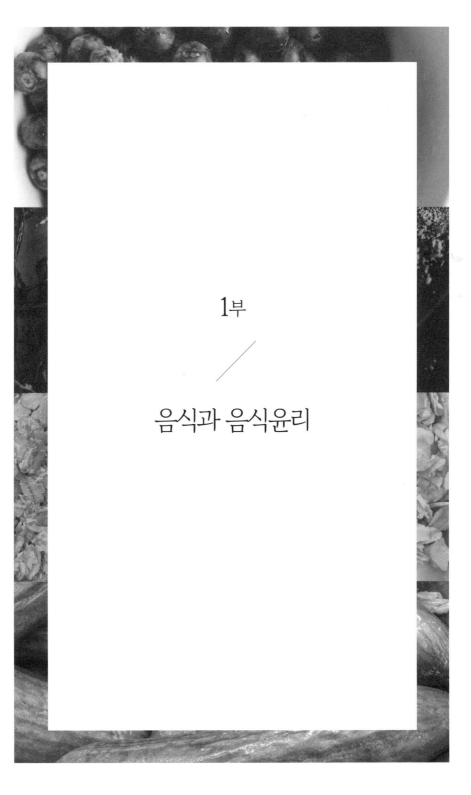

1부

음식과 음식윤리

1장

음식이란 무엇인가?

음식윤리는 '음식과 관계되는 모든 문제들에 대한 윤리적 고려'라고 정의[1]할 수 있다. 음식윤리의 출발점은 바로 음식이다. 음식윤리를 알려면 음식을 먼저 알아야 하고, 그 다음 윤리를 알아야 음식윤리의 큰 틀을 이해할 수 있다. 따라서 음식이 무엇인지부터 살펴보기로 하자.

---

1   김석신, 신승환. 2011. 잃어버린 밥상 잊어버린 윤리. 북마루지. 서울. pp.93-94. 음식윤리에 어떻게 접근하면 좋은가? 음식윤리는 음식과 관계되는 모든 문제들에 대한 윤리적 고려라고 정의할 수 있다. 이런 음식윤리에 접근하기 위해서는 음식 자체가 지닌 윤리적 특성을 먼저 살펴볼 필요가 있다. 음식은 그 자체가 우리 개인의 육체적 생명과 건강을 유지하기 위해 필요한 것일 뿐만 아니라, 최근 대지진이 발생한 아이티의 재난 상황에서 보듯이 음식은 집단 사회의 안녕과 질서 그리고 행복을 위해서도 필수적인 요소이다.

1 · 음식의 사전적 의미

우선 음식이라는 말의 뜻부터 알아보자. 음식은 영어의 'food'에 해당한다. 한자어인 음식(飮食)은 '마실 음(飮)'에 '먹을 식(食)'을 합한 글자다. 음(飮)에는 '마시다' 외에 '하품 흠(欠)'에서 비롯된 '호흡하다'의 뜻이 있다. 그리고 '먹을 식(食)'은 '사람 인(人)'에 '어질 량(良)'을 더한 글자로, 사람에게 좋은 것이라는 뜻이 함축되어 있다. 즉 음식은 '살아 숨 쉬는 생명체인 사람에게 좋은 것'이라고 풀이할 수 있다. 또 '식음(食飮)하다'는 먹고 마신다의 뜻으로 영어의 'eat'에 해당한다. '식음(食飮)을 전폐(全廢)한다'는 표현도 있다. 즉, 식음은 먹고 마시는 행위를, 음식은 그 행위의 대상을 뜻한다.

이야기 속의 이야기-1

음식 관련 표현

일상생활에서는 '식음하다' 대신 '밥 먹자!' '진지 드세요!' 등의 표현을 흔히 쓴다. '식사합시다!'라는 말도 자주 쓰는데, 이 표현은 음식윤리의 측면에서 그다지 바람직하지 않다. 왜냐하면 식사는 '먹을 식(食)'에 '일 사(事)'를 합한 글자로서, '식사합시다!'는 '먹는 일을 합시다!'처럼 우스꽝스러운 표현이 되기 때문이다. 어째서 먹는다는 것이 일이란 말인가? 먹는다는 것은 다른 생명체의 생명을 먹으면서 나의 생명을 유지하는 고귀한 행위 아닌가?

흔히 쓰는 음식물(飮食物)의 '물건 물(物)'이나 식품(食品)의 '물건 품(品)'과 같은 접미사의 사용도 음식윤리의 측면에서는 쓰고 싶지 않다. 물론 음식물이 먹고 마시는 '물질'이고, 식품이 가공하여 포장한 '제품'인 것은 맞지만, 이런 용어

사용이 고귀한 음식의 가치를 평가 절하할 수도 있기 때문이다. 먹고 마시는 물건이라니? 음식이 수많은 물건 가운데 하나에 불과하다는 말인가? 가공하고 포장하였다고 그 본질이 달라지나? 음식은 본질적으로 우리의 생명을 위한 고귀한 생명 아니던가? 특히 식품은 음식의 부분 집합임을 잊지 말아야 한다. 그래서 식품윤리가 아니라 음식윤리인 것이다.

2 · 음식의 요소

그렇다면 음식은 어떤 요소로 이루어질까? 음식이 갖추어야 할 요소는 세 가지다. 맛, 영양, 안전성(또는 무독성)의 요소 중에서 어느 한 가지라도 없으면 음식이라고 할 수 없다.[2] 예를 들어 아무리 영양이 풍부하고 안전하다 하더라도 맛이 없으면 음식이 아니다. 이런 이유로 종합비타민을 음식이라고 부르지 않는다. 또 시원하고 깨끗한 지하수는 영양성분이 거의 없고 에너지원도 될 수 없으므로 음식으로 치지 않는다. 그리고 아무리 맛있고 영양성분이 많더라도 복어알 요리는 안전하지 않으므로 정상적인 음식이 아니다.

요즘은 기능성성분도 음식이 지녀야 할 바람직한 요소다. 음식의 영양성분 중에서 특별히 인체의 건강에 도움이 되는 성분을 기능성성분 혹은 생리활성성분이라고 부른다. 식물성 음식의 파이토케미컬(phytochemical)과 동물성 음식의 주케미컬(zoochemical)이 대표적이다. 이런 성분이 들어 있는 기능성식품[3]은 건강에도 좋다.

---

2   김석신. 2014. 나의 밥 이야기. 궁리출판. 서울. pp.30-33.
3   김석신, 신승환. 2011. 잃어버린 밥상 잊어버린 윤리. 북마루지. 서울. p.16. 2500년 전 의학의

그밖에 적정 가격도 음식이 지녀야 할 또 다른 중요한 요소다. 음식이 비싸면, 특히 고기나 생선이 너무 비싸면, 단백질과 같은 영양성분의 섭취가 부족해지기 때문에 건강을 해칠 수 있다. 다시 말해 음식의 가격은 적정한 수준을 유지해야지 너무 높으면 곤란하다. 세계 28개국 호텔 30곳의 커피ㆍ하우스레드와인ㆍ클럽샌드위치ㆍ버거세트의 4개 품목 가격을 비교한 결과, 서울 호텔의 커피 값 1위, 하우스와인 값 2위, 클럽샌드위치 값 6위, 버거세트 값 14위였고, 4개 품목의 총비용 기준으로는 서울 호텔의 가격이 6위로 나타났다.[4] 물론 이 데이터는 일반 음식점이 아닌 호텔의 경우이지만, 서울의 음식 가격이 결코 만만하지 않다는 것을 보여주고 있다.

3 · 음식과 복잡계

이쯤에서 우리는 "음식은 맛, 영양, 안전성의 세 요소를 지니고 있다." 는 것을 기본명제로 삼아 보자. 그렇다면 '맛, 영양, 안전성의 세 요소를

아버지 히포크라테스는 "Let food be thy medicine and medicine be thy food." 즉 식의동원(食醫同原)을 주장하였다. 최근 다시 조명을 받고 있는 식의동원을 기본 개념으로 하는 기능성식품에 대한 폭발적 수요는 급속한 고령화 시대에 노인의 의료비 절감과 건강한 노년생활을 돕기 위해 일본에서 시작되었으며 이후 전 세계로 퍼졌다.

4　신아일보. 2015. 서울 호텔 커피값, 세계 최고가. 2015. 6. 29. http://www.shinailbo.co.kr/news/articleView.html?idxno=453196 (2015년 7월 5일 검색). 서울지역 호텔에서 판매되는 커피가 전 세계에서 가장 비싼 것으로 나타났다. 호텔스닷컴에 따르면 세계 28개국 호텔 30곳의 버거세트ㆍ커피ㆍ하우스레드와인ㆍ클럽샌드위치의 4개 품목 가격 중 서울 호텔 커피 한 잔 값이 10,770원으로 가장 비쌌다. 하우스와인은 싱가포르가 15,480원으로 가장 비쌌으며, 그 뒤를 이어 서울이 2위로, 15,080원이었다. 클럽샌드위치는 스위스 제네바가 83,890원으로 최고가였고, 서울은 72,370원으로 6위였다. 버거세트가 가장 비싼 도시는 스위스 제네바(41,870원)였고, 서울은 24,250원으로 14번째로 비쌌다. 이들 4개 품목을 모두 합한 총비용은 스위스 제네바가 96,050원으로 가장 비쌌고, 서울은 72,370원으로 6위인 것으로 나타났다.

지니고 있으면 다 음식인가?' 이 역명제는 성립하는가? 아마도 그렇지 않을 것이다. 왜냐하면 이 세 요소 이외에 정치적, 경제적, 사회적, 문화적, 윤리적 등 다양한 관점의 여러 가지 요소가 음식에 포함되어 있기 때문이다. 맛, 영양, 안전성의 세 요소는 음식의 필요조건이지 충분조건은 아니라는 말이다.

이와 유사한 예로 빛과 3원색의 관계를 들 수 있다. 빛의 3원색은 빨강, 초록, 파랑이고, 빛의 색은 섞으면 섞을수록 밝아지는 특징을 가지고 있다.[5] 빛의 삼원색을 같은 비율로 섞으면 흰색의 빛이 되지만, 이 백색광은 삼원색만으로 만들어진 것이므로, 태양의 백색광하고는 빛의 성분이 다른 것이다.[6] 게다가 삼원색의 요소만으로는 빛이 파동이자 입자라는 다른 주요한 특성은 설명조차 할 수 없다. 이와 비슷하게 음식은 세 요소로 이루어지지만, 세 요소를 갖추었다고 해도 음식으로 환원될 수 없다. 김치의 경우 맛, 영양, 안전성이 있지만, 맛, 영양, 안전성이 있다고 해서 다 김치가 될 수는 없다. 일본의 기무치도 될 수 있고, 겉절이도 될 수 있는 것이다.

게다가 맛, 영양, 안전성이 있더라도 경우에 따라서는 음식으로 인정받지 못하고, 이와 대조적으로 맛, 영양, 안전성이 별로 없는 것도 음식으로 받아들여질 수 있다. 전자의 경우 입덧이 심한 임신부나 병이 깊은 환자가 거부하는 음식을 예로 들 수 있고, 후자의 경우 아이티의 진흙쿠키[7]

5　네이버 지식백과. 빛의 3원색. 색채용어사전. 2007. 도서출판 예림. http://terms.naver.com/entry.nhn?docId=270000&cid=42641&categoryId=42641 (2015년 7월 5일 검색).

6　네이버 지식백과. 다양한 색을 연출하는 명감독. 빛과 색. 2005. 12. 27. ㈜살림출판사. http://terms.naver.com/entry.nhn?docId=1047857&cid=42639&categoryId=42639 (2015년 7월 5일 검색).

7　네이버 지식백과. 아이티의 음식. 아이티 개황. 2010. 3. 외교부. 아이티인들의 80%는 하루 2달러 미만의 빈곤층에 속한다. 빈곤층 사람들은 진흙을 물에 갠 후 소금과 버터를 섞어 햇볕에 말려 만든 '진흙쿠키'를 음식으로 대용한다. http://terms.naver.com/entry.nhn?docId=1022654&cid=48183&categoryId=48282 (2015년 7월 5일 검색).

를 예로 들 수 있다. 맛과 영양은 있지만 안전성이 없는 것도 음식이 될 수 있는데, 기생충의 위험을 무릅쓰고 쇠고기를 육회나 생고기로 먹는 경우가 여기에 해당한다. 맛과 안전성은 있지만 영양이 없는 경우도 있는데, 대표적인 것이 소다수이고, 콜라나 사이다 같은 공열량(empty calorie) 청량음료도 여기에 해당한다. 영양과 안전성은 있지만 맛이 없는 음식도 있는데, 교도소에서 출소할 때 먹는 흰 두부, 한국에 온 외국인이 먹는 번데기나, 필리핀에 간 한국인이 먹는 발룻(Balut)[8]이 그런 것일 수 있다. 흔히 음식은 맛, 영양, 안전성의 세 요소를 다 갖춘 교집합의 개념으로 생각하지만, 앞의 예로부터 보면 차라리 세 요소의 합집합의 개념으로 보아야 할 것이다. 그러나 합집합으로 간주한다 하더라도 여전히 세 요소만 가지고는 음식으로 환원될 수 없다.

또한 음식은 다양한 재료로 이루어지지만, 이들 재료만으로는 음식으로 환원될 수 없다. 배추김치[9]를 예로 들어보자. 배추김치의 재료로는 우선 배추를 절일 때 쓰는 소금이 있고, 그 다음 양념에 넣을 무, 쪽파, 미나리, 갓 등의 채소, 새우젓, 멸치젓 등의 젓갈, 고춧가루, 마늘, 생강과 감미료 등의 양념이 필요하다. 하지만 이 재료들이 다 갖추어 있다고 해서 김치가 되는 것이 아니다. 발효와 숙성 과정을 거쳐야 김치가 되는 것이고, 게다가 만드는 사람의 취향과 경험에 따라 다양한 맛의 서로 다른 김치가 탄생하는 것이다. 따라서 재료 역시 음식의 필요조건이지 충분조건은 아

---

8 네이버 지식백과. 세계의 음식-필리핀 발룻(EBS 동영상). 발룻(Balut)은 필리핀 사람에게 인기 있는 전통음식으로 우리나라의 곤달걀처럼 부화단계의 오리 알을 삶은 음식이다. 우리나라 사람들이 필리핀을 여행할 때 생소한 발룻을 선뜻 먹기는 쉽지 않다. http://terms.naver.com/entry.nhn?docId=2446056&cid=51670&categoryId=51672 (2015년 7월 5일 검색).

9 네이버 지식백과. 배추김치. 두산백과. http://terms.naver.com/entry.nhn?docId=1240629&cid=40942&categoryId=32112 (2015년 7월 5일 검색).

니다.

음식은 기본적으로 구성 요소로부터 환원될 수 없다. 환원우유(reconstituted milk)[10]가 대표적인 예다. 환원우유는 가공유의 일종으로, 분유를 본래의 우유와 같은 상태로 환원시킨 우유를 말한다. 분유에 크림 등을 첨가하여 우유의 조성과 같게 표준화한 후 살균한 것이다. 하지만 환원우유는 결코 원래의 신선한 우유와 같을 수 없다. 이름이 환원우유지, 결코 환원되지 않은 것이다.

도요카와 히로유키[11]는 음식이 복잡계(complex system)라고 단언한다. 음식은 식품학, 영양학, 조리학의 분석적이거나 귀납적인 방법으로는 온전히 설명할 수 없다. 따라서 새로운 포괄적인 방법으로 통합적인 시야로 음식을 생각할 필요가 있다고 주장한다. 비빔밥과 팥빙수를 예로 들어보자. 비빔밥의 재료를 다듬고 익히고 준비하는 과정 중에 재료의 기존 구조는 붕괴되지만, 밥에 조리한 재료를 고명으로 얹고 참기름을 넣고 비비면 비빔밥이라는 새로운 구조가 창출된다. 팥빙수[12]는 얼음을 갈아 삶은 팥을 넣어 만든 빙과류다. 차게 식힌 그릇에 우유를 붓고 부드럽게 갈은 얼음을 넣는다. 얼음 위에 설탕과 소금을 넣어 조린 단팥을 올린다. 그 위에 과일·떡·시럽·연유 등을 얹어 맛을 낸다. 팥빙수 역시 얼음을 가는 등의 준비 과정 중에 기존 구조는 붕괴되지만, 갈은 얼음에 여러 가지 재료를 얹으면 팥빙수라는 새로운 구조가 창출된다. 그러므로 비빔밥과 팥

---

10   네이버 지식백과. 환원우유(reconstituted milk). 식품과학기술대사전. http://terms.naver.com/entry.nhn?docId=1615416&cid=50346&categoryId=50346 (2015년 7월 6일 검색).

11   도요카와 히로유키. 2012. 복잡계로서의 식. "식(食)의 문화. 식의 사상과 행동." 도요카와 히로유키 편집. 동아시아식생활학회 옮김. 광문각. 파주. pp.13-26.

12   네이버 지식백과. 팥빙수. 두산백과. http://terms.naver.com/entry.nhn?docId=1224335&cid=40942&categoryId=32128 (2015년 7월 14일 검색).

빙수는 복잡계이고, 이보다 훨씬 더 복잡한 음식은 당연히 복잡계일 수밖에 없다.

디딤돌-1

복잡계[13]

복잡계(complex system)란 "구성요소 사이의 비선형 상호작용의 체계"라고 정의한다. 이때 복잡함이란 단순한 무질서의 혼란을 가리키는 것이 아니라, 기존 구조가 붕괴되고 새 구조가 창출되었다가 다시 붕괴되고 또 창출되는, 혼돈과 질서의 피드백적인 복합성을 의미한다. 이런 복잡계는 비선형적이고(non-linear), 창발적이며(emerging), 비환원적이고(non-reducing), 항상성을 지니며(homeo-static), 자기 조직적이고(self-organizing), 부분임과 동시에 전체이며(holistic), 개방적(open)이라는 특징을 지닌다.

4 · 음식과 건강

복잡계인 음식을 먹으면 우리 몸은 어떻게 될까? "먹는 음식이 곧 자기 자신이다(Man is what he eats.)."라는 표현을 처음 사용한 사람은 독일의 유물론 철학자 포이어바흐(L. Feuerbach)이다. 그는 음식의 성분과 인체의 성분이 비슷하다는 관점에서 영감을 받았다고 한다.[14] 과연 그럴까?

---

13   김종욱. 2011. 복잡계로서 생태계와 법계. 철학사상. 44: 7-36.

14   Coff, C. 2006. The Taste for Ethics. An Ethic of Food Consumption. Springer. Dordrecht, The Netherlands. pp.6-11.

표 1. 음식과 인체의 영양성분 비교[15]

단위: %

영양성분	음식		인체	
	감자튀김	스테이크	남성	여성
탄수화물	37	0	〈1	〈1
단백질	4	27	16	13
지질	17	18	16	25
미네랄	1	1	6	5
수분	41	54	62	57

〈표 1〉에서 음식과 인체의 영양성분을 비교하고 있다. 우리 몸은 탄수화물을 포도당으로 분해하고, 이를 주로 체온 유지를 위한 에너지원으로 사용한다. 따라서 탄수화물을 거의 축적하지 않고, 이를 과잉섭취하면 지방으로 바꾸어 저장한다. 단백질은 아미노산으로 분해하여 흡수한 후, 필요한 만큼 근육단백질로 합성하기 때문에, 우리 몸에는 여자보다 남자가 단백질이 더 많다. 지질은 분해한 후 다시 지질로 합성하는데, 피하지방 등이 많은 여성이 지질을 몸에 더 많이 축적한다. 미네랄은 뼈의 주요성분이기 때문에 뼈에 많이 축적한다. 여성보다 남성의 몸에 지방함량이 적은 만큼 수분은 더 많이 들어 있다.

음식과 인체의 영양성분을 비교해볼 때 우리 몸은 우리가 먹는 대로 되는 것이 결코 아니다. 포이어바흐가 생각한 물질적 개념이 잘 맞아떨어지지 않는 것이다. 당근을 먹었다고 인체가 당근이 되지 않는 것처럼 콜라

---

15   Wardlaw, G.M., Hampl, J.S., DiSilvestro, R.A. 2005. Perspective in Nutrition(생활 속의 영양학). 김미경, 왕수경, 신동순, 정해랑, 권오란, 배계현, 노경아, 박주연 옮김. 라이프 사이언스. 서울. pp.6-7.

겐을 먹는다고 노화를 예방할 수는 없다. 우리 몸은 음식물을 구성성분으로 분해한 후, 체내에서 다시 합성한다. 하지만 이 합성은 유전자의 지휘에 따른다. 성장, 발달, 건강 유지와 같은 인체의 기능은 세포 내 유전자의 작용에 좌우되는 것이지, 우리가 어떤 음식을 먹었느냐에 좌우되는 것은 아니다.

그렇다면 "먹는 음식이 곧 자기 자신이 아니다(Man is not what he eats.)." 라는 말인가? 아니, 그렇지 않다. 음식의 영양성분이 우리 몸의 영양성분으로 그대로 바뀌지 않더라도, 음식이 우리 몸에 영향을 주지 않을 리가 없다. 선사시대에 인간의 수명이 짧았던 것은 영양의 결핍이나 부족으로 인한 것이라고 짐작할 수 있지 않은가.[16] 〈그림 1〉은 x축에 유전을, y축에 음식을 나타내어, 건강에 대한 유전 및 음식의 영향을 보여주고 있다. 1사분면은 유전적으로 건강한 사람이 음식을 잘 섭취하여 당연히 건강한 경우인 반면, 2사분면은 유전적으로 허약 체질인 사람이지만 음식을 잘 섭취하여 건강을 유지하는 경우다. 3사분면은 유전적으로 허약 체질인 사람이 음식마저 제대로 섭취하지 못함으로써 건강을 유지하지 못하는 경우다. 4사분면은 유전적으로 건강한 사람임에도 불구하고 음식을 잘 섭취하지 못하여 건강을 유지하지 못하는 경우다.

이로부터 우리는 음식이 유전에 영향을 끼칠 수 있다는 사실을 발견한다. 바로 후성유전(epigenetic inheritance) 때문이다. 실제로 유전자의 발현은 음식에 따라 달라질 수 있다. 예를 들어 임신 중에 채소를 많이 먹으면 태아 성장 시 유전자의 작동에 중요한 엽산(folic acid)을 충분히 섭취하게

---

16   김석신, 원혜진. 2015. 맛있는 음식이 문화를 만든다고? 비룡소. 서울. pp.43-47. 네안데르탈인의 5%만 40년 이상 살았고, 45%는 40년 미만, 50%는 20년도 못 살았다.

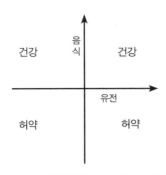

그림 1. 건강에 대한 음식과 유전의 관계

되므로 기형아 출산을 예방할 수 있다.[17] 따라서 "먹는 음식이 곧 자기 자신이다."는 표현이 성립한다. 물론 포이어바흐가 생각했던 물질적 의미에서가 아니라 후성유전이라는 과학적 사실을 토대로 말이다. 이 표현이 요즘 자주 쓰이는 "우리가 먹는 것이 우리 자신이다(We are what we eat.)."로 바뀌었을 뿐 내용은 동일하다. 이런 표현이 음식에 대한 우리의 태도나 자세를 되돌아보는 계기를 준다.

디딤돌-2

후성유전[18]

건강을 좌우하는 요인에는 유전자, 환경, 음식이 있다. 부모로부터 건강한 유전자를 물려받고, 깨끗하고 편안한 환경에서, 영양이 풍부하고 안전한 음식을 먹는다면, 아프지 않고 오랫동안 건강하게 살 수 있으리라 생각된다. 그런데 만약 유전자가 우리에게 운명처럼 주어지는 것이라면, 우리는 물려받은 유전자의 운

---

17   SBS. 2009. SBS 스페셜. 생명의 선택 1부. 당신이 먹는 게 삼대를 간다. 2009. 11. 15. 방송.

18   김석신, 신승환. 2011. 잃어버린 밥상, 잊어버린 윤리. 북마루지. 서울. pp. 22-28.

명대로 살아갈 수밖에 없지 않을까? 답은 '그렇지 않다.' 유전자가 동일한 일란성 쌍둥이도 유전자가 어떻게 발현되느냐에 따라 건강이 달라질 수 있다.

오늘날 생명과학에 의하면 생명체는 외부요인(음식, 환경 등)에 따라 유전자의 발현이 달라진다고 한다. 이렇게 유전정보가 다른 요인에 의해 달리 발현하는 현상을 후성유전이라고 한다. 지금까지 밝혀진 후성유전물질로는 메틸기, 아세틸기, 히스톤 단백질 등의 화학물질이 꼽히고 있다. 이 물질들이 DNA 정보를 세포들이 쓸 수 있게 조직화하는 과정에 개입함으로써 유전정보의 발현을 좌우하는 것이다.

2장

음식과 생명의 관계

앞에서 음식이란 무엇인가에 대하여 살펴보았다. 하지만 맛, 영양, 안전성 위주의 과학적 설명이나 후성유전을 적용한 설명만으로는 음식의 본질을 제대로 설명한 것으로 보기 어렵다. 그렇다면 음식의 본질은 도대체 무엇일까? 도대체 음식은 무엇을 위해 존재하는가? 아마도 이 질문에 대한 답은 생명일 것이다. 음식의 본질은 생명이고, 음식은 생명을 위해 존재하기 때문이다. 음식은 생명을 지닌 생명체이다. 쇠고기는 살아 있던 소의 살이고, 고등어조림도 얼마 전까지 바다를 헤엄치던 고등어의 살이다. 매일 먹다시피 하는 밥이나 빵은 쌀이나 밀가루를 가열해 익힌 것인데, 쌀이나 밀가루는 싹이 트고 자라면 바로 벼나 밀이 되는 생명체다. 따라서 음식을 제대로 알려면 먼저 음식과 생명의 관계를 제대로 알아야 한다.

쇠고기와 beef

우리나라나 동양권에서는 소의 고기를 쇠고기나 우육(牛肉), 돼지의 고기를 돼지고기나 돈육(豚肉), 닭의 고기를 닭고기나 계육(鷄肉), 생선의 고기를 생선살이나 어육(魚肉)이라고 부른다. 이런 단어를 보면 우리가 먹는 고기가 살아 있는 생명체로부터 온 것임을 분명히 알 수 있다. 쇠고기라는 말에서 생명이 있는 소를 연상할 수 있어 고기와 생명의 소중함을 함께 느낄 수 있는 것이다.

그러나 영어나 프랑스어[19]에서는 동물이든 그 동물의 고기이든 같은 단어를 사용한다. 영어에서 chicken은 닭이자 닭고기이고, turkey는 칠면조이자 칠면조 고기이다. 프랑스어에서도 bœuf는 소면서 쇠고기이고, porc는 돼지면서 돼지고기이며, mouton은 양이면서 양고기이다. 이런 단어로부터는 동물이 바로 고기라는 사실, 즉 동물을 고기로 먹는 것을 당연한 것으로 생각할 수 있어 고기와 생명의 소중함을 느끼기 어렵다.

다만 영어에서는 동물이 살아 있을 때 'cow, hog, sheep'이지만, 식탁에 오르는 고기가 되면 프랑스어가 어원인 'beef, pork, mutton'으로 바뀐다. 그 결과 beef와 cow, pork와 hog, mutton과 sheep의 관계가 노출되지 않는다. 그래서 영국인들은 고기가 생명체임을 의식할 부담 없이 고기를 맛있게 먹는 걸까? 아무튼 이렇게 단어가 바뀐 것은 윌리엄 1세가 1066년 프랑스의 군대를 이끌고 영국의 왕위에 오른 후, 프랑스의 노르망디 방언이 영국에서 300년간 쓰이게 된 결과라고 한다.

---

19 네이버 지식백과. 프랑스어의 역사. 두산백과. http://terms.naver.com/entry.nhn?docId=11895 69&cid=40942&categoryId=32983 (2015년 7월 14일 검색).

1 · 음식과 생명체

〈그림 2〉의 아메바를 예로 들어보자. 아메바는 위족(pseudopod)을 움직이면서 먹이를 포획하고, 식포(food vacuole)를 이용하여 먹이를 소화하며, 수축포(contractile vacuole)를 통해 노폐물을 배설한다.[20] 원생동물에 속하는 작은 난세포 생명체(living organism)인 아메바는 세균, 다른 원생동물, 또는 조류(藻類) 등의 생명체를 먹이로 섭취함으로써 생명을 유지한다. 고등동물도 예외가 아니다. 고등동물도 다른 생명체를 먹음으로써 생명을 유지하고, 인간 역시 다른 생명체를 음식으로 섭취함으로써 생명을 유지한다. 인간의 음식으로는 소나 돼지와 같은 동물, 쌀이나 밀과 같은 식물, 유산균이나 효모와 같은 미생물 등 다양한 생명체가 있다.

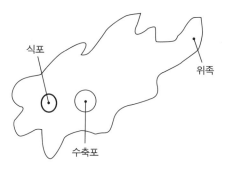

그림 2. 아메바의 세포 구조

인간을 포함한 대부분의 동물은 다른 생명체를 먹으면서 생명을 유지하는 종속영양을 하기 때문에 먹을거리가 그 삶에 필수적일 수밖에 없다. 이와 대조적으로 광합성을 하는 식물은 대부분(끈끈이주걱과 같은 몇몇 식

20   네이버 지식백과. 아메바(amoeba). 브리태니커 비주얼사전. 2012. http://terms.naver.com/entry.nhn?docId=1692573&cid=49027&categoryId=49027. (2015년 6월 27일 검색).

충식물은 예외) 물, 이산화탄소, 수용성 무기질과 질소성분의 유기·무기 재료를 빛 에너지를 이용해 유기물질로 전환하는 독립영양을 한다.[21] 그렇다고 하더라도 수용성 무기질과 질소성분은 동물이나 다른 식물과 같은 생명체로부터 오는 것이므로, 식물 역시 생명 유지를 위해 다른 생명체를 필요로 하는 것은 마찬가지다. 그밖에 발효, 부패, 질병, 식중독 등과 관련된 미생물도 생명 유지를 위해 식물, 동물, 그리고 다른 미생물과 같은 생명체를 필요로 하고, 인간 역시 사후에는 미생물이나 식물의 먹이가 됨으로써 자연의 생명 순환에 기여하는 셈이다. 요약하면 식물은 생산자, 동물은 소비자, 미생물은 분해자의 역할을 제대로 수행함으로써 생태계의 물질 순환이 이루어진다.[13]

이처럼 한 생명체는 다른 생명체를 먹고 살고, 죽으면 다른 생명체의 먹이가 되는 것이다. 생명체가 다른 생명체를 먹으려면, 즉 다른 생명체를 내 안으로 받아들이기 위해서는, 입·출구(opening)와 통로(passage)가 있는 열린 시스템(open system)이 필요하다. 앞의 아메바의 경우 위족이 입과 손의 역할을 하고, 식포가 소화기관, 그리고 수축포가 항문의 역할을 한다. 사람의 경우 두 종류의 입·출구가 있는데, 하나는 공기를 받아들이고 내보내는 코이고, 다른 하나는 음식을 먹고 마시는 입과 배설하는 항문이다. 이런 입·출구를 통해 생명 유지에 필요한 음식도 들어오지만, 독감 바이러스, 병원균, 식중독균, 중금속과 같은 해로운 것도 들어올 수 있다. 그래도 생명체는 살기 위해 입·출구를 열 수밖에 없으므로 외부에서 들어오는 위해요소를 감수할 수밖에 없다.

사람의 입부터 항문까지의 통로인 소화기관은 몸의 '내부에 있는 외부

---

21   김석신. 2014. 나의 밥 이야기. 궁리출판. 서울. p.24.

(inner outside)"[14]라고 할 수 있다. 음식을 먹을 때, 다른 생명체가(를) 죽은 (죽인) 후, 입을 통해 몸 안으로 들어(여)온다. 이 생명체는 우리 몸의 소화기관 안에서 합병되고(in-corporated), 무질서한 상태로 분해된 다음 재합성됨으로써, 우리의 몸으로 육화되어(incarnated), 생명으로 재탄생한다. 이러한 생명의 재탄생 과정을 종교의례로 표현한 것이 성찬례(루카복음서 22장 19-20절)이다. 예수의 살을 빵으로 상징하고, 예수의 피를 포도주로 상징하는 성찬례는 그리스도교의 가장 큰 신비 중의 하나이다. 성찬례는 죽음을 기본으로 한다. 즉 그리스도는 죽고 그 살과 피가 그리스도인의 몸에 합병된 후 육화되고 생명으로 재탄생하여 신앙이 된다는 것이다.[22]

2 · 음식과 생명

그렇다면 생명체가 지닌 생명이란 도대체 무엇인가? 요나스(H. Jonas)에 따르면, 생명은 자유롭게, 자기를 초월하면서, 살려고 애쓰는 존재로서, (살아 있는) 존재(being)를 긍정하고 (죽은) 비존재(not-being)를 부정하며, 자기 보존의 원칙에 따라, 다른 생명을 음식으로 먹으며 물질대사를 하면서 생명을 보존한다.[23] 생명은 폐쇄되어 있는 시스템이 아니라, 개방된 시스템이다. 생명체계의 개방성은 물질대사를 하는 기본과정에서도 드러난다. 개방되어 있는 생명체계는 역동적인 체계이고, 이런 역동성은

---

22 Coff, C. 2006. The Taste for Ethics. An Ethic of Food Consumption. Springer. Dordrecht, The Netherlands. pp.16-21

23 조기식. 2008. 요나스(H. Jonas)의 생명 이해와 책임윤리. 서울대학교 대학원. 석사학위논문. pp.31-37.

생명이 지속되는 한 계속된다.[24]

생명체계의 개방성은 음식을 섭취하여 물질대사를 하기 위함이다. 그렇다면 음식과 생명의 관계는 어떤 관계일까? 우선 다음 명제가 성립한다. "살려면 먹어야 한다." 그 역명제인 "먹으면 산다."도 성립한다. 그리고 대우명제인 "안 먹으면 죽는다."도 성립하고, 그 역명제인 "죽으면 안먹는다."도 성립한다. 따라서 생명은 음식의, 음식은 생명의, 필요충분조건이다. 우리말의 '먹고 산다'는 표현의 의미를 잘 살펴보면, 우리는 먹기 위해 사는 것도 아니고 살기 위해 먹는 것도 아니다. 즉, 'eat to live'도 아니고 'live to eat'도 아니다. 숨 쉬는 생명인 우리는 공기가 없을 때라야 공기의 중요성을 알게 된다. 마찬가지로 먹어야 사는 우리는 먹을 게 없을 때라야 음식의 중요성을 알게 된다. 한마디로 먹는 것이 사는 것이고, 사는 것이 먹는 것이다. 이는 먹는 것과 사는 것이 거의 대등한 관계라는 걸 의미한다.

인류는 사냥과 채집을 하던 원시시대부터 자연에서 음식을 구하여 먹었다. 자연이 생명을 내어준 것이다. 자연은 인간, 동물, 식물, 미생물과 같은 생물(생명체)과 바위, 흙, 물과 같은 무생물을 모두 포함한다. 농경시대로 접어들면서 인간은 자연의 일부를 경작하거나 개간하였으며, 인간이 사는 곳과 인간을 둘러싼 환경을 구별하기 시작하였다. 인간의 환경에는 개발되지 않은 순수한 자연환경, 경작지와 같은 순치환경(domesticated environment), 도시와 같은 인조환경(fabricated environment)이 있다.[25] 이때부터 인간은 자연에 속한 상태에서 벗어나 자연을 '인간 대 자연'의 대립

---

24 한스 요나스(Hans Jonas). 2001. 생명의 원리. 철학적 생물학을 위한 접근. 한정선 옮김. 아카넷. 서울. pp.565-569

25 한면희. 1997. 환경윤리-자연의 가치와 인간의 의무. 철학과 현실사. 서울. pp.17-18.

된 구도로 보기 시작했고, 과학기술의 발달에 따라 자연을 대상화하였다. 그럼에도 불구하고 인간은 여전히 음식을 산이나 바다와 같은 자연환경이나 논밭이나 목장 등의 순치환경에서 얻고 있다.

원시시대 이래로 인류는 불을 이용하여 음식을 조리하여 먹었다. 불을 이용한 조리는 인류를 '자연에서 문화로' 이끌었으며, 오늘날과 같은 문명사회를 이룰 수 있는 진화의 계기를 제공해주었다. 하지만 이때부터 인류는 자연을 훼손하기 시작했다. 나무로 불을 피우던 인류는 석탄, 석유, 가스와 같은 화석연료나 원자력 등 공해를 수반하는 에너지를 이용하다가, 최근에는 환경보호를 위해 태양열, 지열, 풍력, 조력 등 친환경에너지의 이용을 늘리고 있다. 자연을 많이 훼손하건 적게 훼손하건 간에 인간은 자연의 다른 생명체를 음식으로 삼아 생명을 유지하는, 다시 말해 자연과 다른 생명체에 의존하는 관계에서 벗어날 수 없다. 이에 따라 음식윤리도 생명윤리나 환경윤리와 밀접한 관계에 있다. 이에 대한 자세한 논의는 3부. '다른 응용윤리와 음식윤리의 관련성' 부분에서 자세히 다루도록 하겠다. 다만 여기서는 우리가 먹는 음식이 바로 이웃하는 생명체의 생명임을 잘 인지하고 자각하는 것이, '남에게 대접을 받고자 하는 대로 남을 대접하라'는 황금률처럼, 바로 음식윤리의 황금률이라는 것을 명심하면 좋겠다.

3장

음식과 공동체의 관계

음식은 공동체와 밀접한 관계를 지닌다. 개체적으로 음식을 먹으면서 동시에 공동체적으로도 먹기 때문이다. 먹는 행위는 인간이 공통으로 지닌 가장 낮은 수준의 공통분모다. 음식을 먹는 데에는 특별한 자격이 필요치 않다. 배고프다는 것 외에 어떠한 다른 조건 없이도 모든 사람이 함께 동참할 수 있다.

1 · 음식과 공동체

음식을 기본적인 매개체로 삼아 공동체가 세워진다. 사자 무리도 그렇다. 하지만 인간은 동물과 달리, 공동체에서 음식을 먹는 행위를, 자연적이고 본능적인 행위에서, 세련된 문화와 관습의 행위로 바꾸었다. 인류는 굶주림을 이겨내고 길들이면서 공동체를 더욱 확고하게 하였으며, 이

것이 인류공동체를 문명화의 과정으로 이끈 것이다. 공동체 안에서 개인의 이기주의는 음식 나눔을 통해 승화된다. 즉 개체성과 공동체성이 음식을 통해 조화를 이루게 되는 것이다. 이 조화와 질서를 상징하는 것이 접시나 밥공기 같은 그릇이다. 그릇은 자기 몫의 확신임과 동시에 먹을 수 있는 양의 한계이며, 음식윤리를 상징하기도 한다. 음식을 통해 공동체가 세워지고 공동체를 통해 음식윤리가 세워진다.

이야기 속의 이야기-3

로빈슨 크루소와 공동체

남자 A가 로빈슨 크루소처럼 무인도에서 혼자 살면서 의식주를 스스로 해결한다. 그는 오로지 생명을 유지하고 살아남기 위해 애쓴다. 무인도는 더운 곳이라 풀을 엮어 몸에 걸치고, 나뭇가지와 큰 잎으로 지붕을 삼으면, 비바람이나 추위 걱정은 없다. 그래도 음식만큼은 매일 먹어야 살 수 있기에, 물고기를 잡거나 열매를 따면서 원시인처럼 살아간다.

남자 A는 생존의 규칙을 스스로 발견하고 이를 지키면서 살아간다. 날로 먹지 않고 불에 구워 익혀 먹으며, 독버섯이나 독어는 버린다. 생명체가 다른 생명체를 먹으면서 생명을 유지하는 가장 원초적인 상황이다. 이때 윤리와 같은 규범은 필요 없다. 남자 A는 그저 생존의 규칙만 지키면 된다.

어느 날 여자 B가 무인도에 들어온다. 둘은 결혼하여 가정공동체1을 이루고, 아이들을 낳아 기른다. 부부의 관계는 상호호혜의 관계로 대칭적이지만, 부모와 자식의 관계는 일방적 혜택의 관계로 비대칭적이다. 그럼에도 불구하고 남자 A는 자신이 잡은 물고기를 가족과 함께 나누어 먹는다. 여자 B도 자신이 채집한 열매를 가족과 함께 나누어 먹는다. 음식 나눔으로 생존 가능성과 지속 가능성이 높아진다.

남자 A와 여자 B는 서로의 생존 규칙을 존중하면서, 음식 나눔이라는 공동체 규범을 지키고자 애쓴다. 생존을 위한 것이 선이고, 공동체 규범을 잘 지킴으로써 생존 가능성이 높아지기 때문이다. 공동체가 생기면서 규범이 만들어지는데, 음식 나눔이 음식윤리의 기원이고, 가정공동체에서 음식윤리가 시작된다.

어느 날 육지의 네 가족(가정공동체2,3,4,5)이 섬으로 이주해 온다. 이주해온 가정공동체2,3,4,5의 생존 규칙은 가정공동체1의 규칙과 많이 다르다. 가정공동체1은 작은 물고기를 놓아주는데, 가정공동체2,3,4,5는 크건 작건 닥치는 대로 물고기를 잡는다. 그 결과 섬 주변 물고기의 씨가 마르자, 그제야 다섯 가족은 모여서 머리를 맞대고 생존을 위한 공동 규범을 정한다. 이것이 보다 확대된 음식윤리의 모습이다. 이 규범을 지키며 먹을거리를 구하고, 함께 나누어 먹는다. 강화된 이 규범 역시 공동체의 생존을 위한 것이다. 다섯 가족은 개체적으로 음식을 먹지만 또한 공동체적으로 음식을 먹으면서 개인의 생명과 공동체의 생명을 동시에 유지한다.

2 · 음식과 나눔

Coff(2006)[26]에 따르면 음식의 나눔, 즉 분배는 정의(justice)의 차원에서 봐야 한다. 예를 들어 코스(course)라는 단어에는 '요리'와 '정의'의 두 가지 의미가 있는데, 어원상의 뿌리가 '바로하다, 고르게 하다'를 의미하는 'rextia'라고 한다. 정의로서의 음식의 분배는 공동체 구성원이 제 몫을 가

---

26   Coff, C. 2006. The Taste for Ethics. An Ethic of Food Consumption. Springer. Dordrecht, The Netherlands. pp.13-16.

질 권리가 있다는 것을 의미한다. 즉 공동체의 구성원은 먹을거리를 구하지 못했다 하더라도 자신의 몫을 가질 권리가 있다는 것이다. 만약 음식 나눔을 거부한다면 공동체에서 배제한다는 뜻이다. 북극의 이누이트 사회에서는 사냥꾼이 잡은 것을 다함께 나누는데, 나누어주는 고기에 대해 감사하는 것이 실례라고 한다. 고기에 대해 감사하는 것을 공동체성 결핍으로 보는 것이다.

이야기 속의 이야기-4

뷔페의 원형-스뫼르고스보르드[27]

음식 나눔의 대표적인 예로 북유럽에서 유래된 스뫼르고스보르드(smörgås-bord)를 들 수 있다. 이것은 여러 가지 음식을 한꺼번에 차려놓고 원하는 만큼 덜어 먹는 스웨덴의 전통적인 식사 방법으로, 바이킹이 먹던 식사 방법에서 유래되었다고 한다. 바이킹은 한번 출항하면 배 안에서 오랫동안 소금에 절이거나 말린 음식을 먹어야 했다. 그래서 고향에 도착하면 갖가지 신선한 음식을 가득 차려 놓고 함께 모여 덜어 먹었다. 이것이 발전한 형태가 스뫼르고스보르드이며, 오늘날 뷔페의 원형이다.

우리나라도 음식의 중심에 함께 하는 나눔이 있다. 오늘날에도 변함없이 남아 있는 밥 인심(술 인심, 회식)이나 밥상공동체라는 말이 이를 뒷받침하고 있다.

---

27 네이버 지식백과. 스뫼르고스보르드(smörgåsbord). 두산백과. 스뫼르고스보르드는 18세기 말부터 19세기 사이에는 스웨덴의 상류층에서 즐기던 요리였다. 상차림의 한가운데에 아콰비트라는 술을 같이 놓았기 때문에 아콰비트 뷔페라고 부르기도 하였다. http://terms.naver.com/entry.nhn?docId=1233712&ref=y&cid=40942&categoryId=32140 (2015년 6월 29일 검색).

오세영(2005)[28]에 의하면 우리나라 사람들은 밥을 나눔으로써 '밥정'이라는 연대감을 느끼고, 연대감을 느끼면 또 밥 나눔을 한다고 한다. 밥 나눔은 영양 보충의 의미를 넘어서 공동체의 연대감을 확인하는 행위이기 때문에 오늘날에도 여전히 밥 인심, 술 인심이 좋은 것이다.

이런 밥 인심, 술 인심이 극명하게 나타나는 것이 바로 회식이다. 우리나라만큼 회식이 많은 나라도 드물다. 그래서 그런지 식당도 많다. 2009년 인구 1,000명당 식당 수를 비교해보면 미국 3.1개, 일본 5.9개, 한국 11.6개로 한국의 식당 수는 미국의 거의 4배, 일본의 거의 2배에 달한다.[29] 이 통계는 한국인이 그만큼 음식 나눔을 많이 한다는 것을 입증한다.

3 · 음식과 타자

그렇다면 '나'와 '타자(他者, the other)'의 관계는 어떠한가? 나와 타자와의 관계에서 윤리가 출발하며, 그 타자가 음식과 관계된 타자라면 바로 음식윤리가 시작되는 것이다. 타자의 사전적 정의는 '자기 외의 사람 또는 다른 것'이다. 나와 타자의 관계는 인격적 관계와 비인격적 관계로 구별되는데, 전자의 관계에서 타자는 '나'에 대한 2인칭인 '너 또는 우리'이고, 후자의 관계에서 타자는 3인칭인 '그 또는 그들'이다. 3인칭의 경우 타자의 인격이 '나'에 의하여 대상화(對象化)된다고 한다.[30] 나를 제1자라

---

28   오세영. 2005. 현대 한국 식문화에 나타난 함께 나눔의 성격. 한국식생활문화학회지. 20(6): 683-687.

29   한국외식정보(주). 2011. 2011 한국외식연감. pp. 65-474.

30   네이버 지식백과. 타자(the other, 他者). 두산백과. http://terms.naver.com/entry.nhn?docId=1152064&cid=40942&categoryId=31433 (2015년 7월 8일 검색).

고 하면, 너와 우리는 제2자가 되고, 나와 무관한 그나 그들은 제3자가 된다. 그렇다면 음식을 사먹는 사람은 음식을 만들거나 파는 사람에게 이웃인 제2자일까 아니면 대상화된 제3자일까? 그리고 동물이나 식물과 같은 다른 생명체 역시 대상화된 제3자일까? 여기에서 우리는 음식윤리를 쉽게 이해할 수 있는 실마리를 찾을 수 있다.

이야기 속의 이야기-5

착한 사마리아인

신약성경의 착한 사마리아인의 비유는 쓰러진 사람을 제3자가 아닌 제2자로 봐야 한다는 윤리적 요구를 가리킨다. 또 이런 경우 쓰러진 사람을 구조하지 않는 행위를 유죄로 처벌하는 착한 사마리아인의 법[31]도 있다. 프랑스의 경우 위험에 처한 사람을 구조할 수 있는데도 고의로 구조하지 않은 자에 대하여 5년 이하의 구금 및 50만 프랑의 벌금에 처한다고 한다.

TV에서 방영하는 영영실조로 죽어가는 아프리카 어린이의 모습을 보고도 선뜻 후원을 실천하지 못하는 것은 그 어린이가 제3자로 대상화되었기 때문이 아닐까? 그에 반해 가족처럼 아끼는 강아지의 죽음이 슬픈 건 그 강아지가 나에게 제2자이기 때문이 아닐까?

이 시점에서 〈그림 3〉에 나와 있는 사람과 음식의 관계를 살펴보자. 왼쪽 그림처럼, 과거에 음식을 만드는 사람은 어머니나 할머니였고, 먹는

---

31   네이버 지식백과. 착한 사마리아인의 법(The Good Samaritan Law). 두산백과. http://terms.naver.com/entry.nhn?docId=1233669&cid=40942&categoryId=31721 (2015년 7월 8일 검색).

사람은 자식이나 손주와 같은 가족이었다. 음식을 만드는 재료는 자급자족한 농수축산물이거나 가까운 이웃이나 재래시장에서 구입한 소위 로컬 푸드(local food)였다. 먹는 사람과 만드는 사람은 모두 동일한 밥상공동체에 소속되어 있는 제2자 즉 '우리'이기에 깊은 신뢰를 바탕으로 안심하고 먹을 수 있었다. 따라서 과거에는 음식윤리를 문제 삼을 필요가 별로 없었다. 또 이때에는 농약이나 화학비료에 의한 환경오염도 적었기 때문에 부메랑 효과도 걱정할 필요가 없었다.

그러나 오늘날 사람과 음식의 관계는 크게 달라졌다. 오른쪽 그림처럼, 만드는 사람과 먹는 사람 모두 불특정, 익명의 다수이다. 누가 만들었는지 누가 먹는지 모르는 것이다. 먹는 사람과 만드는 사람은 모두 다른 밥상공동체에 소속되어 있는 제3자 즉 '그들'이다. 이 경우 오로지 금전만이 중간매개체의 역할을 하기 때문에 신뢰가 없어 안심하면서 먹기 어렵다. 음식의 재료만 해도 많은 경우 먼 나라에서 온 글로벌 푸드(global food)인데, 이것 역시 누가 만들었는지 어떻게 키웠는지 모르는 미지의 상태다. 농약이나 화학비료와 같은 환경오염으로 인한 부메랑 효과도 두려울 정도다. 사람은 물론 음식과 관계된 다른 생명체도 모두 제3자가 된 상황이기 때문에 음식윤리를 문제 삼을 수밖에 없다. 마치 알라딘의 요술램프 안에 있는 요정과 같은 음식윤리를 불러낼 때라고나 할까?

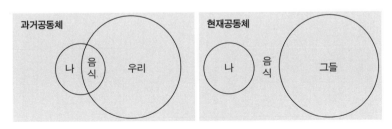

그림 3. 과거와 현재의 음식 공동체 비교

부메랑 효과

부메랑 효과(boomerang effect)는 어떤 행위가 의도한 목적을 벗어나 불리한 결과로 돌아오는 것을 말하며, 돌아오는 부메랑에 의해 오히려 던진 사람이 다칠 수 있다는 경고를 의미하는 용어다. 이것은 과학과 산업이 발달하고 신자유주의가 압도하는 오늘날, 생태계 파괴와 환경오염이 고스란히 인간에게 나쁜 영향을 주는 대가적 현상을 가리킨다.

4장

음식과 규범의 관계

　음식윤리도 규범 가운데 하나이기 때문에 음식윤리에 대해 본격적으로 논하기 전에 큰 틀에서 음식과 규범의 관계를 먼저 살펴볼 필요가 있다. 1장에서 3장까지 살펴본 음식 관련 내용 중에서 규범과 관련된 요소들을 도출하는 것이 음식윤리의 초석을 놓는 데에 도움이 될 것이다.

1 · 음식의 규범적 요소

　1장 '음식이란 무엇인가'에서 음식은 맛, 영양, 안전성의 세 요소를 지니고 있지만, 맛, 영양, 안전성의 세 요소를 지니고 있다고 해도 음식이라고 할 수 없다는 것을 알았다. 왜냐하면 음식에는 이 세 요소 이외에 정치적, 경제적, 사회적, 문화적, 윤리적 등 다양한 관점의 여러 가지 요소가 포함되어 있기 때문이다. 맛, 영양, 안전성의 세 요소는 음식의 필요조건이지 충분조건은 아니다. 그럼에도 불구하고 맛, 영양, 안전성은 음식의 핵심요소이기에 여기에서 비롯되는 여러 가지 규범적 문제들이 있을 수 있다. 예를 들어 맛으로부터 쾌락주의, 이기주의, 육식, 탐식 등을 도출할 수 있고, 그 대척점에는 절제, 절식이나 금식 등이 있다. 영양으로부터는 환원주의, 합리주의, 보신주의가 도출되고, 안전성에는 금기음식과 허용되는 음식에 대한 이분법적 종교계율이나 영성주의, 집단적 관습 등이 있다. 그리고 "우리가 먹는 음식이 바로 우리 자신이 된다."는 명제로부터 음식은 단순히 만들고 팔고 먹는 대상이 아니기 때문에, 그걸 초월하도록 요구하는 상위 규범을 예상할 수 있다.

2장 '음식과 생명의 관계'에서 식물은 생산자, 동물은 소비자, 미생물은 분해자의 역할을 제대로 수행함으로써 생태계의 물질 순환이 이루어진다는 것을 알았다. 인간 역시 다른 생명체를 음식으로 섭취함으로써 생명을 유지한다. 생명은 음식의, 음식은 생명의, 필요충분조건이기에, 먹는 것과 사는 것은 대등한 관계이다. 우리가 먹는 음식이 바로 이웃 생명체의 생명임을 잘 인지하고 자각하는 것이, '남에게 대접을 받고자 하는 대로 남을 대접하라'는 황금률에 상응하는 음식윤리의 황금률이다. 여기서부터 생명존중, 환경보전, 동물보호, 동물권리 등의 규범이 시작된다.

3장 '음식과 공동체의 관계'의 핵심은 '나눔'이고, 나눔은 정의와 연결된다. 나눔을 통해 개인의 생명과 공동체의 생명을 동시에 유지하기 때문이다. 또 음식과 관계되는 타자(사람, 동물, 식물 등)를 제2자인 이웃으로 인식하느냐 아니면 대상화된 제3자로 인식하느냐에 따라 규범의 틀이 달라진다. 먹는 사람과 만드는 사람 모두 동일한 밥상공동체에서 로컬 푸드 위주로 먹는 제2자라면 깊은 신뢰를 바탕으로 안심하고 먹을 수 있다. 그러나 먹는 사람과 만드는 사람 모두 다른 밥상공동체에서 글로벌 푸드 위주로 먹는 제3자라면 신뢰가 없어 안심하고 먹기 어렵다. 따라서 오늘날 이야말로 음식에 대한 규범이 절실히 필요한 시대라는 것을 알 수 있다. 또한 농약이나 화학비료와 같은 환경오염으로 인한 부메랑 효과가 심각한 만큼 이와 관련된 규범도 절실히 필요하다는 것을 알 수 있다.

2 · 규범의 정의

그렇다면 규범이란 무엇인가? 규범(norm)이란 말은 그리스어 'nomos'에서 유래했고, 이와 대척점에 있는 그리스어는 'physis'이다. 전자는 관습, 윤리, 법, 종교, 제도 등과 같은 인위적인 것이고, 후자는 인간의 개입을 허락하지 않는, 있는 그대로의 자연을 의미한다.[32] 그리스 인들은 자연에는 자연을 움직이는 법칙이 있고, 인간의 삶과 사회에는 그것을 움직이는 법칙이 있다고 생각했다. 자연의 법칙을 연구하는 것이 물리학(physics)을 비롯한 자연과학인 반면, 인간의 삶과 사회를 움직이는 법칙은 그래야만 하는 어떤 것, 즉 당위적인 법칙이다.[33]

인간 사회에는 구성원들이 공유하는 가치(value)와 규범이 있다. 가치란 사람들이 가지고 있는 신념(belief) 그리고 행동을 지배하는 감정(sentiment)의 체계를 말한다. 이 가치에 의해 사회의 구성원들은 비슷한 행동양식을 보이고 비슷한 결정을 내리게 된다. 즉, 가치는 사람들의 행동의 방향을 설정해준다. 반면에 규범은 행실의 구체적인 지침을 제공한다. 다시 말해 가치가 추상적인 방향이라면 규범은 구체적인 지침이다. 예를 들

---

32   네이버 지식백과. 피지스(physis). 철학사전. 2009. 중원문화. http://terms.naver.com/entry.nhn ?docId=388907&cid=41978&categoryId=41985 (2015년 7월 9일 검색).

33   김석신, 신승환. 2011. 잃어버린 밥상 잊어버린 윤리. 북마루지. 서울. pp.33-35.

어 효(孝)는 우리 전통문화의 기본적인 가치의 하나이고, 그것이 지켜지는 것은 지지해주는 규범이 있기 때문이다.

우리는 자연이 제공하는 단순한 'physis'로서의 음식을 먹는 것이 아니라, 인간 사회의 'nomos'로서의 음식, 즉 사회 구성원들의 가치와 규범과 관련이 깊은 음식을 먹는다. 어느 사회에서나 때와 장소에 따라 허용하는 음식이 다르고, 그 음식을 먹는 방법이 정해져있게 마련이다. 규범에는 관습규범, 윤리규범, 법규범의 세 가지가 있는데, 원시시대나 고대에는 이 세 가지 규범이 분화되지 않은 하나의 통합규범으로 존재하였다.

3 · 음식금기

통합규범에 해당하는 대표적인 사례가 음식금기이다. 음식금기는 관습이자 윤리면서 법이다. 그렇다고 세 가지의 교집합만은 아니다. 때에 따라 관습이나 윤리나 법의 독립된 모습으로 나타나기 때문에 차라리 합집합의 의미로 보는 것이 타당하다. 특히 종교와 관련된 계율이기에 더욱 그렇다.

음식금기는 장소나 민족이나 시대에 따라 다르다. 즉 여기서는 허용하는 음식을 저기서는 금지하거나, 이 민족이 허용하는 음식을 저 민족은 금지하거나, 예전에는 금지한 음식을 지금은 허용한다. 전 세계 대부분의 사람이 먹는 돼지고기를 이슬람교나 유대교에서 금지하는 것이나, 불교가 국교이던 통일신라나 고려시대에 육식이 금기였으나 지금은 전혀 아닌 것이 그 예다. 즉 장소와 민족과 시대에 따라 상대적이라는 말이다. 유대인이나 힌두교도의 독특한 음식 금기 행위는, 단순히 어떤 종류의 음식을 금기하는 것에 그 본질이 있는 것이 아니라, 금기를 통해 자신들의 정

체성을 확립함으로써, 금기가 공동체를 유지해 가는 메커니즘으로 작용하는 것이다.[34]

　금기(taboo)의 어원은 폴리네시아어의 타부(ta-pu)로, '강하게 표시하다', 즉 무언가를 확실히 나타낸다는 것을 의미한다.[35] 〈그림 4〉에 나타낸 것처럼 인간을 범주(category) A라고 하고 동물을 범주 non-A라고 하자. 그러면 애완동물은 그림에서 겹치는 부분 T(taboo), 즉 A이면서 동시에 non-A인 애매모호한 부분이 되는데, 어느 쪽에도 속하지 않아 질서를 위협하는 혼돈의 원인이 되기 때문에 금기가 되는 것이라고 한다. 따라서 애완동물을 먹는 것을 금한다는 것이다. 이 이론에 따르면 서구인에게는 개가 애완동물이라 식용을 금지하지만, 우리나라나 중국에서는 개를 식용으로 키울 경우 먹을 수 있다는 논리가 성립하는 것이다. 음식금기는 현대사회의 분화된 세 가지 규범 가운데 관습규범에 가장 가깝다.

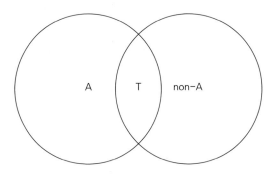

그림 4. 터부와 범주의 관계

34　정영숙, 박영선. 2009. 우즈베키스탄 고려인의 한국 전통 음식에 대한 인식과 민족 정체성과의 관계. 동아시아식생활학회지. 19(5): 668-680.

35　야마우찌 히사시. 2012. 음식 금기의 암호해독. "식(食)의 문화. 식의 사상과 행동." 도요카와 히로유키 편집. 동아시아식생활학회 옮김. 광문각. 파주. pp.315-329.

한편 쓰지하라 야스오(2002)[36]에 따르면 인류는 불을 발명하면서 육식을 즐겼는데, 채식에 대한 금기는 거의 볼 수 없지만, 육식에 대한 금기는 세계각지에 다양하게 존재한다고 한다. 수많은 사람들을 먹여 살리려면 그 음식물이 적은 비용으로 큰 수익을 올릴 수 있는가 없는가 하는 것이 가장 큰 관심사가 될 수밖에 없다. 즉 비용 대 효과가 비슷한 음식물의 재배나 사육은 장려하지만, 그렇지 않은 경우에는 쓸데없이 비용과 노력을 투입하지 않도록 '금기'의 낙인을 찍는 것이다. 유대교나 이슬람교에서 돼지고기를 금하게 된 이유는, 아무리 고기가 맛있어도 고온 건조한 중동 지역에서 돼지를 사육하는 것이 사회 전체로 볼 때 이익을 주지 않았기 때문이라고 말할 수 있다. 유대교에서 먹어도 되는 동물, 즉 발굽이 갈라져 있으면서 되새김질하는 포유류는 인간이 먹지 않는 풀을 먹으며, 무리를 지어 서식하기 때문에 관리가 쉽고, 젖을 얻을 수 있는 이점이 있다.

4 · 규범 · 윤리 · 법규범의 관계

이제 관습규범과 윤리규범과 법규범의 관계를 검토해보자. 관습(慣習, custom)은 예로부터 되풀이되어 온 특정 집단의 행동 방식이다(습관은 개인의 상습적인 행위를 의미).[37] 윤리(倫理, ethics)는 인간이 사회를 구성하고 살아가는 데 있어 지켜야 할 이치 또는 도리다. 윤(倫)은 무리 · 또래 · 질서 등의 의미가 있으며, 리(理)는 이치 · 이법 또는 도리 등의 뜻이 있다.

36   쓰지하라 야스오. 2002. 음식, 그 상식을 뒤엎는 역사. 이정환 역. 창해. 서울. pp. 56, 105-125, 174-179.
37   네이버 지식백과. 관습. 21세기 정치학대사전. 한국사전연구사. http://terms.naver.com/entry. nhn?docId=726255&cid=42140&categoryId=42140 (2015년 7월 12일 검색).

물리(物理)가 사물의 이치라면 윤리는 인간관계의 이치다.[38] 법(法)은 한 자어로 '물(水)이 간다(去)'는 뜻이다. 따라서 법이란 말은 물이 끊임없이 흘러가되 거기에는 일정한 길이 있다는 뜻을 함축하고 있다.[39] 즉 모든 행위는 법에 비추어 타당한지(합법) 타당하지 않은지(불법) 구별된다.

관습규범은 오래전부터 존재하였지만 구성원이 기원이나 의미를 잘 모르는 경우가 많은 규범으로서, 합리성이 결여될 수 있고 자각하지 못한 상태에서 따르는 무자각적인 규범이다. 관습규범을 무시하거나 위배하면 사회적으로 따돌림 당하고 눈총 받게 된다. 그렇다고 해서 법적 처벌이 있는 것은 아니다. 하지만 우리나라에서 상급자에게 술을 따를 때 두 손으로 따르지 않으면 어떻게 되겠는가? 우리나라에서 개인은 이를 지킴으로써 정신적 안정감을 얻을 수 있다. 이에 반해 법규범은 행위를 외면적 측면에서 판단한다. 그래서 법규범을 어길 경우 사회나 국가로부터 강제적으로 처벌 받게 된다. 이 규범은 자각적이고 이성적인 행위규범에 속한다. 윤리규범도 자각적이고 이성적인 행위규범이지만, 법규범과는 달리 행위를 내면적 측면에서 판단한다. 윤리규범을 어기면 타인으로부터 비난 받게 되고 본인은 양심의 가책을 느끼게 된다. 윤리규범은 관습규범에 비해 이성적이고, 법규범에 비해 내면적이며 자율적(비강제적)이다. 윤리규범을 지킴으로써 안전하고, 평화롭고, 행복하게 살 수 있다.

관습규범, 윤리규범, 법규범이 상호 보완하여 사회에 안전망을 제공해 주는데, 오늘날 음식의 관습규범은 여전히 존재하고(예: 금기음식), 법규

---

38   네이버 지식백과. 윤리. 원불교대사전. 원불교100년기념성업회. http://terms.naver.com/entry.nhn?docId=2113310&cid=50765&categoryId=50778 (2015년 7월 12일 검색).

39   네이버 지식백과. 법. 한국민족문화대백과. 한국학중앙연구원. http://terms.naver.com/entry.nhn?docId=557442&cid=46648&categoryId=46648 (2015년 7월 12일 검색).

범은 확실히 수립되어 있지만(예: 식품위생법), 윤리규범은 상대적으로 미흡한 상태다. 더욱이 법규범만으로는 음식과 관련된 다양한 문제를 해결하기란 불가능하다. 인종, 종교, 집단, 지역, 국가 등 공동체마다 법이 다르기 때문에 해결이 더욱 어려운 것이다.

관습은 그 사회의 '좋다 · 싫다(호오, 好惡, like or dislike)'를 많이 반영하는 반면, 윤리는 '착하다 · 악하다 또는 좋다 · 나쁘다(선악, 善惡, good or bad)를 많이 반영한다. 이에 반해 법은 '옳다 · 그르다(시비, 是非, right or wrong)' '참 · 거짓 또는 진짜 · 가짜(진위, 眞僞, true or false)' '정의(正義, justice)'를 많이 반영한다. 관습과 윤리는 정도(degree)를 생각할 수 있다. 즉 좋음은 좋거나 더 좋거나 가장 좋을 수 있는 것이다. 그러나 옳음은 옳거나 옳지 않을 뿐, 정도를 생각할 수 없다. 좋음은 행위와 사람을 가리키는 반면, 옳음은 행위만을 가리킨다.[40] 시즈위크는 윤리가 옳음의 개념과 좋음의 개념이라는 근본적으로 서로 다른 형식에 의존하고 있는 것으로 본다. 이로부터 그는 서양 윤리학을 구분함에 있어서, 그리스 윤리학은 좋음의 우선성을 중심으로, 근대 윤리학은 옳음의 우선성을 중심으로 전개한 것으로 간주한다.[41] 결론적으로 윤리학은 옳음과 좋음을 모두 다루는 학문인 것이다.

---

40 해리스(Harris, C.E. Jr.). 1994. 도덕이론을 현실 문제에 적용시켜 보면(Applying Moral Theories). 김학택, 박우현 옮김. 서광사. 서울. pp.29-31. 두 번째 용어의 쌍은 옳음(right)과 좋음(good)이다. 좋음은 정도를 생각할 수 있으나 옳음은 그럴 수 없다. 어떤 것은 옳거나 옳지 않다. 어떤 행위는 좋거나 더 좋거나 혹은 가장 좋을 수 있다. 좋다는 행위와 행위의 동기를 언급할 뿐만 아니라 사람과 사물도 묘사할 수 있다. 반면에 옳다는 우선적으로 행위를 가리킨다. 옳다는 행위라는 대상을 가지기 때문에 도덕 규준(moral standard)—도덕 철학에서 도덕적으로 허용할 수 있는 것과 허용할 수 없는 것을 결정하기 위한 근본적인 기준—의 공식에는 옳다를 사용할 것이다.

41 홍성우. 2011. 자유주의와 공동체주의 윤리학. 선학사. 성남시. pp.5-9.

관습규범, 윤리규범 및 법규범의 상호관계를 〈그림 5〉[42]에 나타냈는데, 겹치는 부분에 해당하는 경우를 어떻게 취급할 것인지 애매한 경우가 많다. 이와 관련된 규범적 문제들의 사례를 다음과 같이 요약하여 인용한다.[43] ①영역에는 납덩어리 꽃게, ②영역 원산지 표기, ③영역 찐쌀, ④영역에는 술의 음용, ⑤영역의 예로는 손님이 남긴 식사를 음식점 종업원들이 먹는 경우가 있다. ⑥영역에는 알코올 함량 등 주류의 규격, ⑦영역 1식 3찬 식습관, ⑧영역의 예로는 비만, 당뇨를 유발할 수 있는 청량음료 같은 공열량식품(empty calorie food)을 예로 들 수 있다. 음식윤리와 직접 또는 간접으로 관련되는 부분은 ①②④⑤영역이다.

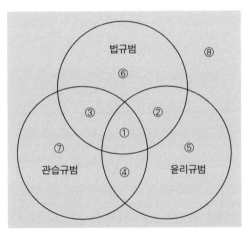

그림 5. 관습규범, 윤리규범 및 법규범의 상호관계

42 　　이상돈. 2007. 법학입문. 법문사. 서울. pp.187-205.

43 　　김석신, 신승환. 2011. 잃어버린 밥상 잊어버린 윤리. 북마루지. 서울. pp.89-91.

5장

음식윤리란 무엇인가

먹는 행위는 식욕을 만족시켜 인간에게 즐거움을 주는 본능적 행위이지만, 윤리적 측면에서는 도덕적 판단의 대상이 되는 이성적 행위다. 인간은 은연중에 먹을거리에 대해 가치 판단을 하고 있다. 먹을 수 있는 것과 먹을 수 없는 것을 구별하고, 먹어도 되는 것, 먹어야만 하는 것, 그리고 먹어서는 안 되는 것을 구별한다. 인간은 이성을 통해 먹는 행위를 조절하거나 제어하고, 어떤 목적을 위해 단식하거나 절제하며, 흔히 탐식을 비윤리적 행위로 간주한다.[44]

---

44   변순용. 2009. 먹을거리의 인간학적, 윤리적 의미에 대한 연구. 범한철학. 53: 329-361.

1 · 음식윤리의 정의

이제 음식윤리가 무엇인지 살펴볼 차례다. 음식윤리란 한마디로 '음식과 관련된 윤리 또는 음식과 관련된 윤리적 고려'라고 정의할 수 있고, 음식윤리학은 음식과 관련된 윤리규범과 그 원리를 성찰하고 해명하는 지성적 작업으로 이해할 수 있다.[45] 음식윤리(food ethics)라는 용어는 1996년 벤 메팸(Ben Mepham)이 자신의 저서 『Food Ethics』에서 새로운 응용윤리 분야로 처음 소개하였다.[46] 하지만 음식에 대한 윤리적 관심은 음식 자체 또는 윤리 자체만큼이나 오래된 일이다.[47]

2 · 윤리와 도덕

4장에서는 윤리를 관습과 법에 대비하여 정의하였다. 여기서는 한걸음 더 나아가 윤리와 도덕의 공통점과 차이점, 그리고 윤리의 특성과 종류를 중심으로 설명한다.

먼저 윤리와 도덕의 공통점과 차이점을 살펴보자.[48] 윤리의 영어 'ethics'는 그리스어 '에토스(ethos)'에서 유래된 'ethica'의 역어이고, 에토스는 사회의 습속(관습과 풍속)을 의미하는데, 습속과 윤리는 서로 밀접한 관계를 지닌다. 도덕의 영어 'morals'는 라틴어 '모랄리스(moralis)'의 역어이고, 모랄리스는 로마의 철학자 키케로가 그리스어 ethica의 역어로 사용하였다.

---

45   김석신, 신승환. 2011. 잃어버린 밥상 잊어버린 윤리. 북마루지. 서울. pp.37-39.

46   Mepham, B. 1996. Food Ethics. Routledge. London. pp. xii-xiv.

47   김석신. 2013. 음식윤리의 약사(略史). 생활과학연구논집. 33(1): 160-175.

48   김석신. 2014. 나의 밥 이야기. 궁리출판. 서울. pp.188-194.

모랄리스의 어원은 '모스(mos)'인데, 모스도 습속을 뜻한다고 한다.

한 집단에서 어떤 행동 양식이 그 구성원에게 유익하다는 것이 시행착오 끝에 밝혀지면 습속으로 정착되어 집단 구성원의 삶을 규제하게 되며, 이러한 습속이 사람의 내면에 어떤 기준을 형성할 때 윤리나 도덕이 생겨난다.[49] 이때 윤리와 도덕은 사람이 지켜야 하는 도리라는 공통적인 의미로 사용하는데, 도덕에서는 실천의 의미가 강조된다면, 윤리에서는 인륜과 도덕의 원리에 중점을 둔다. 우리가 다루는 음식과 관련된 도덕이나 윤리의 문제는 실천도 중요하지만 실천 이전에 원리를 제대로 정립할 필요가 있으므로 음식도덕보다 음식윤리라고 부르는 것이 적절하다.

3 · 윤리의 특성

이제 윤리의 특성을 살펴보자. 윤리의 특성에는 보편성과 상대성이 있다. 윤리의 보편성의 근거는 이성이다. 보편적 윤리는 이성을 근거로 성립하는 공통적 규범이고, 여기에는 인간이라면 누구나 지켜야 할 보편적 윤리 원리가 존재한다. 보편적 윤리 원리의 예로 '살인하지 말라.' '거짓말하지 말라.' '모든 사람의 자유와 인간으로서의 권리를 인정하라.' '인간은 누구를 막론하고 존중 받아야 한다.' 등이 있다.

한편 윤리의 상대성의 근거는 윤리가 사회적으로 또는 역사적으로 다른 의미를 지니고 있다는 점과, 시대나 사회에 따라 윤리원칙의 구체적 내용이나 강조점에 차이가 존재한다는 점이다. 예를 들어 일부일처를 원칙으로 하는 기독교 사회의 남녀평등의 윤리규범과 일부다처를 허용하

---

49   이해원. 2007. 중국음식문화의 내재적 의미 연구. 중국문화연구. 11: 333-363.

는 이슬람 사회의 가부장적 윤리규범은 상대적으로 다를 수밖에 없다는 것이다. 그러나 일부일처든 일부다처든 간에 관습적인 측면에서는 상대성을 인정할 수 있지만, 인간에 대한 윤리적인 문제, 예를 들어 아동이나 여성에 대한 학대와 같은 사안은 보편성을 결여하기 때문에 윤리로서의 상대성은 인정받을 수 없다. 따라서 윤리의 상대성은 보편성의 원리에 의거하여 지속적인 논의와 수정이 필요하다.

4 · 윤리의 종류

다음은 윤리의 종류를 살펴보고, 음식윤리가 어느 윤리에 속하는지 알아보자. 윤리는 집단의 특수성을 기준으로 보편윤리와 특수윤리로 나누어진다. 여기서의 보편윤리란 '인간은 누구를 막론하고 존중 받아야 한다.'는 것과 같은 보편적 윤리 원리가 적용되는 윤리다. 이에 반해 특수윤리는 의사, 교사, 공무원, 군인 등의 특수한 집단에 적용되는 윤리다. 특수윤리는 집단에 따라 중시하는 윤리 원리와 강조하는 윤리 규칙이 다르다. 다시 말해 군인사회에서는 '상하계급에 따라 대접받는다.'는 윤리 규칙이 존재한다. 그럼에도 불구하고 특수윤리는 보편윤리와 떼어내 생각할 수 없기 때문에 보편윤리의 원리 하에서 해석되어야 한다. 예를 들어 군인사회에서의 상하관계도 인간존중의 범위 이내에서 이루어져야 한다는 것이다.

현대사회는 다양한 직업을 통해 다양한 집단 사회를 구성하기 때문에 특수윤리는 직업윤리와 동일한 의미로 사용되는 경우가 많다. 특히 공적으로 주도적 역할을 하는 집단에는 더 엄격한 윤리 규칙을 요구한다. 예를 들어 의사 윤리강령, 변호사 윤리강령, 공학연구 윤리강령, 경제인 윤리강령 등이 있는데, 이런 윤리강령은 윤리라기보다는 일종의 법과 같은 성격을 지니는 것이 많다. 음식인(음식을 만들거나 팔거나 먹는 사람) 역시 윤리강령이 필요하다(이에 대해서는 7부 참조).

한편 윤리를 일반윤리와 응용윤리로도 구분할 수 있다. 일반윤리가 윤리 원리 자체에 대한 논의를 중심으로 다루는데 반해, 응용윤리는 환경오염, 임신중절, 안락사, 사형제도, 전쟁 등의 구체적인 문제에 대해 윤리의 일반 원리를 적용하는 실천적 윤리이다. 그 대표적 예로서 생명윤리나 환경윤리를 들 수 있다.

음식윤리는 어디에 속하는 윤리일까? 음식윤리는 '생명이 생명을 먹고 생명을 유지한다'는 것을 '황금률'로 삼는 보편윤리이다. 또한 환경윤리, 생명윤리, 공학윤리처럼 농장에서 식탁에 이르는 경로에서 발생하는 여러 가지 문제에 윤리 원리를 적용하여 해결하고자 하는 응용윤리이기도 하다. 게다가 음식윤리는 농축어민사회(음식 재료의 생산), 기업사회(음식의 가공과 조리), 공무원사회(음식 관련 법적 통제나 연구), 소비자사회(음식의 구매와 섭취)의 음식인 집단 모두에게 적용하는 특수윤리이기도 하다. 〈그

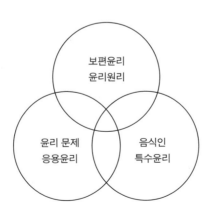

그림 6. 음식윤리의 세 가지 측면

림 6)에 나타낸 것처럼, 음식윤리는 인간과 다른 생명체의 생명을 근본 원리로 삼는 보편윤리와, 음식과 관련된 윤리적 문제 해결 위주의 응용윤리와, 음식인에 대한 특수윤리의 세 가지 측면을 동시에 보인다.

5 · 음식윤리의 필요성

오늘날 음식윤리가 관심을 끌게 된 이유는 음식으로 인해 여러 가지 심각한 문제가 계속 발생하고 있는데다가, 그런 문제가 인류의 지속성까지도 위협할 지경에 이르렀기 때문이다. 하지만 음식은 원래 윤리적으로 중립이다. '착한 칼'이나 '착한 음식'은 없다. 칼도 음식도 윤리적으로 중립이기 때문이다. 다만 칼은 어떻게 쓰이느냐에 따라, 음식은 어떻게 만들고 팔고 먹느냐에 따라 윤리적 측면에서 결과가 달라질 뿐이다. 원래 윤리적으로 중립이어야 할 과학도 '생명 복제'와 같이 다양한 윤리적 문제를 일으키는 것처럼, 음식의 가공기술이 발달하면서 여러 가지 윤리적 문제가 발생하고 있다.

특히 우리나라의 경우 1960년대에 비해 소득이 100배 이상 증가하였으나, 윤리적 마인드는 소득만큼 비례적으로 증가하지 않았다. 그 결과 아이러니하게도 부정·불량식품은 더욱 다양해지고, 대규모화하였으며, 위해 수준도 크게 높아졌다. 익명의 불특정한 사람을 대상으로 음식을 만들거나 팔다보니 비윤리적 행위가 더욱 증가한 것으로 보인다. 원시시대나 고대에는 통합 규범 내에서 음식과 관련된 문제를 제대로 해결할 수 있었다. 그 후 통합 규범이 관습, 윤리, 법으로 분화한 상태에서도 음식과 관련된 문제를 충분히 해결할 수 있었다. 하지만 오늘날에는 〈그림 7〉에 나타낸 것처럼 관습도 유지하고 법도 강화하고 있지만, 음식과 관련된 문제의 심각성이 너무 커져서 오로지 윤리적 해결에 희망을 걸 수밖에 없는 단계에 이르렀다. 윤리는 누전 때 차단기를 내리는 역할을 하기 때문이다.

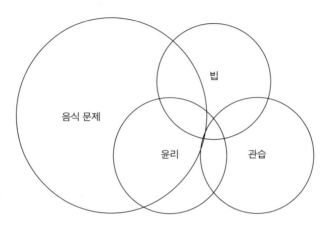

그림 7. 음식 문제와 윤리와의 관계

6장

음식윤리의 역사

오늘날 음식의 윤리적 문제가 심각해진 계기나 배경을 알기 위해서는 과거에서 현재까지 음식윤리의 역사를 살펴보는 것이 도움이 된다. 또한 이런 과정은 현재와 미래를 위해 바람직한 음식윤리를 정립하는 데에 토대를 제공할 수 있다. 음식윤리의 역사는 Zwart(2000)[50]와 김석신(2013)[47]의 두 논문이 잘 설명하고 있다. 이 두 논문을 주로 인용하여 다음과 같이 정리하였다.

50   Zwart, H. 2000. A short history of food ethics. Journal of Agricultural and Environmental Ethics. 12(2): 113-126.

1 · 선사시대의 음식윤리

티타렌코(1991)[51]에 따르면 인류생활 초기 단계의 인간은 미분화된 통합적 의식밖에는 갖고 있지 못했고, 여기에서 발생한 윤리는 초보적 수준에 지나지 않았다. 원시인류의 협동정신은 생산 활동을 할 때의 여러 가지 필요성에 대응하는 과정 중에 자연스럽게 생겨났다. 부족 중심의 공동체는 사회 진화의 원동력이 되었고, 이로부터 윤리의 기초가 형성되었으며, 의사소통의 기본 규칙들과 공동체 개념, 상호부조의 의식이 나타났다. 이 당시 윤리적 개념을 담고 있는 단어로는 선과 악(좋음, 나쁨), 평등, 우정, 우리(insider), 그들(outsider) 등이 있다.

Gofton(1996)[52]은 음식의 '나눔'이 우정과 교제를 위한 공동체적인 표현이라고 했다. 신석기 시대에는 음식을 획득하고 분배하는 과정을 통해 인간의 집단이 형성되었고, 작물의 수집과 고기의 분배와 관련된 규칙이 가장 중요한 윤리적 명령으로 자리매김하였다. 함께 먹고 마시는 사람들은 우정과 상호 의무를 바탕으로 한 유대에 의해 묶여 있었고, 음식의 나눔은 호혜적이었으며, 음식을 교환함으로써 유대가 더욱 공고해졌다. 한마디로 '나눔'이야말로 가장 역사가 오래된 음식윤리라고 할 수 있다.

클라우스 E. 뮐러(2007)[53]에 따르면, 예부터 가족이 공동체 생활의 핵심이었으며 엄격한 분업기관이었다. 사람들은 일해서 얻은 것을 교환(exchange)할 때, 즉 나눔의 행위를 하기 때문에 함께 존속할 수 있었다. 그런

---

51   티타렌코 A. I. 1991. 윤리학 입문. 견학필, 박장호 역. 사상사. 서울. pp.72-75.

52   Gofton, L. 1996. Bread to biotechnology: cultural aspects of food ethics. In "Food Ethics" ed. Ben Mepham. Routledge. London. pp.64-83.

53   클라우스 E. 뮐러(Klaus E. Muller). 2007. 넥타르와 암부로시아(Nektar und Ambrosia). 조경수 역. 안티쿠스. 서울. pp.103-114, 157.

까닭에 전통 사회에서는 다른 사람이 있는 상황에서 혼자 뭔가를 먹거나 마시는 것을 실례, 즉 윤리적 결례로 여겼다. 인간은 동물적 본능과 자신을 구분하려고 노력했다. 인간에게는 동물과 달리 윤리가 먼저였고 먹는 것은 그 다음이었다. 동물은 먹이를 날로 급하게 삼키거나 혼자 먹으려고 딴 데로 끌고 가지만, 인간은 노획하거나 경작한 것을 이웃과 나누었다. 인간은 음식을 정성스레 조리하고 자연을 문화로 바꾸며 예의를 차려 먹었다.

2 · 고대 한국의 음식윤리

Cho(1998)[54]에 따르면 선사시대의 한반도에서 구석기인은 타제석기를 사용하여 과일이나 나무뿌리를 채집하고 동물을 사냥하면서 살았으며, 우리나라의 전통적인 식생활은 신석기 시대 이후 농경생활을 하면서 정착한 것이라고 한다. 청동기에 들어서면서 중국으로부터 본격적인 농업 기술을 도입하였고, 점차 벼농사가 퍼져 쌀밥이 보편화되었으며, 이 시기부터 떡과 술을 제천(祭天)의식에 사용하였다. 제정일치(祭政一致)의 고조선 이래 한국의 기층문화는 무속(巫俗), 즉 샤머니즘이었다. 무속은 우리의 음식문화에 큰 영향을 주었는데, 바로 굿판에서의 축제음식과 음주가무 위주의 고유 음식문화가 그것이다. 사람들은 신령에게 올린 음식을 함께 나눠 먹음으로써 신령과 만나는 체험을 공유하였다. 이렇듯 한국인의 음식문화는 무속 및 공동체와 관련이 깊다. 한 마디로 고대 한국의 음식윤리는 함께 하는 '나눔'에 있었다.

---

54   Cho, H.Y. 1998. The historical background and characteristics of Korean food. Korean J. Food Culture. 13: 1, 1-8.

3 · 고대 중국의 음식윤리

이(2007)[49]에 따르면 중국인은 음식의 물질적인 향유와 정신적인 수양을 강조한다고 한다. 천자는 음식과 술을 하늘에 바친 후 그것을 백성들에게 나누어 먹게 하였다. 예(禮)의 시초는 음식에서 비롯되었으며, 음식이 사회질서를 유지하는 역할을 수행하였다. 예가 점차 윤리의 범주에 속하게 되면서 자연스럽게 음식에 대한 절제를 요구하였다.

한편 중국 춘추전국시대의 공맹식도(孔孟食道), 즉 공자와 맹자의 음식에 대한 사상과 생활이 중국인의 음식윤리에 영향을 끼쳤다고 한다.[55] 공자는 담백하고 검소한 식생활을 통해 인생의 품위를 지키고자 하였으며, "군자는 먹음에 배부름을 구하지 않는다(君子食無求飽)."고 말하였다. 맹자 역시 '식지(食志)' 즉 고생하지 않고 한 일 없이 헛되이 밥을 먹지 않는다는 원칙, '식공(食功)' 즉 동일한 혹은 적당한 양의 노동의 대가로 음식을 먹는다는 원칙, '식덕(食德)' 즉 정당하고 깨끗한 음식을 예의에 맞게 먹는다는 원칙을 주장하였다. 이 공맹식도는 지식집단의 윤리 표준이면서 가치의 기준이 되었고, 서민 대중의 전통적인 관념과 행위의 모범이 되었다. 공맹식도는 춘추전국시대에 역사적으로 실재하였으며 2,000여 년 동안 중국민족의 음식생활사에서 많은 사람들이 자각하고 실천한 음식윤리였고, 한마디로 요약하면 절제라고 할 수 있다.

---

55   Cho, Y.K. 2002. On position of the doctrine of Confucius and Mencius in Chinese dietary culture history. Korean J. Food Culture. 17: 3, 496-529.

4 · 고대 그리스의 음식윤리

"자연과 조화롭게 살라."는 그리스의 격언이 고대 그리스의 음식윤리에도 적용되었다. 자연과 조화롭게 산다는 것은 기본적으로 절제의 삶을 사는 것이다. 오늘날에는 절제보다 풍요와 낭비의 시각으로 자연을 보는 경향이 있지만, 고내 그리스에서는 자연에 대한 설제의 개념이 뚜렷했다. 음식윤리에서도 이성적이고 도덕적인 절제를 중요시했다. 각 사람은 자신의 체질에 적합한 식습관 패턴을 추구했고, 소비 패턴도 절제의 개념과 연결지었다. 더욱이 절제는 윤리적인 엘리트들을 일반대중과 구분하여 주었다. 일반대중은 시계추처럼 음식의 과잉과 부족 사이를 왔다 갔다 했지만, 엘리트들은 자신의 욕망을 절제하면서 어떤 상황에서도 윤리적인 삶의 패턴을 유지하였다. 고대 그리스에서는 못 먹는 음식은 없었고, 절제의 한도 이내에서는 모두 허용되었다.

5 · 유대의 음식윤리

고대 그리스의 문화는 그리스도교 문화에 영향을 주었고, 그리스도교 문화는 유대 문화에 뿌리를 두고 있다. 구약성서에는 허용되는 먹을거리와 허용되지 않는 먹을거리의 이분법적인 개념이 들어 있다. 율법에 맞게 먹음으로써 이방인과 구별되는 윤리적 정체성을 갖게 된다. 돼지고기를 금하는 이유는 단지 율법이 금하기 때문일 뿐이다. 즉, 어떤 음식은 건전하지 않다든가, 맛이 없다든가, 소화하기 어렵다든가 등의 이유가 아니라, 율법에 어긋난다는 이유 하나만으로 '오염'된 것, 즉 더러운 것으로 간주되는 것이다. 이 이분법적 원리는 먹어도 되는 것인가 또는 먹으면 안

되는가의 관점에서 오늘날의 음식윤리에서도 대단히 중요한 개념으로 적용되고 있다.

6 · 그리스도교의 음식윤리

복음서에 있는 음식 섭취에 대한 윤리적 견해는 구약성서의 음식윤리와는 상당히 다르다. 예수는 제자들에게 삶이 음식보다 귀한 것이니 음식에 대해 염려하지 말라고 말했다. 이에 따라 그리스도교에서는 율법에 따른 음식 섭취와 윤리적 정체성의 관련성이 사라졌다. 깨끗하지 않은 음식은 없으며, 우상에게 바쳐진 고기와 시장에서 판매하는 고기도 먹을 수 있다는 것이다. 비슷한 맥락으로 AD 314년의 안키라 종교회의에서 채식주의를 지키는 그리스도인에게 가끔 고기국물에 채소를 적셔 먹으라고 권유하였다. 이런 권유으로부터 채식주의가 그리스도교의 음식윤리 원리가 아니라 개인적 선호임을 알 수 있다.

7 · 중세와 르네상스의 음식윤리

중세에는 음식을 먹는 행위를 자제하는 것이 음식윤리의 주요 목표가 되었다. 이는 고대 그리스 식의 절제가 아니라, 지나치게 과도한 자제, 즉 수도자적인 금욕이 목표였다. 그리스도인의 음식윤리에서는 금욕적인 음식 섭취를 강조하였고, 극기생활이 수도자와 평신도를 구분하여 주었다. 또한 금요일의 금육과 같은 교회의 규제는 대중의 식생활에도 큰 영향을 주었다.

16세기에 이르렀을 때 금욕의 음식윤리는 비판받기 시작했다. 예를 들어 마르틴 루터는 유혹과 우울에 대한 해결책으로서 많은 양의 음식섭취를 추천하였고, 그와 동시대의 로욜라의 이냐시오(예수회 창립자)도 육체를 건강하게 돌보는 것이 중요하다고 강조하였다. 르네상스 엘리트들은 매혹적이고 풍요롭고 이국적인 고대 로마식 요리의 부활을 지향하였다. 그들은 많은 양의 고기를 먹음으로써 대중과의 차별을 시도하였다.

중세의 어느 때인가부터 가축을 도살하는 행위와 고기 요리를 먹는 행위가 따로 분리되었다. 그래서 가축 도살과 육류 섭취 사이의 거리(distance)는 계속 벌어졌으며, 이는 오늘날에도 지속되고 있다. 이런 경향은 가축의 도살과 관련한 양심 가책 때문에 확대되었는데, 이것이 오히려 생명에 대한 경시와 음식윤리적 문제 발생과 음식에 대한 불신의 원천이 되었다.

8 · 근대의 음식윤리

근대 음식윤리의 새로운 요소는 과학이다. 과학은 근본적으로 체계적인 관찰과 정량화로 이루어졌고, 이로 인해 아침식사 섭취로 체중이 증가한다는 사실이나 잠자는 동안 체중이 감소한다는 사실이 밝혀졌다. 또한 사람의 수명 연장을 의학적 관점과 윤리적 관점에서 중요한 것으로 간주하였는데, 그 결과 음식 절제와 수명 연장이 관계있음도 밝혀졌다. 칸트는 '도덕형이상학'에서 과잉의 음식이나 알코올 섭취에 의해 사람의 정신을 무감각하게 만들어 지성적 능력을 빼앗는 것은 윤리적으로 적합하지 않다고 말하였다.

인구 증가에 대한 맬서스의 유명한 논문으로 인해 사회적 차원에서 음식의 중요성이 널리 알려졌다. 사실 인구증가와 농업 사이의 관계는 줄곧 중요한 관심사였지만, 이때부터 음식윤리의 사회적 차원에 대한 인식이 일깨워졌다. 모든 욕망 중에 가장 강력한 욕망은 음식에 대한 욕망이고, 이 욕망을 규제하고 방향을 설정해야 하는데, 음식윤리가 이에 적합한 모델을 제공하는 윤리인 것이다. 음식 섭취에 대해 자기통제가 부족하면 개인적 충격보다 사회적 충격을 가할 수 있다. 심지어 음식에 대한 자기통제가 없으면 지구 차원의 기아도 일어날 수 있다.

9 · 현재의 음식윤리

기원전 인류의 음식윤리인 나눔과 절제는 오늘날의 음식윤리에서도 여전히 중요한 위치를 차지하고 있다. 오늘날은 음식의 나눔이 전 세계적으로 진행됨으로써 이른바 글로벌 푸드(global food)를 먹는 일이 당연시되고 있다. 식품공학이나 농업기술 등의 발달로 인해 글로벌 푸드의 이동 거리(food mileage)가 극대화되었다. 그 결과 소비자가 구입하는 음식의 생산과 소비 사이의 거리(distance between production and consumption)가 늘었고 익명성이 커졌으며 그만큼 소비자는 불안하게 되었다.

이런 불안감을 줄여주기 위한 방안의 하나로서 소비자에게 음식의 재료와 성분을 알려주는 '표시(labelling)'제도의 중요성이 부각되면서, 표시가 오늘날의 음식윤리의 관점에서 핵심적인 위치를 차지하게 되었다. 소비자는 표시를 통해 음식의 영양성분, 안전성, 진위 여부를 파악할 수 있다. 한편 영양학이나 의학 등의 과학 발달로 인해 음식의 절제가 건강과 직결된다는 것이 정량화된 객관적 사실로 알려짐으로써, 음식윤리의 관점에서는 물론 개인의 건강 유지를 원하는 소비자로의 입장에서도 음식의 절제가 강력한 호소력을 얻었다.

오늘날의 음식윤리에도 기원전의 율법주의와 같은 이분법적(yes or no) 규범이 여전히 존재한다. 힌두교에서는 쇠고기와 술을 금하고 카스트 순위가 높을수록 채식을 고집한다. 불교에서는 동물의 고기, 더러운 음식을 금하고 채식을 옹호한다. 이슬람교에서는 죽은 짐승의 고기와 피, 돼지고기, 목 졸려 죽은 고기를 금한다.[56] 그리스도교에서는 종파에 따라 금육이나 단식을 한다.

음식의 허용과 금지

이스라엘에는 코셔 음식(kosher food)이 있다. 코셔 음식은 유대교의 식사에 관련된 율법 카샤룻(kashrut)에 근거하여 먹기에 합당한 음식으로 결정된 것을 의미한다. 카샤룻은 먹기에 합당한 음식과 그렇지 않은 음식을 철저히 구분하고 있으며, 먹기에 합당한 음식 코셔는 사전적으로 '적당한, 합당한'의 의미인 반면에, 먹을 수 없는 음식은 트라이프(traif)라고 한다.[57] 이스라엘에서는 안식일에 가족과 함께 음식을 먹는 전통을 지키는데, 안식일에는 호텔 엘리베이터도 사람이 버튼을 누르는 '일'을 하지 않아도 되도록 한 층 한 층 자동으로 열렸다 닫혔다 하며 움직인다.

터키는 케밥(kebab, 터키의 전통 육류 요리)의 나라다. 닭고기 케밥, 쇠고기 케밥, 양고기 케밥, 심지어 고등어 케밥도 있다. 하지만 돼지고기 케밥은 없다. 대부분의 터키 국민은 이슬람 신자이고 이슬람교에서는 돼지고기를 금하기 때문

56 최영길. 1997. 이슬람에서 허용된 음식과 금기된 음식. 인문과학연구논총. 16: 299-317.

57 네이버 지식백과. 코셔(Kosher). 두산백과. http://terms.naver.com/entry.nhn?cid=200000000 &docId=1301063&mobile&categoryId=200000401 (2015년 7월 15일 검색).

이다. 그래서 터키에 있는 한국 교민에게는 삼겹살 구이가 가장 먹고 싶은 음식 가운데 하나라고 한다. 터키 내의 한국 식료품점에서 '삼겹살 왔습니다.' 하는 광고가 웹상에 뜨면 금방 동나버린다고 한다.

오늘날의 채식주의도 음식에 대한 이분법적 윤리 형태다. 채식주의의 입장에서 육류요리를 거부하는 이유는, 고기가 건전하지 않거나, 맛이 없거나, 소화하기 어렵기 때문이 아니라, 태생적으로 고기는 '오염'된 것이라고 보기 때문이다. 오늘날 채식주의는 과학적 지지도 받고 있다. 소나 돼지 같은 동물은 자기가 생산하는 칼로리보다 더 많은 칼로리를 소모하므로, 육류의 소비를 줄이면 음식 부족이라는 지구적 문제를 줄이는 데 도움이 된다는 것이다.

오늘날 음식의 생산-소비 거리의 증가와 새롭고 다양한 음식의 등장으로 인해, 생산자에 대한 소비자의 의존이 심해지는 동시에 생산자에 대한 소비자의 불안도 커졌다. 게다가 농약, 비료, 보존료, 유전자변형 식품 등의 도입으로 의심쩍거나 최소한 잠재적으로 문제 있는 음식이 많아지고 있는 상황이다. 자연스럽게 이 음식이 무언가 해로운 것에 의해 오염된 것인가 아닌가(contaminated or not), 즉 '오염' 여부에 대한 이분법적인 음식윤리가 등장했고, 소비자는 윤리적 당위성을 근거로 '표시'제도를 더욱 강력하게 요구하게 되었다.

사회윤리학[58]

20세기에 사회구조의 확대에 따라 발생하는 윤리적 문제에 대응하기 위하여 사회윤리학이 등장하였다. 개인적인 차원에서 해결할 수 있는 영역이 점차 축소되고, 공동체 수준 또는 전 지구적 차원에서 해결을 모색해야 하는 문제들이 증가함으로써, 자연스럽게 그 문제에 접근하는 사회윤리학이 필요했던 것이다. 사회윤리라는 개념을 '사회적인 문제에 관심을 갖는 윤리'라고 넓게 전제할 때는 어느 시대이든지 또 어떤 지역이든지 나름대로 사회윤리를 갖고 있는 것으로 간주할 수 있다. 하지만 사회윤리학은 20세기 후반에 와서야 실질적으로 보편화된 학문이다.

사회윤리학[59]은 개인의 도덕적 문제와 책임의 문제를 중심으로 하는 개인윤리와 달리, 사회적 차원에서 생기는 여러 윤리적 문제를 주요 대상으로 다룬다. 결혼과 가족의 문제, 사회질서, 빈곤과 양극화 문제, 노동과 고용의 문제, 권력과 윤리적 문제, 사회적 불의와 불평등 문제 등은 사회의 변화에 따라 더 이상 개인윤리의 범주에서는 타당하게 논의할 수 없다. 사회윤리학에서 자유와 정의, 평등과 인권의 문제, 사회질서와 정당성 문제는 물론, 정치제도와 권력 행사에 따른 문제, 재산권과 법률적 쟁점들이 중층적이며 다각적으로 연관될 것이다.

사회윤리학의 개념은 오늘날의 음식윤리에서 대단히 중요한 역할을

---

58 박선미. 2006. 사회윤리학적 관점에서 본 윤리교육 활성화에 관한 연구. 인제대학교 대학원. 석사학위논문. pp.6-8.

59 김석신, 신승환. 2011. 잃어버린 밥상 잊어버린 윤리. 북마루지. 서울. pp.63-65.

한다. 예를 들어 유전공학은 사회적(심지어 지구적) 규모의 영향 때문에 비판받을 수 있는데, 이러한 비판은 전 세계(특히 후진국) 농부가 유전자 변형 작물과 불임씨앗의 공급원인 몇몇 다국적 기업에 더욱 의존하게 되었기 때문이다. 동물과 식물 위에 군림하는 인간의 힘은 더욱 커졌는데, 장기적으로 볼 때 안전성의 이유에서뿐만 아니라 생물다양성, 종의 멸종, 그 밖의 지구 차원의 도덕적 관점에서 의혹을 받을 수 있다. 근대 이전의 음식윤리는 음식의 소비(먹는 관점)와 관련된 문제에 주안점을 둔 반면, 근대 이후의 음식윤리는 식품의 생산(만드는 관점)과 관련된 문제에 관심이 더 커졌다. 또한 과거의 음식윤리가 개인윤리 위주인 반면, 최근의 음식윤리에서는 사회윤리적 중요성이 더 크다.

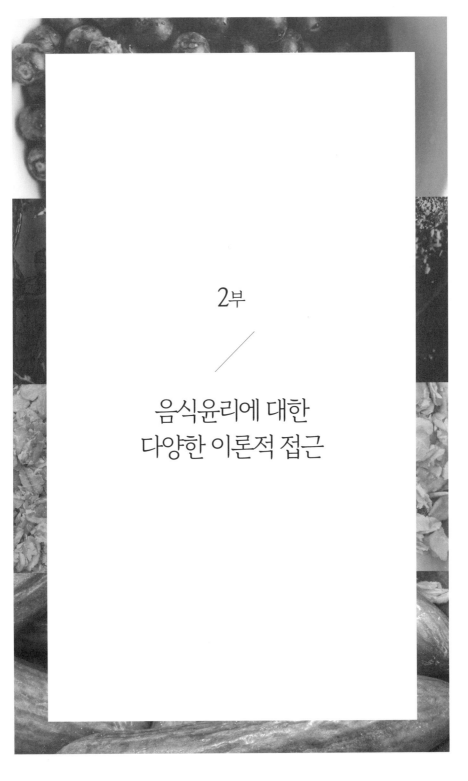

2부

음식윤리에 대한
다양한 이론적 접근

1장

음식윤리 이론의 선정

앞에서 살펴본 것처럼 현재의 음식윤리는 과거의 음식윤리에 근거하는 것이 많다. 예를 들어 '절제'는 오늘날의 비만을 해결할 수 있는 윤리 덕목이며 비만을 보는 시각에 따라 개인윤리이기도 하고 사회윤리일 수도 있다. '나눔'은 원시시대부터 지금까지 전 세계인이 공유하는 윤리 덕목으로서 사회적 동물인 인간에게는 필연적이다. '음식금기'와 같은 이분법적 윤리도 과거에 머무르는 것이 아니라, 오늘날 '표시'라는 모습으로 오히려 더 정교하게 진화하였다. 표시를 통해 음식이 건강에 도움이 되는지 아닌지, 안전한지 아닌지, 진짜인지 가짜인지 이분법적으로 내용물을 판단하는 일이 음식윤리의 일상과업이 되었다.

과학의 발달은 일상생활의 편리함도 주지만 새로운 음식윤리도 만들게 한다. 3-D 프린터로 만든 음식이나 곤충 요리는 안전성이나 환경문제 등 예상을 뛰어넘는 윤리적 문제를 일으킬 수 있다. 하지만 음식윤리의 역사를 보면 새로운 것이라 하더라도 대부분 과거의 윤리 원리에서 비롯된 것임을 알 수 있다. 예나 지금이나 사람은 음식윤리를 지킴으로써 다른 사람과 구별되는 윤리적 정체성을 얻는다. 채식을 실천함으로써 남과 다른 정체성을 가질 수 있고, 어떤 표시는 받아들이고 어떤 표시는 거부함으로써 윤리적으로 검증된 음식 소비자로서의 삶을 살 수 있다.

1 · 음식윤리 핵심어

〈표 2〉에 1부에서 나왔던 단어나 용어 가운데 음식윤리와 직접 또는 간접으로 관련성이 있다고 생각되는 핵심어(keyword)를 모아 몇 가지 범주(category)로 나누어 나타내었다. 범주는 음식의 맛, 영양, 안전성의 3요소, 음식의 나눔과 관련이 깊은 정의, 그리고 음식의 본질의 다섯 가지로 구분하였고, 비고란에 대표적인 핵심어를 1개 이상 선정하였다.

음식윤리와 관련된 대표적인 핵심어를 쾌락, 이기주의, 절제, 건강과 같은 개인윤리적 또는 미시윤리(micro-ethics)적 요소와, 표시(영양, 안전성, 진위), 이분법, 안전성, 정의, 공리주의, 생명존중, 인간존중, 환경보전과 같은 사회윤리적 또는 거시윤리(macro-ethics)적 요소로 나누었다. 이 가운데 음식윤리의 원리와 직결되는 핵심어를 선정한다면 이기주의, 절제, 공리주의, 생명존중, 인간존중, 정의, 안전성, 환경보전, 절제, 표시(영양, 안전성, 진위)로 압축할 수 있다.

표 2. 음식윤리 관련 핵심어의 범주화

범주	핵심어	비고
맛	본능, 식욕, 쾌락, 육식, 탐식, 이기주의 절제, 금식, 단식, 채식, 건강	쾌락, 이기주의, 절제, 건강 (미시윤리적)
영양	환원주의, 합리주의, 과학, 표시(영양 관련)	표시(영양) (거시윤리적)
안전성	표시(안전성 관련), 율법, 이분법, 금기음식 안전성, 오염, 농약, 화학비료, 로컬 푸드, 글로벌 푸드	표시(안전성), 이분법, 안전성 (거시윤리적)
정의	정의, 나눔, 분배, 몫, 진위, 표시(진위 관련), 공동체, 공리주의	표시(진위), 정의, 공리주의 (거시윤리적)
본질	생명, 생명존중, 자기 보존, 인간존중 동물보호, 동물권리, 환경오염, 환경보전, 생명순환, 생태	생명존중, 인간존중, 환경보전 (거시윤리적)

2 · 음식윤리 원리와 이론

음식은 보편적이다. 음식은 누구나 예외 없이 먹는다는 의미에서 보편적이고, 이를 다루는 음식윤리 역시 보편적이다. 보편적(普遍的, universal)은 '모든 것에 공통되거나 들어맞는 것'을 뜻한다. 누구나 음식을 먹고 건강하게 생명을 유지하기를 원하며, 이것이 음식과 음식윤리의 목적이다. 따라서 음식윤리의 가장 보편적인 제1원리는 생명존중이라고 할 수 있다. 모든 생명은 생명을 먹고 생명을 유지한다. 다른 생명이 없으면 나의 생명도 없기에 나의 생명만큼 다른 모든 생명도 귀중하다. 또한 인간은 각자 귀중한 생명을 똑같이 가진 존재이므로 그 자체만으로도 존중받아 마땅하다. 더욱이 나의 생존은 다른 사람의 생존을 전제로 한다. 다른 사람이 음식을 만들거나 팔지 않으면 나는 음식을 먹지 못하게 되고 결국 생존할 수 없게 된다. 자기 보존의 원리에 의거하여 내가 생존하기 위해서라도 나는 다른 모든 인간을 존중할 수밖에 없다.

디딤돌-5

자기 보존의 원리와 자기 완성의 원리[60]

자기 보존(自己保存, self-preservation)의 원리는 생물이 자기의 생명을 보존하려 하는 것으로 자기 보존 본능 또는 자기 보존권으로도 표현한다. 즉 생명체가 자신의 개체와 존재성을 보존하기 위한 원리인데, 윤리학의 중요 근거이며, 특히 음식윤리학의 경우 더욱 그러하다.

자기 완성의 원리는 자아실현과 인격 완성을 의미한다. 인간의 행복뿐만 아니라 인간 존재의 자아실현과 인격 완성도 윤리의 기준이 된다. 인간은 자아실현을 위해 현실적 고통을 감내하고 외적 행복을 포기하기도 한다.

음식의 나눔은 분배의 정의를 필요로 하고 정의가 없이는 분배가 공평하게 이루어지지 않는다. 또한 진위 여부(예: 진짜 꿀 vs 가짜 꿀)도 큰 틀에서 정의에 개념에 포함된다. 한편 음식은 기본적으로 안전해야 생명을 유지할 수 있고, 만약 환경이 보전되지 않으면 음식을 구할 수 없게 된다.

---

60   김석신, 신승환. 2011. 잃어버린 밥상 잊어버린 윤리. 북마루지. 서울. pp.41-45.

안전과 환경을 잃으면 나의 생명은 물론 후손의 생명도 지속되기 어려운 상황에 처할 수 있다. 따라서 안전성과 환경보전은 음식윤리의 또 다른 주요 원리가 된다. 그리고 절제와 균형 있는 식생활은 탐식으로 망가진 개인의 건강을 회복시키고, 사회 전체의 건강도 잘 유지되도록 돕는다. 쾌락 위주의 이기주의보다 절제하는 공리주의가 필요한 이유도 여기 있다. 표시(영양, 안전성, 진위) 문제는 생산-소비 사이의 멀어진 거리와 불투명한 익명성에서 비롯된 음식윤리의 최근 원리다.

내릴 곳의 지형지물을 잘 살핀 후 낙하산을 타고 내리듯, 〈표 2〉의 범주와 대표 핵심어를 잘 살펴 음식윤리의 원리를 도출하는 작업과 연계하는 것이 도움이 될 것이다. 앞에서 제기한 생명존중, 인간존중, 정의, 안전성, 환경보전, 절제, 이기주의, 공리주의, 표시(영양, 안전성, 진위) 등을 염두에 두고 음식윤리의 원리를 살펴보기로 하자. 윤리는 일반적으로 결과주의 윤리와 비결과주의 윤리로 나뉜다. 그밖에도 두 가지 윤리의 특성을 다 갖고 있거나 더욱 발전된 형태거나 보완하는 역할을 하는 윤리도 있다. 비교적 최근에 등장한 이 윤리를 최근의 윤리라고 분류하기로 하자. 결과주의 윤리에는 이기주의와 공리주의가 있고, 비결과주의 윤리에는 자연법 윤리와 인간존중 윤리가 있으며, 최근의 윤리에는 정의론과 생명존중의 윤리, 그리고 덕 윤리가 있다. 음식윤리에 실용적으로 접근하기 위한 방법으로는 최적 이론 접근법, Food Matrix 접근법, 핵심 원리 접근법, 결의론 접근법, 덕 윤리 접근법 등을 들 수 있다. 이러한 내용을 알기 쉽게 〈표 3〉에 정리하였다.

표 3. 윤리 이론과 실용적 접근법

윤리 이론	결과주의 윤리	이기주의 공리주의
	비결과주의 윤리	자연법 윤리 인간존중의 윤리
	최근의 윤리	정의론 생명존중의 윤리 덕 윤리
실용적 접근법	최적 이론 접근법	
	Food Matrix 접근법	
	핵심 원리 접근법	
	결의론 접근법	
	덕 윤리 접근법	

2장

결과주의 윤리

결과주의 윤리(consequential ethics)에서는 행위나 인격 등을 오로지 그 결과의 성질에 따라 판단한다. 여기에는 이기주의(egoism)와 공리주의 (utilitarianism)가 있다.

1 · 이기주의

이기주의는 모든 사람이 자기 이익(self-interest)에 따라 행위해야 한다는 이론으로서, 자기 이익에 관한 행위의 결과에 의해 각 개인의 행위를 판단해야 한다고 주장하는 반면, 공리주의는 인간의 일반적인 복지에 관한 행위의 결과에 의해 판단해야 한다고 주장한다.[61] 이기주의와 공리주

---

[61] 해리스(Harris, C.E.Jr.). 1994. 도덕이론을 현실 문제에 적용시켜 보면(Applying Moral Theories). 김학택, 박우현 옮김. 서광사. 서울. pp.17-31.

의는 각각 사익(私益)과 공익(公益)을 목적으로 한다는 점에서 확연히 구분된다.[62] 공리주의는 이기주의와 이타주의(altruism)의 중간방식이다. 이기주의는 오직 '나'의 행복에만 관심을 가지며 이타주의는 '타인'의 행복에만 관심을 갖는다. 공리주의의 경우 '나'의 복지는 '타인'의 복지보다 더 중요하지도 덜 중요하지도 않다.[63]

이기주의와 이타주의

이기주의와 이타주의의 사전적 의미는 각각 '자기 자신의 이익만을 꾀하고, 사회 일반의 이익은 염두에 두지 않으려는 태도'와 '자기를 희생함으로써 타인의 행복과 복리의 증가를 행위의 목적으로 하는 생각 또는 그 행위'이다. 이익의 관점에서 볼 때 이기주의는 나의 이익을 위한 행동이고, 이타주의는 타인의 이익을 위한 행동이다.

'이기적'이라는 말의 영어 표기에는 'egoistic'과 'selfish'가 있는데, 전자는 타인을 수단으로 간주하지 않는 데에 반해, 후자는 타인을 수단으로 간주하고 자신만을 위한 자기중심적인 태도를 보인다. 사람들이 윤리적 관점에서 거부감을 보이는 것이 바로 후자의 태도이다. 이기주의는 개인의 자유와 가치를 중시하는 반면에, 이타주의는 공동체를 개인보다 앞서는 목적으로 간주한다.

복음서에 있는 이타주의의 전형적인 표현은 "네 이웃을 너 자신처럼 사랑해야

---

62   네이버 지식백과. 공리주의/이기주의 해설. 벤담『도덕 및 입법의 원리 서설』(해제). 2004. 서울대학교 철학사상연구소. http://terms.naver.com/entry.nhn?docId=1000345&cid=41908&categoryId=41936 (2015년 7월 17일 검색).

63   해리스(Harris, C.E.Jr.). 1994. 도덕이론을 현실 문제에 적용시켜 보면(Applying Moral Theories). 김학택, 박우현 옮김. 서광사. 서울. pp.150.

한다. 이보다 더 큰 계명은 없다."이다(마르코복음서 12장 31절). 하지만 같은 복음서에 "안식일이 사람을 위하여 생긴 것이지, 사람이 안식일을 위하여 생긴 것은 아니다."라는 구절도 있다(마르코복음서 2장 27절). 아마도 바람직한 태도는 이기주의와 이타주의의 양 극단의 사이에 있지 않을까? "도덕이 인간을 위해 만들어진 것이지, 인간이 도덕을 위해 만들어진 것은 아니다"라는 프랑케나[64]의 말도 의미가 깊다. 그의 말대로 도덕은 인간의 좋은 삶을 위해 만들어진 것이지, 우리의 삶을 필요 이상으로 간섭하기 위해 만들어진 것은 아니다.[65]

1) 자기 이익과 절제

1부, 2장에서 언급한 것처럼 인간은 다른 생명체를 음식으로 먹고 물질대사를 하면서 생명을 유지한다.[24] 음식을 먹고자 하는 식욕이라는 욕구가 행동으로 옮겨져야 인간의 자기 보존이 가능해진다. 식욕을 충족시키는 것이 나의 이익, 즉 자기 이익이 되는 것이다.[66] 인간의 삶은 자기 이익의 추구를 통해 이루어진다. 동서고금을 막론하고 모든 인간은 자기 보존을 위한 기본적인 욕구를 공통적으로 가지고 있다. 여기에는 식욕뿐만 아니라 건강, 장수, 부귀나 명예에 대한 욕구 등 다양한 욕구가 있는데, 이런 욕구로 인해 자기 보존과 자기 이익을 향한 적극적인 동기가 생긴다.

먹는 행위는 인간의 본능적인 식욕과 관련이 있고, 음식 없이는 인류도 존재하지 않으며, 먹는 행위의 즐거움은 인간이 포기하기 어려운 부분이기도 하다.[45] 먹는 행위를 통해 자기 이익을 추구하는 것이 당연한데다가,

---

64　Frankena, W.K. 1973. Ethics. Englewood Cliffs : Prentice-Hall. p.116.

65　최제윤. 2004. 자기 이익 추구와 도덕에 관한 연구. 연세대학교 대학원. 박사학위논문. p.131.

66　이경훈. 2006. 윤리적 이기주의에 관한 연구. 전북대학교 대학원. 석사학위논문. pp.5-9.

다른 생명체를 먹어야 생명을 유지한다는 점에서, 먹는 행위 자체는 윤리적으로 중립인 행위로 볼 수 있다. 하지만 대부분의 문화권에서 탐식을 멀리하고 음식을 절제하는 것을 바람직한 윤리적 행위로 권장하여 왔다. 왜 조금 부족할 정도로 절제하면서 먹는 행위를 좋게 생각했을까?

그 이유는 인류가 식량의 부족과 기아의 위협[67]에 시달린 오랜 역사를 갖고 있다는 점과, 그 위협이 현재의 지구에서도(지역마다 다르지만) 지속되고 있다는 점, 그리고 전 세계적 이상 기후로 인해 이런 위협이 미래에도 계속되지 않을까 하는 두려움이 있다는 점 때문이다. 오늘날 전 세계적으로 볼 때 식량이 부족한 것은 아니지만, 가난한 후진국은 식량이 모자라고, 부유한 선진국은 식량이 넘쳐난다. 후진국에서는 기아가 여전히 발생하고 있고, 선진국에서는 과잉섭취로 인한 만성질환의 증가가 사회적 문제로 대두되었다. 그래서 후진국이든 선진국이든 가리지 않고 여전히 음식의 절제가 요구되고 있는 것이다. UN은 적절한 식량권(right to adequate food)을 개인의 권리이자 집단의 책임으로 인정하였다.[68] 음식은 인류생활 초기단계에서는 공공재(public goods)였지만, 오늘날에는 시장에서 팔리는 사적 재화(private goods)가 되었다. 그렇지만 식량 상황이 나빠지면 언제든지 공공재로 되돌아갈 수 있는, 인류의 생명과 건강을 유지

---

67 가바야마 고이치. 2012. 서구 세계와 식(食)의 문명사. "식(食)의 문화. 식의 사상과 행동." 도요카와 히로유키 편집. 동아시아식생활학회 옮김. 광문각. 파주. pp.43-55.

68 김석신. 2014. 나의 밥 이야기. 궁리출판. 서울. pp.143-148. 1948년 세계인권선언 제25조에는 '모든 사람은 먹을거리, 입을 옷, 주택, 의료, 사회서비스 등을 포함해 가족의 건강과 행복에 적합한 생활수준을 누릴 권리가 있다.'고 명시되어 있다. 또 1966년 UN의 경제적·문화적·사회적 권리에 대한 국제규약 11조 2항에는 '국가는 기아에서 벗어나는 식량권(the fundamental right of everyone to be free from hunger)을 인정하고, 국제협력을 통해 필요한 특정 프로그램을 포함한 조치를 취해야 한다.'고 밝히고 있다. 국제식량농업기구(FAO)는 개인의 기본 인권으로 적절한 식량권(the right to adequate food)을 제안하였고, 개인이 국가에 적절한 식량을 요구할 권리를 가지고 있음을 인정하였다.

하는 데에 필수적인 존재가 바로 음식이다.[69] 이 음식의 잠재적인 공공성이 음식의 절제를 윤리적으로 요구하고 있는 것이 아닐까?

하지만 여전히 의문점은 남는다. 어떻게 한 개인이 이런 큰 틀의 지구적 관점에서 생각하면서 매일 음식을 먹을 수 있겠는가? 현재의 나는 과거의 부족 공동체의 일원으로 먹는 것이 아니라, 가정에서 아니면 밖에서 개별적으로 먹고 있지 않은가? 이런 현재 상황에서 왜 나는 나를 위해 이기적으로 먹으면 안 되는가? 왜 많이 먹는 것(과식이나 탐식)이 바람직하지 않고, 적게 먹는 것(단식이나 금식)도 바람직하지 않은가? 왜 마음대로 먹는 것이 자유롭고 자연스러운데도 이기적이라고 비난받아야 하는가? 이런 여러 질문에 답을 하려면 하나의 윤리 이론으로서의 이기주의에 대해 보다 자세히 살펴볼 필요가 있다.

2) 심리적 이기주의

이기주의를 지원하는 유력한 근거는 인간 본성이 원래 자기의 이익만을 추구하도록 되어 있다는 '심리적 이기주의'다.[70] 심리적 이기주의[71]에 따르면 모든 인간 행동의 바탕에는 자기 이익이라는 동기가 있다. 심리적 이기주의는 어떤 행위의 옳고 그름이나 좋고 나쁨과 같은 윤리적 동기에서가 아니라, 단지 사람들이 자기 이익이라는 욕구를 만족시키려는 동기로 행동을 하고 있다고 주장한다. 심리적 이기주의에 따르면, 자기 이익의 추구 자체가 지극히 자연스럽기 때문에, 각 개인이 자신의 욕구를 만

---

69   김석신. 2014. 나의 밥 이야기. 궁리출판. 서울. pp.108-111.

70   네이버 지식백과. 이기주의(egoism, 利己主義). 두산백과. http://terms.naver.com/entry.nhn?docId=1134266&cid=40942&categoryId=31532 (2015년 7월 17일 검색).

71   이경훈. 2006. 윤리적 이기주의에 관한 연구. 전북대학교 대학원. 석사학위논문. pp.9-12.

족시키기 위해 하는 행위의 동기는 별로 문제되지 않는다. 심리적 이기주의는 사람들이 하고 싶은 것을 한다는 것, 혹은 하고 싶지 않은 일을 하지 않는다는 것을 의미할 따름이다.

이와 같이 심리적 이기주의는 자기 이익을 위한 행동의 동기가 타당하다는 점을 강조하고 있다. 그리고 심리적 이기주의에 따르면, 실생활 중에 사람이 하는 행동은 다른 사람을 위한 것이 아니라 자기 이익을 최우선으로 고려하는 행동이기 때문에, 이타주의와 달리 자기 자신이 소외되지 않는다고 한다. 경쟁을 중요시하는 사회에서 심리적 이기주의는 예나 지금이나 관심을 끌고 있다. 모든 사람이 자기 이익을 위해 동분서주하는 세상에서 심리적 이기주의가 납득이 가지 않는다면 오히려 이상하지 않을까?

윤리 이론을 평가하는 네 가지 기준[72]은 첫째, 일관성, 둘째, 신빙성(이미 가지고 있는 윤리적 신념과의 일치), 셋째, 유용성(도덕적 딜레마를 해결하는 능력), 넷째, 정당성이다. 심리적 이기주의가 윤리 이론으로 자리 잡기 위해서는 이 네 가지 기준을 통과해야 한다.

음식윤리 사례-1

심리적 이기주의와 윤리적 이기주의

두 가지 음식윤리 사례를 가정해보자.

심리적 이기주의를 신봉하는 식당주인 A는 밥 1,000원, 반찬 4,000원의 5,000원짜리 음식을 팔고 있다. 이 음식을 팔면 밥에서 500원, 반찬에서 2,000원, 총

---

[72] 해리스(Harris, C.E.Jr.). 1994. 도덕이론을 현실 문제에 적용시켜 보면(Applying Moral Theories). 김학택, 박우현 옮김. 서광사. 서울. pp.74-75.

2,500원의 판매수익이 생긴다. 그런데 손님들은 제공한 반찬의 절반을 먹지 않고 남기는데, A는 손님이 남긴 반찬을 버리지 않고 다른 손님에게 제공한다고 한다. 첫손님에게는 전날 마지막 손님이 남긴 반찬과 새 반찬을 반반씩 내놓고, 두 번째 손님에게는 첫손님이 남긴 반찬과 새 반찬을 반반씩 내놓는다. 이런 식으로 10명의 손님에게 음식을 팔았더니, A는 판매액 50,000원(5,000원×10명)의 50%인 정상 이익 25,000원(2,500원×10명) 외에, 부당 이익 10,000원(1,000원×10명)을 더해, 판매가 50,000원의 70%에 달하는 35,000원의 총이익을 얻었다. A의 음식을 사먹은 10명의 소비자는 각자 5,000원씩을 지불하였지만, 실제로는 3,000원짜리 음식을 사먹은 셈이어서, 각각 2,000원씩 총 20,000원(2,000원×10명)의 손실을 보았다.

윤리적 이기주의를 신봉하는 식당주인 B 역시 밥 1,000원, 반찬 4,000원의 5,000원짜리 음식을 팔고 있다. 이 음식을 팔아 밥에서 500원, 반찬에서 2,000원, 총 2,500원의 판매수익을 남긴다. B는 손님이 남긴 반찬을 모두 폐기하고 늘 새 반찬을 제공한다. 이런 식으로 10명의 손님에게 음식을 팔았더니, A는 판매액 50,000원(5,000원×10명)의 50%인 정상 이익 25,000원(2,500원×10명)을 벌었다. B의 음식을 사먹은 10명의 소비자는 각자 5,000원씩을 지불하였고, 손실을 보는 일이 없이 깔끔한 음식에 만족하였다.

〈음식윤리 사례-1〉의 식당주인 A에게 네 가지 평가 기준을 적용해보자. 첫째, 심리적 이기주의는 일관성 측면에서 윤리 이론이 될 수 없다. 즉 식당에서 남긴 반찬을 재탕하여 음식을 파는 행위는 A의 자기 이익 입장에서는 옳다 하더라도, 10명의 소비자의 자기 이익 입장에서는 옳지 않다. 즉 행위 자체에 일관성이 없다는 뜻이다. 둘째, 심리적 이기주의는 신빙성의 측면에서도 윤리 이론이 될 수 없다. A의 자기 이익 추구 행위는 사회에서 인정하는 윤리적 신념과 일치하지 않는다. 즉 다른 손님이 남긴 반찬을 소비자에게 알리지 않고 몰래 새 반찬과 함께 내놓으면서 같은 값에 음식을 파는 행위는 부당하다는 것이 일반인의 윤리적 신념이다. 셋째, 심리적 이기주의는 유용성의 측면에서도 윤리 이론이 될 수 없다. 심리적 이기주의는 A가 자기 이익 입장에서만 옳다는 사실을 옹호할 수 있을 뿐, A의 자기 이익과 10명의 소비자의 자기 이익이 상충하는 딜레마는 해결하지 못한다. 넷째, 심리적 이기주의는 정당성의 측면에서도 윤리 이론이 될 수 없다. 손님이 남긴 반찬을 다른 손님에게 내 놓지 않는 식당주인도 있기 때문에, 모든 사람이 자기 이익을 추구한다는 것은 거짓이 될 수 있으므로 정당화되지 못한다. 게다가 A의 행위는 10명의 소비자가 납득할 만큼 일반화될 수 없으며, 특히 A는 10명의 소비자를 자기 이익을 추구하기 위한 수단으로 대상화했기 때문에 더더욱 정당화 될 수 없다.

이 사례를 보면 심리적 이기주의는 윤리 이론으로 자리 잡을 수 없다. 그렇다면 이기주의는 윤리 이론이 될 가능성이 전혀 없는가? 그렇지 않다. 윤리 이론으로 자리 잡을 가능성이 큰 이기주의도 있다. 바로 '윤리적 이기주의(ethical egoism)'이다.[73] 윤리적 이기주의는 행위의 윤리적 근거를 행위자의 자기 이익에서 찾으려 시도하는 면에서는 심리적 이기주의와 동일하다. 그러나 심리적 이기주의가 다른 사람을 자기 이익을 위한 수단으로 대상화하는 데에 반해, 윤리적 이기주의는 다른 사람을 자기 이익을 위한 수단이 아니라 오히려 목적으로 대우한다는 점에서 차별화된다.

73　이경훈. 2006. 윤리적 이기주의에 관한 연구. 전북대학교 대학원. 석사학위논문. pp.46-47.

3) 윤리적 이기주의

윤리적 이기주의는 자신을 위해 타인이 희생되어도 상관하지 않는 심리적 이기주의와는 다르며, 타인을 위해 자신의 희생을 요구하는 이타주의와도 다르다. 오히려 이성적 행위자로서 각 개인이 목적임을 전제로 하여 각자가 자기 이익을 추구해야 한다는 주장이다. 이는 칸트의 '인간성을 단지 수단으로서만이 아니라 항상 동시에 목적으로서 대우하도록 행위 하라'는 인간존중 원리가 바탕에 깔려있다. 윤리적 이기주의는 특히 자기 이익을 위해 수단과 방법을 가리지 않는 무한 경쟁의 현대사회에서 이기주의의 윤리 이론으로서 존재 의미가 크다.

"모든 개인은 각자 자기 이익을 극대화하는 행위를 해야 한다."는 윤리적 이기주의의 주장은 '누구나'라는 관점에서 상당히 보편적이다.[74] 행위자 A, B, C는 각자 자기 이익을 극대화해야 한다. A는 A의 자기 이익, B는 B의 자기 이익, C는 C의 자기 이익을 각각 극대화한다는 것이다. 행위자가 누구인가에 상관없이 올바른 행위의 기준은 그 행위자의 자기 이익이다. 윤리적 이기주의에서 자기 이익을 위한 권리는 자기뿐만 아니라 타인에게도 있기 때문에 어떤 특정한 사람만이 존중을 받거나 특별대우를 받을 수 없다. 마치 운동 시합에서 이길 권리를 서로 인정하고 존중하면서 이기려고 경쟁하는 것과 같다.

〈음식윤리 사례-1〉에서 식당 주인 B는 A와 달리 손님이 남긴 반찬을 모두 폐기하고 다른 손님에게 내놓지 않았다. 만약 A는 A의 자기 이익을,

---

74 이경훈. 2006. 윤리적 이기주의에 관한 연구. 전북대학교 대학원. 석사학위논문. pp.21-28. 이경훈에 따르면 윤리적 이기주의는 그 주장의 내용에 따라 개인적 윤리적 이기주의(personal ethical egoism), 독자적 윤리적 이기주의(individual ethical egoism), 보편적 윤리적 이기주의(universal ethical egoism)의 세 가지 유형으로 분류할 수 있다. 하지만 본고에서는 보편적 윤리적 이기주의를 윤리적 이기주의로 단순화하여 설명할 것이다.

B는 B의 자기 이익을, 10명의 손님도 자기 이익을, 각각 극대화한다면 그 결과는 어떨까? 아마도 A의 식당에는 손님이 대폭 줄고, B의 식당은 번성할 것이고, 10명의 손님 대부분은 B의 식당에서 음식을 사먹으며 만족할 것이다. A의 자기 이익 추구는 단기적이었지만, B의 이익 추구는 장기적인 것도 주목할 만한 차이점이다. 윤리적 이기주의에 따르면, 작은 이익에 집착하는 것보다 장기적이고 총체적인 이익을 추구해야 한다. 단기적 이익에 집착할 경우 진정한 자기 이익이 멀어질 수 있으므로 무엇이 장기적이고 진정한 자기 이익인지 끊임없이 모색해야 한다.[75]

음식윤리 사례-2

윤리적 상인

최제윤(2004)[76]은 자기 이익을 추구하는 윤리적인 상인의 모습을 다음과 같이 묘사하고 있다. 채소판매상인 A는 항상 신선한 채소를 가게에 가득 채우는 부지런한 사람이다. A는 고객을 수단이 아닌 목적으로 대한다. A는 고객에게 정직하고 진실한 자세로 대하며, 고객의 독립적인 가치와 목적을 존중한다. A는 고객의 만족과 요구를 중요하게 생각하고, 고객의 까다로운 주문에도 정성스럽게 최선을 다한다. A는 고객에게 예의를 갖추어 대하며 항상 감사의 마음을 표현한다. A의 행동은 자기 이익을 위한 것이지만, 고객을 목적으로 대한 것이므로 윤리적이다.

---

75   이경훈. 2006. 윤리적 이기주의에 관한 연구. 전북대학교 대학원. 석사학위논문. pp.28-34.

76   최제윤. 2004. 자기 이익적인 행위자의 도덕적 삶. 철학논총. 36(2): 423-441.

그러면 윤리적 이기주의는 윤리 이론으로 자리 매김할 수 있을까? 〈음식윤리 사례-1〉의 식당 주인 B에게 앞에 언급한 네 가지 평가 기준을 적용해보자. 첫째, 윤리적 이기주의는 일관성 측면에서 윤리 이론이 될 수 있다. 손님을 목적으로 대하는 B는 새 반찬만을 제공하고 있고, 이런 정상적인 음식을 팔고 사먹는 행위는 판매자와 소비자의 자기 이익 입장에서 모두 옳고 일관성이 있다. 둘째, 윤리적 이기주의는 신빙성의 측면에서도 윤리 이론이 될 수 있다. B의 자기 이익 추구 행위는 사회에서 인정하는 윤리적 신념과 잘 일치한다. 즉 다른 손님이 남긴 반찬은 폐기하고 새 반찬만을 내놓으며 음식을 파는 행위는 올바른 상행위라는 것이 일반인의 윤리적 신념이다. 셋째, 윤리적 이기주의는 유용성의 측면에서도 윤리 이론이 될 수 있다. B의 자기 이익과 10명의 소비자의 자기 이익이 상충하지 않아 딜레마가 없기 때문이다. 넷째, 윤리적 이기주의는 정당성의 측면에서도 윤리 이론이 될 수 있다. 손님이 남긴 반찬을 다른 손님에게 내 놓지 않는 행위는 자기 이익을 정당하게 추구하는 판매 행위이므로 당연히 정당화된다. 결론적으로 윤리적 이기주의는 결과주의 윤리로서 음식윤리의 한 가지 윤리 이론으로 자리 잡을 수 있다.

이제 윤리적 이기주의를 윤리 이론으로 활용하여 많이 먹는 것(과식이나 탐식)과 적게 먹는 것(단식이나 금식)이 왜 바람직하지 않은지 생각해보자. 〈음식윤리 사례-1〉에서 남긴 반찬을 재탕하는 식당주인 A는 자기 이익을 단기적으로 추구했지만, 남긴 반찬을 폐기하는 식당주인 B는 자기 이익을 장기적으로 추구하였다. 윤리적 이기주의는 작은 이익에 집착하지 말고 총체적으로 진정한 이익을 추구하라고 권장하고 있다. 단기적으로 볼 때 많이 먹는 것(과식이나 탐식)과 적게 먹는 것(단식이나 금식)은 각각 육체적 만족과 영성적 만족이라는 서로 다른 자기 이익을 줄 것이다.

그러나 장기적으로는 둘 다 건강을 해치는 결과를 가져올 것이므로 결코 이 이익이 진정한 자기 이익이라고 할 수는 없다. 따라서 윤리적 이기주의의 관점에서 볼 때 많이 먹는 것(과식이나 탐식)과 적게 먹는 것(단식이나 금식)을 오랫동안 자주 반복하는 행위는 둘 다 바람직하지 않다.

마지막으로 더치페이(Dutch pay)에 대해 생각해보자. 최근 식당이나 카페에서 자기 음식 값을 따로따로 지불하는 사람을 많이 본다. 이들이 선호하는 더치페이 방식도 각자의 자기 이익을 대등하게 간주하는 윤리적 이기주의로 설명할 수 있다. 그리고 더치페이로 지불한다고 해서 공동체가 무너지지는 않는다. 오히려 윤리적 이기주의의 관점에서 다른 사람을 수단이 아닌 목적으로 대함으로써 공동체를 탄탄하게 유지하는 유리한 점도 있다.

2 · 공리주의

앞에서 설명한 이기주의는 주로 나의 이익, 즉 사익(私益)에 초점을 맞춘 개인윤리의 관점에 머문다. 자기 이익을 위해 타인을 수단으로 대하는 심리적 이기주의는 물론, 타인을 목적으로 대하는 윤리적 이기주의도, 공동체 안의 타인의 이익, 즉 공익(公益)까지 고려하는 사회윤리로 확대된 것은 아니다. 공익을 목표로 '최대 다수의 최대 행복(the greatest happiness for the greatest number)'을 추구하는 사회윤리가 바로 공리주의(utilitarianism)이다. 공리주의는 이기적인 개인으로 하여금 사회의 이익에 부합하는 행위를 하도록 함으로써 사회 전체의 공동선을 이루고자 하는 윤리 이론으로서, 이성을 중시하는 유럽 대륙의 인식론이 아닌, 영국의 경험론의 토대 위에서 형성되었다.[77]

功利主義 vs 公利主義

공리주의(utilitarianism)의 한자어[78]는 功利主義인가? 아니면 公利主義인가? 功利主義의 '功'자를 '힘을 쓰다'라는 뜻으로 해석하면, 이익을 힘써 얻는다는 의미가 되어 누구의 이익인지 분명하지 않게 된다. 그래서 공공의 이익이 중요하다는 의미에서는 公利主義가 적합한 번역어일 것 같다. 그러나 '功'자를 '공적 功績'이라는 뜻으로 해석하면 功利主義가 좀 더 그럴듯한 번역일 것이다. 왜냐하면 공적은 유용성, 효율성의 뜻이고 영어로는 utility이기 때문이다. 일반적으로 utilitarianism의 한자어로는 功利主義를 사용한다.

1) 공리주의와 시대 상황

공리주의는 18세기 영국의 산업혁명 시기에 정립된 윤리 이론이다. 이때의 유럽 사회는 르네상스와 종교개혁을 거쳐 근대로 나아가는 사회 변혁의 절정기였다. 공리주의는 영국의 산업혁명 시기에 등장하여 영국의 선거제도와 의회제도를 비롯한 정치·경제·법률 등 여러 제도의 민주적 개혁에 크게 이바지하였다. 이는 공리주의가 그 시대의 현실에 적용할 수 있는 사회윤리적 특성을 지녔기 때문에 가능했다고 본다.[79]

---

77   김용남. 2004. 현대사회의 윤리 문제에 있어서 고전적 공리주의의 한계와 적용 가능성에 대한
      연구. 한국교원대학교 대학원. 석사학위논문. pp.8-15.

78   최훈. 2013. 벤담&싱어 매사에 공평하라. 김영사. 서울. p.63.

79   김용남. 2004. 현대사회의 윤리 문제에 있어서 고전적 공리주의의 한계와 적용 가능성에 대한
      연구. 한국교원대학교 대학원. 석사학위논문. pp.56-59.

현대사회는 후기 산업사회(post-industrial society)[80]이다. 이것은 산업사회 이후의 정보화사회(information society)를 뜻하며, 탈산업사회나 제3의 물결 등으로도 부른다. 후기 산업사회는 과학과 공학의 시대이며, 신자유주의(neoliberalism)[81]체제에서 보듯 전 세계적으로 통용되는 금융자본주의의 시대이다. 신자유주의의 중심에 있는 '자유'는 자본을 위한 자유이며, 이 자유에 장애가 되는 규범, 규제, 국민, 국가 등 모든 것을 불필요한 것으로 간주한다.[82] 우리가 살고 있는 현대사회의 바람직하지 않은 모습으로는 개인적·집단적 이기주의, 쾌락적·물질적 생활풍조, 과학기술의 위협(핵발전소 사고, 대량살상무기 등), 자원부족·생태계 파괴 등이 있다.[83]

이런 시대 상황에서 사람들은 윤리 규범을 염두에 두지 않은 채, 단지 내가 잘 살기 위해, 남의 생명은 아랑곳하지 않는다. 돈을 벌기 위해서라면 건강에 해롭거나 심지어 생명까지 앗아갈 수 있는 음식도 팔 수 있다고 생각한다. 다른 공동체(지역, 국가, 대륙 등)의 생명과 직결되는 음식윤리는 외면하고, 단지 내 공동체만 잘 살면 된다는, 비윤리적인 무한한 자유가 우리 시대를 지배하고 있다.[81] 이렇게 이기주의가 극을 향해 치닫는 이 시대에 공동체의 이익과 행복을 위해 적용할 수 있는 윤리 이론 중의

80   네이버 지식백과. 후기산업사회(後期産業社會, post-industrial society). 행정학사전. 2009.
1. 15. 대영문화사. http://terms.naver.com/entry.nhn?docId=78579&cid=50298&category
Id=50298 (2015년 7월 23일 검색).

81   김석신, 신승환. 2011. 잃어버린 밥상 잊어버린 윤리. 북마루지. 서울. pp.85-87. 신자유주의는
규제축소, 민영화, 노동시장 유연화, 복지 축소, 무한경쟁을 특징으로 하는데, 신자유주의는
경제뿐만 아니라 윤리, 문화, 교육, 예술 등 고유한 가치를 지닌 영역들까지 시장이라는 관점
에서 접근하기 때문에 삶의 체계를 건조하게 만들고 있다.

82   장 지글러. 2009. 왜 세계의 절반은 굶주리는가? 유영미 역. 갈라파고스. 서울. pp.184-198.

83   김용남. 2004. 현대사회의 윤리 문제에 있어서 고전적 공리주의의 한계와 적용 가능성에 대한
연구. 한국교원대학교 대학원. 석사학위논문. pp.63-65.

하나가 바로 공리주의다. 공리주의는 개인과 사회의 이익이 대립될 때 그 문제를 원만히 해결하고 조화를 이루며 살 수 있도록 해주는 법과 윤리의 근거가 될 수 있다.

2) 공리주의의 핵심

공리주의의 핵심[84]은 쾌락주의와 최대 다수의 최대 행복의 원리이다. 공리주의는 내용면에서는 쾌락주의로서, 본래 좋은 것은 쾌락 혹은 행복이고, 본래 나쁜 것은 고통 혹은 불행이라고 규정한다. 공리주의는 형식면에서는 결과주의 혹은 목적론으로서, 행위의 옳고 그름은 오로지 그 행위에서 말미암은 결과의 좋고 나쁨에 의해서만 결정된다고 본다. 공리주의는 최대 다수의 최대 행복을 인생의 목적이라고 생각하므로, 이 목적에 이바지하는 행위라면 모두 선한 행위로 간주한다. 적용면에서는 보편주의로서, 자신의 쾌락만이 아니라 모든 인간의 쾌락을 추구한다. 공리주의에서 행복이란 관계되는 사람 전체의 행복이므로 보편주의에 해당하는 것이다. 모든 사람이 음식을 맛있게 먹고 그 결과 행복해진다는 면에서, 음식윤리와 공리주의는 쾌락주의, 결과주의, 보편주의의 관점을 공유한다고 볼 수 있다.

쾌락에는 신체적 쾌락(반대는 신체적 고통)과 유쾌한 경험의 의미에서의 쾌락이 있는데, 유쾌한 경험을 나타내는 즐김(enjoyment), 좋아함(liking), 만족(satisfaction), 쾌락(pleasure) 가운데, 쾌락이 유쾌한 경험의 총체(반대는 불쾌)를 가리킨다.[84] 전자의 쾌락은 키레네(Cyrene)학파의 주장과, 후자의 쾌락은 에피쿠로스(Epicouros)학파의 주장과 가까운 데 반해, 공리

---

84 김용남. 2004. 현대사회의 윤리 문제에 있어서 고전적 공리주의의 한계와 적용 가능성에 대한 연구. 한국교원대학교 대학원. 석사학위논문. pp.16-27.

주의는 두 가지 쾌락을 망라한다. 또한 키레네학파와 에피쿠로스학파 모두 개인윤리에 중점을 두었지만, 공리주의는 사회윤리로 영역을 확장한다. 음식을 먹는 과정 중의 느낌(음식의 냄새, 맛, 색깔, 감촉 등)이 신체적 쾌락이라면, 음식을 먹은 후의 만복감과 같은 느낌은 유쾌한 경험의 쾌락(pleasure)이라고 부를 수 있다. 이렇듯 음식을 먹는 행위에서 두 가지 쾌락을 얻을 수 있기 때문에 음식윤리와 공리주의는 핵심 요소인 쾌락을 공유한다고 볼 수 있다.

공리주의를 창안한 벤담(J. Bentham)은 고통의 회피와 쾌락으로서의 행복을 바람직하고, 정당하며, 유일한 목적이라고 했으며, 설령 사람들이 이타적인 행위를 하더라도 그 동기는 언제나 이기적이라고 주장했다. 벤담의 뒤를 이은 밀(J. S. Mill)은 행복이 적극적 의미에서 쾌락이고, 소극적 의미에서는 고통이 없는 상태이며, 불행은 고통이거나 쾌락의 결핍이라고 정의했다. 밀은 인간 행위의 출발이 고통의 회피와 쾌락의 추구라는 벤담의 '심리적 쾌락주의'를 수용하면서도, '윤리적 쾌락주의'를 위한 또 다른 차원의 쾌락을 제시하기 위해, 이타성(利他性)의 필요성을 주장했다. 밀은 윤리적 행위의 궁극적 목적이며 인간 행위의 판단기준이 되는 행복은, 행위자 자신의 행복일 뿐만 아니라 모든 사람의 행복이라고 말하면서, 최대 다수의 최대 행복의 원칙을 제시했다. 두 공리주의자 벤담과 밀은 쾌락의 양과 질의 측면에서 개념상의 차이를 보였다.

벤담은 측정이 가능한 양적 쾌락주의[84]를 주장했다. 벤담은 양적 쾌락의 기준으로, 보다 강렬한 쾌락, 더 오래 지속되는 쾌락, 발생할 것이 확실한 쾌락, 더 많은 쾌락을 가져올 것 같은 쾌락, 고통이 섞이지 않은 순수한 쾌락을 선호해야 한다고 말했다. 또한 벤담은 쾌락 측정을 위한 일곱 가지 기준으로, 쾌락의 강도, 지속성, 확실성(쾌락을 얼마나 기대할 수 있는지), 근접성(쾌락을 언제 획득할 수 있는지), 다산성(그 쾌락으로 끝나는 것은 아닌지), 순수성(쾌락 속에 고통의 요소는 없는지), 범위(많은 사람이 누릴 수 있는 쾌락인지)를 제시하였다. 벤담의 양적 쾌락주의는 영국의 초기 산업화의 급격한 사회 변화 속에서 사람들로 하여금 양적 쾌락에 치우친 물질적인 욕망 충족만 추구하게 할 위험성을 내포하고 있었다.

밀은 벤담의 양적 쾌락주의[84]의 문제점을 지적하고 질적 쾌락주의를 주장했다. 밀은 "배부른 돼지가 되기보다는 배고픈 인간이 되는 것이 더욱 바람직하고, 만족스러운 바보가 되기보다는 불만족스러운 소크라테스와 같은 사람이 되는 것이 더 바람직하다."라고 말하며 질적 쾌락의 중요성을 역설하였다. 즉 배가 고파 맛있는 요리를 먹은 뒤 얻는 쾌락과, 수준이 높은 철학 책을 읽은 뒤 얻는 지적인 만족과 같은 쾌락을 똑같은 선상에서 비교할 수 없다는 것이다. 밀은 질적 쾌락을 고급 쾌락과 저급 쾌락으로 구분하면서, 두 가지를 모두 경험한 사람이 선택하는 것이 고급 쾌락이며, 만약 쾌락 전문가 사이에 이견이 있다면 다수의 선호에 따라 결정하면 된다고 하였다.

3) 공리주의의 유용성의 원리

공리주의는 결과가 얼마나 유용한가를 기준으로 삼는 유용성의 원리 (the principle of utility)[85]에 근거를 두고 있다. 한마디로 다른 행위보다 더 큰 유용성을 갖는 행위가 옳은 행위인 것이다. 이 유용성의 원리는 '사람들은 각각 하나로 간주되며 어느 누구도 하나 이상으로 간주되지 않는다.'는 벤담의 명제를 전제로 한다. 이 명제는 유용성의 원리로 행위를 결

---

85   김용남. 2004. 현대사회의 윤리 문제에 있어서 고전적 공리주의의 한계와 적용 가능성에 대한 연구. 한국교원대학교 대학원. 석사학위논문. pp.27-37.

정할 때 자신의 행위에 의해 영향받는 모든 사람을 고려해야 한다는 것을 가리킨다. 공리주의는 개인의 행복을 추구하는 동시에, 사회의 최대 다수의 최대 행복을 추구한다. 만약 개인과 사회의 이익이 대립된다면 유용성의 원리를 적용하여 해결한다.

벤담에게 공동체는 구성원 개인의 합에 불과했다. 공동체의 이익은 개개 성원의 쾌락의 양을 단순히 극대화한 것이었다. 벤담은 개인에게만 공동체의 이익을 맡길 경우 잘 얻을 수 없다고 생각했기 때문에, 사회를 위해 개인을 제약하는 제재(sanction)[85]를 고안하였다. 신체적 제재(physical sanction), 법적 규제와 같은 정치적 제재(political sanction), 사회적 비난과 같은 도덕적 혹은 사회적 제재(moral or popular sanction), 신의 심판과 같은 종교적 제재(religious sanction)가 벤담이 고안한 제재이다.

밀 역시 사회의 행복을 위해서는 개인의 희생이 있어야 한다고 주장하면서, 이타심의 개념[85]을 제안하였다. 밀은 이 이타심을 책임감으로 규정하였다. 밀은 개인의 행복보다 공공의 행복이 우선이고, 이때 상호 이해심이 공공의 행복을 촉진시켜 준다고 생각했다. 밀은 개인에 대한 제약으로 외적 제재(external sanction)와 내적 제재(internal sanction)를 고안했다. 외적 제재란 자신에 불리한 여론이나 신의 응징에 대한 두려움과 같이 개인의 행동을 제약하는 외적인 힘을 말한다. 반면에 내적 제재란 내적인 책임감을 말하는데, 밀은 양심의 제재를 중요시했다. 양심은 동정심이나 상호 이해심, 즉 동료와 함께 하나가 되고자 하는 감정 또는 집단 감정이다. 이타심에 근거한 상호 이해심은 양심으로 이어지고 이것이 공공의 행복을 증진하여 최대 다수의 최대 행복이 충족된다고 생각한 것이다.

공리주의는 현대사회에서 매우 영향력 있는 윤리 이론이다.[86] 공리주의는 쾌락과 행복을 핵심 개념으로 삼는 면에서 일관성이 있고, 최대 다수의 최대 행복은 일반인의 윤리 신념과 잘 일치하는 신빙성이 있으며, 결과가 좋은 것이 바람직하다는 유용성은 물론, 누구나 하나로 간주하는 불편부당한 사회윤리인 면에서 정당성이 있는 윤리 이론이다. 따라서 공리주의는 쾌락을 공통 요소로 공유하는 관점에서 음식윤리의 윤리 이론으로 충분히 적용할 수 있다.

4) 공리주의의 구분

공리주의는 행위 공리주의(act utilitarianism)와 규칙 공리주의(rule utilitarianism)로 구분[86]할 수 있다. 행위 공리주의는 어떤 행위의 도덕성을 그 행위 자체가 최대의 유용성 또는 적어도 다른 행위보다 많은 유용성을 산출하는지의 여부에 의해 판단한다. 즉 행위 공리주의는 구체적인 행위에 의해 산출되는 유용성에 주목한다. 규칙 공리주의는 어떤 행위의 도덕성을 그 행위에 전제된 규칙이 최대의 유용성 또는 적어도 다른 규칙보다 많은 유용성을 산출하는지의 여부에 따라 판단한다. 즉 규칙 공리주의는 어떤 행위에 전제된 규칙을 받아들임으로써 산출되는 유용성에 초점을 맞춘다. 두 경우 모두 비용-편익 분석(cost-benefit analysis)[87]으로 유용성을 계산하여, 편익이 비용보다 크면 윤리적이고, 반대로 비용이 편익보다 크면 비윤리적이라고 판단한다.

행위 공리주의는 유사한 행위의 결정을 반복할 때마다 비용-편익 분석을 하는데, 규칙 공리주의는 반복적인 분석 대신 규칙을 채용하자고 주

---

86 해리스(Harris, C.E.Jr.). 1994. 도덕이론을 현실 문제에 적용시켜 보면(Applying Moral Theories). 김학택, 박우현 옮김. 서광사. 서울. pp.159-168.

87 Clark, J.P., Ritson, C. 2013. Practical Ethics for Food Professionals. Ethics in Research, Education and the Workplace. IFT Press. Wiley-Blackwell. Oxford. UK. pp.41-43.

장한다. 예를 들어 거짓말 하지 않기(진실만을 말하기)는 건전한 규칙이기 때문에 매번 행위를 결정할 때마다 정직해야 할 것인지 저울질할 필요가 없다는 것이다. 행위 공리주의자는 어떤 특수한 상황에서 선의의 거짓말이 관련된 사람의 행복을 극대화한다면 정당화될 수 있다고 결정할 것이다. 반면 규칙 공리주의자는 비록 일부 특수한 경우에 선의의 거짓말이 최대 다수의 최대 행복을 더 잘 증진하는 것처럼 보일지라도, 모든 사람의 거짓말은 궁극적으로 행복을 감소시킬 것이기 때문에 거짓말을 금하는 규칙을 채택하는 것이 최상의 결과를 가져올 것이라고 주장한다.[88]

많은 공리주의자들은 규칙 공리주의를 더욱 세련된 공리주의 이론으로 생각한다. 그러나 규칙 공리주의에서 두 가지 규칙이 상충할 경우에는 행위 공리주의를 적용하여 결정하게 된다. 예를 들어 거짓말 하지 않기(진실만을 말하기)와 악의 없는 거짓말(white lie)은 허용하기의 두 규칙이 부딪칠 경우, 해당 상황에서의 행위(이미 맛있게 먹었는데 땅에 떨어진 것이었다고 말할 것인가?)의 예상되는 결과를 기준으로 판단하는 것이다.

인간은 보다 높은 수준의 자의식과 미래를 예견할 수 있는 능력을 가지고 있기 때문에 더 큰 고통과 쾌락을 느끼게 된다. 이러한 쾌고감수(快苦感受, sentience) 능력으로 인해 인간의 선호(preference)를 특별히 고려하는 것은 정당화될 수 있다. 그렇지만 공리주의는 인간의 선호뿐만 아니라 동물의 선호 특히 고통을 피하려는 동물의 자연적 경향성도 고려해야 한다. 이것이 동물해방을 주장하는 싱어(P. Singer)의 종차별주의 폐지와 '이익 동등 고려의 원칙(principle of equal consideration of interests)'의 근거가 된다.

---

88   김문기. 2003. 윤리학과 도덕교육 관계. 국민윤리연구. 54: 133-165.

5) 공리주의에 대한 비판

공리주의는 공리의 원리, 결과론으로서의 쾌락주의, 최대 다수의 최대 행복의 원리 등 세 가지 면에서 자주 비판받는다.[89] 첫째, 공리주의에서 공리의 원리는 '최소한의 고통과 더불어 최대한의 쾌락 혹은 행복을 얻는 것을 말한다.' 벤담은 공리의 원리에 대한 개념을 "고통의 회피와 쾌락으로서의 행복은 인간 행위에 있어서 보편적으로 바람직하고, 정당하며 유일한 목적이다."라고 정의하면서, 이것은 더 이상 증명할 필요가 없는 제1원리라고 주장하였다. 그러나 쾌락이 행복이라고 해도, 행복이 쾌락이라고는 단정할 수 없다. 행복의 기준을 어디에 두느냐에 따라 달라질 수 있기 때문이다. 둘째, 결과론으로서의 쾌락주의에서는 결과의 정확한 예측과 양적 측정의 문제가 대두된다. 공리주의는 결과의 예측과 측정을 정확하게 하지 못한다면 행위 선택의 기준으로서의 타당성을 잃을 수 있다. 셋째, 최대 다수의 최대 행복의 원리에서는 개인의 이기적 쾌락에서 사회 전체의 쾌락이라는 일반적 쾌락 추구로 이행 하는 과정에 대한 근거가 부족하다. 이것은 심리적 쾌락주의를 근거로 해서 윤리적 쾌락주의를 입증하고자 한 시도 때문인데, 사실 판단으로부터 가치 판단을 도출하려는 자연주의적 오류(naturalistic fallacy)의 한계로 비판되어 왔다. 한편 사람들이 각자 자기의 행복을 바란다는 전제로부터 최대 다수의 최대 행복, 즉 일반 행복을 바란다는 결론을 이끌어 내는 것은, 집합의 구성물의 속성을 집합 자체에 적용하는 논리적 비약으로 구성의 오류(fallacy of composition)에 해당한다. 또 다른 문제점은 '최대 다수의 원리'와 '최대 행복의 원리'의 상충으로서, '최대 다수'를 강조하는 것인지 아니면 '최대 행복'을 강조

---

89   김용남. 2004. 현대사회의 윤리 문제에 있어서 고전적 공리주의의 한계와 적용 가능성에 대한 연구. 한국교원대학교 대학원. 석사학위논문. pp.iii-vii.

하는 것인지 판단하기 어려운 논리적 충돌이 발생한다. 최대 다수의 원리를 강조하면 다수의 행복에 의해 소수의 행복이 희생될 수 있으며, 최대 행복의 원리를 강조하면 소수를 위해서 다수의 행복이 희생될 수 있다.

공리주의 비판에 대하여 밀은 '인간은 본래 상호 협조로만 번영할 수 있는 사회적 동물이라는 사실'과 "양심이 모든 사람의 이익을 존중하라고 명령하며, 이 명령을 어기면 고통스럽다."는 두 가지 사실이 최대 다수의 최대 행복의 원리를 정당화하는 근거라고 논증한다. 이런 논증을 볼 때 공리주의의 정당화는 '양심'에 기초한 '사회적 감정'에 근거한다고 볼 수 있다. 윌슨(1977)[90]은 인간은 본디 사회적 동물이며, 도덕적 본성은 사회적 본성으로부터 직접 자란다고 하였다. 박종원(2007)[91]도 개인 행복에서 일반 행복으로 가는 디딤돌로 '공감의 정서'를 제안하였으며, 이것은 사회적 감정이라는 인류의 토대이자, 이미 인간 본성의 강력한 원리이며, 가르치지 않아도 문명이 진보함에 따라 더욱 강력해지는 것이라고 주장하였다. 소규모 원시 사회의 구성원은 집단 논리에 훨씬 더 깊이 종속되는데, 그런 사회에서는 공감의 정서가 구성원 사이에 더욱 밀접하게 작용하여 이타적 행동을 유발한다. 현대사회처럼 사회 규모가 확대될수록 개인주의가 더 발달하고, 공감적 정서가 약화되기 때문에, 오히려 사회는 구성원에게 윤리적 행동을 더 요구하게 된다고 한다.

공리주의를 사회윤리로 적용할 때 정의(또는 권리)와 충돌이 발생할 수 있는데, 이 문제는 다음과 같은 세 입장으로 정리할 수 있다. 첫 번째 입장은 정의와 공리의 상충 가능성을 인정하지만 그러한 상충이 일어날 경

---

90 윌슨(J.Q. Wilson). 1997. 도덕감성(The Moral Sense). 안재욱, 이은영 공역. 자유기업센터. 서울. pp.197-200.

91 박종원. 2007. 공리주의 윤리설의 존재론적 기초에 대한 연구. 철학. 92: 113-130.

우 공리의 원리에 절대적 우위를 인정하려는 입장이다. 두 번째 입장은 정의와 공리는 단지 외면적으로만 상충하는 것으로 보일 뿐 실제로는 상충하지 않는다는 입장이다. 세 번째 입장은 다원적인 공리주의를 받아들이는 것이다. 이것은 행복과 마찬가지로 정의를 극대화되어야 할 하나의 본래적 선으로 보는 입장이다. 해리스(1994)[92]에 따르면 공리주의는 내적인 일관성을 가지는 윤리 이론이나, 정의와 관련해서는 직관에 반하는 도덕 판단을 내릴 수도 있다. 공리주의의 한계는 선택한 행위나 규칙의 결과를 완전히 알지 못한다는 데에도 있다. 류지한(2009)[93]에 따르면 공리주의는 때때로 권리 침해를 정당화한다고 비판 받는데, 이에 대한 대응전략으로서 한 수준의 사유에서는 벤담 노선을 따라서 결과주의를 할당하고, 다른 수준의 사유에서는 밀 노선을 따라서 권리를 할당하는 두 수준의 공리주의 전략을 채택하면 될 것이라고 한다.

공리주의가 사실 판단으로부터 가치 판단을 도출하는 자연주의적 오류를 범한다고 비판받을 경우, 대안으로는 주관주의와 직관주의를 들 수 있다. 그러나 주관주의는 객관적인 가치 기준을 포기하기 때문에 규범윤리학으로서 명백한 한계를 지니고 있다. 직관주의는 직관의 상충 문제를 지니고 있기 때문에, 직관주의 입장의 의무론도 공리주의의 대안으로서 나름 한계가 있다. 결국 완벽한 윤리 이론은 존재할 수 없고, 공리주의를 대체할 만한 새로운 윤리 이론도 나타나지 않았다.[94] 그렇다면 공리주

---

92   해리스(Harris, C.E.Jr.). 1994. 도덕이론을 현실 문제에 적용시켜 보면(Applying Moral Theories). 김학택, 박우현 옮김. 서광사. 서울. pp.192-193.

93   류지한. 2009. 권리에 기초한 공리주의 비판과 공리주의 대응 전략. 윤리문화연구. 5: 155-193.

94   김용남. 2004. 현대사회의 윤리 문제에 있어서 고전적 공리주의의 한계와 적용 가능성에 대한 연구. 한국교원대학교 대학원. 석사학위논문. pp.69-71.

의를 복잡한 현대사회의 윤리 문제 해결에 적절한 이론이라고 볼 수 있을까? 그렇다. 공리주의는 유용성이라는 가시적인 기준을 적용하여 행위의 결과를 예측할 수 있는 윤리 이론이다. 공리주의는 현대인에게 합리적인 도덕 행위의 기준을 줄 수 있다. 다만 쾌락이라는 기준 만으로는 현대사회의 복잡한 윤리 문제에 대처할 수 없으므로, 쾌락주의의 본래의 의미를 어느 정도 해치게 되더라도 가치의 다원성을 인정할 필요가 있을 것으로 생각된다.

6) 공리주의의 실제 적용

음식윤리 주제 가운데 최근 질병으로까지 취급받고 있는 비만 문제에 대하여 생각해보자. 만약 비만 문제에 심리적 이기주의나 심리적 쾌락주의를 적용한다면, 비만은 온전히 개인적인 일로 환원되기 때문에, 이에 대한 윤리의 적용은 개인에 대한 사회의 부당한 간섭이 될 수 있다. 이런 관점에서 볼 때 비만과 이에 기인된 성인병의 증가와 삶의 질 저하는 철저히 개인의 문제이므로, 이에 따른 사회적 경비(의료비의 증가 등)도 신경 쓸 필요가 없다. 하지만 오늘날의 비만 문제는 그 규모로 인해 이미 개인적 차원을 넘어 사회적 차원의 문제로 확장되었다. 그렇다면 비만 문제에 공리주의를 적용할 수 있을까?

김민배(2011)[95]에 따르면 비만에 대해 각국이 정부 차원의 관심을 기울이는 이유는 비만이 질병 그리고 삶의 질과 직결되어 있기 때문이다. 미국의 경우 성인의 64%가 과체중 이상이고, 비만이 담배에 뒤이어 전체 사망 원인의 17%를 차지하고 있으며, 비만에 의한 직·간접적인 사회적

---

95   김민배. 2011. 미국에서의 비만책임 논쟁. 법학논총. 18(3): 337-366.

손실이 1,170억 달러에 달한다고 한다. 과거에는 개인의 비만 문제를 순전히 자기 책임이라고 생각했으나, 비만이 다른 질병 등과 연계되면서, 사회 차원에서 무언가 조치를 취해야 한다는 문제 제기가 있어왔다. 물론 비만 소송 때문만은 아니겠지만 패스트푸드업계가 보다 건강한 음식 판매로 방향을 전환한 것도 의미가 크다.

음식윤리 사례-3

비만 소송

미국에서 비만의 책임과 관련하여 그 원인을 패스트푸드라고 주장하는 소송[95]이 제기되었다. 이 소송은 두 명의 학생과 친권자가 패스트푸드를 먹고 비만한 상태가 되었다고 주장하면서 패스트푸드 체인점에 대해 그 책임을 묻고자 제기했다. 원고는 뉴욕 주의 피고 체인점에서 구입한 패스트푸드 섭취로 인해 비만, 당뇨병, 관상동맥 심장질환, 고혈압, 고콜레스테롤 혈증과 같은 증세로 건강에 심각한 해를 입었다고 주장하였다.

원고는 고소장에서 'McChiken Everyday!'라는 캠페인을 통해 매일 패스트푸드를 먹도록 권장했고, 'McDonald's can be part of any balanced diet and lifestyle'이라고 웹사이트에 광고한 것은 사기라고 주장했다. 이 소송은 큰 관심을 불러일으켰다. 비만의 책임이 본인의 의지가 약해서라는 산업계 주장에 반해, 과식을 권장한 산업계에 대한 비난이 높아지는 상황에서 제기되었기 때문이다.

WHO는 패스트푸드 등에 대해 비만세[95]를 부과할 것을 제안한 바 있다. 최근 덴마크가 세계 최초로 비만세를 도입하였는데, 2011년부터

2.3% 이상 포화지방산을 함유한 식품에 포화지방 1kg당 16크로네(원화 2,700원)의 세금을 부과하고 있다. 비만인구 비율이 10% 이하로 유럽 평균 15.5%보다도 낮은 덴마크가 비만 대책에 앞장서자 유럽연합 각국 정부도 바빠졌다. 비만인구 비율이 18.8%인 헝가리도 2011년부터 지방은 물론 염분, 설탕 등이 기준치 이상 함유된 음식에 개당 10포린트(원화 40원)를 부과했다. 덴마크와 달리 헝가리는 몸에 해로운 성분을 포괄적으로 부과하는 방식을 택한 것이다. 유럽에서 비만인구 비율이 20%로 가장 높은 영국에서도 비만세를 도입해야 한다는 목소리가 높아지고 있다. 스웨덴에서는 포화지방뿐만 아니라 설탕과 청량음료까지 포괄적으로 세금을 부과해야 한다는 주장도 나왔다.

하지만 덴마크 산업계는 비만세에 대해 대체로 부정적인 반응을 보이고 있다. 세금이 결국 소비자에게 전가될 것이기 때문이라는 것이다. 일부 과학계도 소금, 설탕, 정제된 탄수화물이 건강에 더 해로울 수 있기 때문에, 포화지방에만 세금을 부과하는 것은 잘못된 선택일 수도 있다고 지적한다. 그러나 비만세가 소비자들에게 건강에 해로운 식품을 먹지 말라는 메시지를 보낼 수 있고, 생산자들이 식품에 소금과 설탕을 적게 넣도록 유도한다면서 비만세를 지지하는 의견도 많아지고 있다.

패스트푸드를 좋아하는 어린이의 비만[96]을 살펴보자. 어린이 비만은 전 세계적으로 가장 흔한 영양 장애로서 매년 그 빈도가 증가하고 있다. 어린이 비만은 성인까지 이어지는 경우가 많고, 비만이 지속되면 지방간, 고콜레스테롤 혈증, 고혈압, 당뇨, 심혈관 질환, 호흡기 질환, 종양, 불임,

---

96   네이버 지식백과. 질병/의료정보. http://health.naver.com/medical/disease/detail.nhn?selectedT
      ab=detail&diseaseSymptomTypeCode=AA&diseaseSymptomCode=AA000081&cpId=ja2&mov
      e=con (2015. 7. 23. 검색).

우울증, 사회 부적응 등이 다양하게 발생할 수 있어, 결국 수명 단축까지 초래하게 된다. 어린이 비만은 어린이 당사자와 그 가족은 물론 다른 사회구성원에게도 영향을 주는데다가, 오늘의 사회는 물론 지속되어야 할 미래의 사회에도 바람직하지 않다. 윤리적으로 살아야 하는 이유가 개인과 사회의 행복이라고 할 때 비만인 어린이와 그의 가족 모두 음식윤리의 시각으로부터 자유로울 수 없다.

음식윤리 사례-4

비만의 사회경제적 비용[97]

우리나라의 비만 관련 사회경제적 비용은 2001년 1조 17억 원에서 2005년 1조 8000억 원으로 증가하였다고 한다. 이는 2008년 기준 국민 전체 의료비의 3.8%, 국내총생산(GDP)의 0.22%에 해당한다. 진료비 및 약값과 같은 직접비용이 1조 1087억 원으로 전체 의료비의 2.3% 수준이었으며, 생산성 손실과 간병비 등 간접비용은 7152억 원이었다. 또 2005년에 발생한 환자 가운데 고혈압, 당뇨, 대장암, 골관절염, 뇌졸중, 심장질환, 고지혈증 등 7대 비만 관련 질환의 환자 비율은 3명 중 1명꼴로 나타났다.

비만 예방 비용까지 포함할 경우 비만으로 인한 사회경제적 비용은 2조 원을 넘을 것으로 추산된다. 이 2조 원을 인구 5000만 명으로 나누면 1인당 4만 원이고, 인구의 절반 수준인 경제활동인구를 기준하면 1인당 8만 원이 된다. 구내식당에서 4,000원짜리 점심을 먹는다고 가정하면 20일(3주) 정도 사먹을 수 있는 적지 않은 돈이다. 적절한 정책 개입을 통해 비만 인구를 감소시킬 수 있다면 이

---

[97]　정영호, 고숙자, 임희진. 2010. 청소년 비만의 사회경제적 비용. 보건사회연구. 30(1): 195-219.

런 손실을 사전에 예방할 수 있고, 국민의 삶의 질도 그만큼 높아지게 될 것이니, 그야말로 최대 다수의 최대 행복을 향한 길이 아니겠는가? 만약 오늘날 벤덤이 살아 있다면 어떤 법이나 윤리체계를 세우려 할까?

비만은 질병을 초래할 위험성이 높고, 질병에 걸리면 의료비를 소진하게 되며, 본인은 물론 가족의 삶의 질도 떨어뜨리게 된다. 따라서 공리주의의 관점에서 비만을 초래할 수 있는 패스트푸드 등의 섭취는 자제해야 한다. 하지만 자제하기가 어렵다면, 그리고 이로 인한 질병 증가가 사회적으로 문제가 된다면, 예방을 위한 영양 교육이나 음식윤리의 강조도 중요하고, 비만세와 같은 법적 제재까지도 고려해야 할지 모른다. 다음과 같이 공리주의 관점에서 비용-편익 분석을 해보자.

음식윤리 사례-5

비만에 대한 비용-편익 분석

첫 번째 비용-편익 분석은 패스트푸드 체인점 하나를 기준으로 소규모로 진행한다. 한 패스트푸드 체인점에서 일하는 종업원 10명이 소비자 1,000명에게 패스트푸드를 팔고 있다. 종업원은 하루 100개의 패스트푸드를 팔 때마다 10,000원씩을 급여로 받는다. 1,000개를 팔면 100,000원씩을 급여로 받으며, 이때의 각 종업원의 행복 수치를 +1이라고 가정한다. 각 소비자는 하루 1개씩 패스트푸드를 먹는데, 그때마다 체중이 100g 증가하고, 행복 수치는 -1이 된다고 가정하자.

전체 소비자 1,000명의 행복 수치는 -1,000이 되고, 체인점 종업원 10명의 행복 수치는 +10이니, 전체 인원 1,010명의 최종적인 행복 수치는 -990이 될 것이다. 만약 비만세를 도입하여 판매량이 50% 줄어든다면, 소비자 1,000명의 행복 수치는 -500이 되고(소비자 1,000명이 체인점을 방문했으나 이 가운데 500명만 1개씩 먹은 것으로 가정), 체인점 종업원 10명의 행복 수치는 +5(급여가 반으로 줄기 때문에 행복 수치도 절반이 된다)가 되어, 전체 인원 1,010명의 행복 수치는 -495가 될 것이다. 결과적으로 비만세를 도입하면 행복 수치가 -990에서 -495로 495만큼 증가하기 때문에, 최대 다수의 최대 행복을 중시하는 공리주의 입장에서는 비만세 도입을 주장할 것이다.

두 번째 비용-편익 분석은 청소년 소비자를 기준으로 대규모로 진행한다. 청소년 1000만 명이 1년에 100개씩 패스트푸드를 먹는데, 패스트푸드 1개의 가격은 4,000원이고, 개당 이익은 800원(20%)이라고 한다. 정부는 청소년 비만 증가에 따라 1조 원의 비용을 지출하는데, 가격 인상 없이 비만세 400원(10%)을 적용하면 판매량이 50% 감소하고, 비만 인구와 정부 비용도 비례적으로 감소한다고 가정한다.

비만세 도입 이전과 도입 이후로 결과를 비교해보자. 청소년 소비자의 지출은 비만세 도입 이전 4조 원에서 도입 이후 2조 원으로 감소한다. 정부의 지출은 비만세 도입 이전 1조 원의 경비가, 도입 이후 5000억 원으로 줄고, 비만세 2000억 원을 거둠으로써 전체 지출이 3000억 원이 된다. 패스트푸드업계는 비만세 도입 이전 1년에 8천억 원의 이익을 얻지만, 비만세 도입 이후에는 판매량 50% 감소와 비만세 10% 부담으로 2000억 원의 이익만을 얻는다.

비만세 도입 이전 지출 5조 원(소비자 지출 4조 원과 정부 지출 1조 원)에서 패스트푸드업계 이익 8000억 원을 제외한 순 지출 4조 2000억 원이, 비만세 도입 이후 지출 2조 3000억 원(소비자 지출 2조 원과 정부 지출 3000억 원)에서 패스트푸드업계 이익 2000억 원을 제외한 순 지출 2조 1000억 원이 된다. 결과적으로 비만세를 도입하면 소비자와 정부의 지출이 2조 1000억 원만큼 감소한다. 아마도 공리주의자는 이 결과를 근거로 공익을 위해 비만세 도입을 주장하지 않을까?

3장

비결과주의 윤리

앞에서 설명한 이기주의나 공리주의와 같은 결과주의 윤리와 달리, 비결과주의 윤리(nonconsequential ethics)[41]는 행위나 인격 등을 결과에 의해서가 아니라 윤리 규칙과의 일치 여부에 따라 판단한다. 이 경우 규칙에 위배되면 비윤리적 행위로 판단하기 때문에(yes or no) 비결과주의 윤리는 종종 엄격하고 완고해 보이기도 한다. 유대교-그리스도교 윤리는 근본적으로 비결과주의다. 비결과주의의 대표적인 윤리 이론에는 자연법 윤리(natural law ethics)와 인간존중의 윤리(ethics of respect for persons)가 있다. 자연법 윤리는 인간의 행위를 인간의 본성(nature)에 대한 일치 여부를 기준으로 판단해야 한다고 주장한다. 반면에 인간존중의 윤리는 인간의 행위를 모든 인간의 동등한 가치와 일치하는지를 기준으로 판단해야 한다고 주장한다.

1 · 자연법 윤리

자연법은 사람들이 행위해야 하는 당위를 규정하는 윤리적 지침이나 규칙이며, 이것은 모든 인간의 인간성 자체에 근원을 두고 있기 때문에 모든 사람들에게 동등하게 적용된다. 자연 법칙(law of nature)이나 과학 법칙(law of science)은 자연법과 전혀 다르다. 자연 법칙이나 과학 법칙은 자연 현상이 어떻게 작용하는지 과학적으로 말해주는 기술적(記述的, descriptive)인 법칙이다. 반면에 자연법은 인간이 어떻게 행위해야 하는지, 왜 그렇게 행위해야 하는지를 설명하는 규정적(規定的, prescriptive)인 윤리 법칙이다.[98]

1) 자연법과 인간 본성

자연법은 인간의 본성(human nature) 가운데 자연적 본성(본능, 욕구)이 아니라 이성적 본성(윤리적 본성)을 근거로 성립되었다. 인간은 이성적 본성에 따라 스스로를 윤리적으로 계몽해나간다는 점에서 존엄한 존재이며, 존엄한 인간 사이에 세운 규범이 바로 이성적이고 보편적인 자연법이다.[99] 토마스 아퀴나스(St. Thomas Aquinas) 역시 자연법 이론에서 인간의 이성을 강조했다. 이성이 우리를 선으로 인도하여, 본성 안에서 선이 무엇인지 알게 한다고 보았다. 본성에 대한 반성을 통해 윤리적 의무가 드러나고, 인간의 이성에 의해 행위의 옳고 그름이 결정된다는 것이다. 자연법 윤리는 1950년대부터 생명윤리의 주요 주제로 다시 등장하였는

---

98 해리스(Harris, C.E. Jr.). 1994. 도덕이론을 현실 문제에 적용시켜 보면(Applying Moral Theories). 김학택, 박우현 옮김. 서광사. 서울. pp.110-111.
99 조천수. 2004. 자연법과 사물의 본성. 저스티스. 77: 157-175.

데,[100] 생명존중이야말로 자연법의 핵심으로 볼 수 있기 때문이다.

자연법의 세 요소는 본성, 이성, 의지다.[101] 인간은 본성적으로 자신의 존재 완성을 추구하는 경향이 있기 때문에 '선을 추구하고 악을 피한다.' 이것이 자연법 제1계명이다. 인간은 이성을 통해 자연법의 도덕 규칙을 인식한다. 인간은 자신의 의지로 올바른 판단의 결과에 따라 살려고 하며, 이것이 인간의 자유 의지와 관련된다. 자연법 세2계명은 세 가지인데, 모든 실체에 공통되는 것으로서 자신의 존재를 보존하는 것(생명), 다른 동물과 공통되는 것으로서 자손을 낳고 돌보는 것(출산), 인간 고유의 이성의 본성에 따른 것으로서 신에 대해 알려는 것(지식)과 사회 안에서 살려는 것(사회성)이 있다.

자연법 윤리의 기본적 입장은 인간의 자연적 경향성(natural inclination)이 목표로 하는 가치를 실현하도록 촉진하는 것이다. 인간의 삶에서 이러한 가치의 실현이 인간의 본성을 충족시키기 때문이다. 여러 가치 중에서 생물학적 가치 두 가지(생명과 출산)와 인간 특유의 가치 두 가지(지식과 사회성)가 근본적인 가치다.[102] 자연법 윤리의 의무[103]는 대부분 생명과 출산이라는 생물학적 가치와 관련되며, 지식과 사회성이라는 인간 특유의 가치로부터 도출되는 의무도 일부 있다. 자연법 윤리의 의무를 다하기 위해 각 개인은 자신의 삶 속에서 자연적 경향성에 의해 구체화된 가치를 충실히 실현하도록 애써야 하며, 가치의 실현을 방해하는 행위는 하지 말

---

100   이상목. 2003. 가톨릭의 생명윤리. 철학논총. 34(4): 407-430.

101   이진남. 2010. 자연법과 생명윤리: 토마스주의 자연법윤리의 체계와 원리를 중심으로. 범한 철학. 57: 163-188.

102   해리스(Harris, C.E. Jr.). 1994. 도덕이론을 현실 문제에 적용시켜 보면(Applying Moral Theories). 김학택, 박우현 옮김. 서광사. 서울. p.122.

103   해리스(Harris, C.E. Jr.). 1994. 도덕이론을 현실 문제에 적용시켜 보면(Applying Moral Theories). 김학택, 박우현 옮김. 서광사. 서울. pp.131-132.

아야 한다.

타인에 대한 의무의 예로는 다른 사람을 죽이지 말아야 할 의무, 지식의 가치를 위반하지 말아야 할 의무(예를 들면 거짓말), 사회성의 가치를 위반하지 말아야 할 의무(예를 들면 중상모략) 등이 있다. 국가에 대한 자연법 윤리의 개념에는 세 가지 원칙이 있다. 국가는 내외의 적으로부터 자신을 방어할 권리를 가지고, 자연법은 인간의 법률보다 우선하며, 국가는 공동의 선을 위해 조직되어야 한다는 것이다. 즉 국가는 국민들의 삶 속에서 자연법 윤리의 네 가지 근본적인 가치(생명, 출산, 지식, 사회성)의 실현을 촉진하는 방식으로 조직되어야 한다는 것이다.

2) 자연법의 딜레마

자연법 윤리는 모든 근본적 가치들을 간접적으로도 결코 침해할 수 없다고 규정한다. 특히 자연법은 생물학적 가치가 인간 특유의 가치보다 더 중요하거나 동등하다고 강조하는데, 생물학적 기능 또는 물리학적 기능의 견지에서 인간의 행위를 이해하려는 이러한 경향을 물리주의(physicalism)라고 부른다. 행위의 동기나 목적과 상관없이 자연법의 가치 중의 하나를 위반할 수밖에 없을 때 어떤 행위를 취해야 하는지에 관한 딜레마가 생길 수 있다. 이런 딜레마를 해결하기 위해 상실의 원리(principle of forfeiture)와 이중 결과의 원리(principle of double effect)가 고안되었다.[103] 상실의 원리는 죄 없는 사람의 생명을 위협하는 사람은 자신의 생명권을 상실한다는 의미다. 하지만 일부 자연법 윤리학자는 사형과 같이 직접적으로 생명을 탈취하는 행위를 상실의 원리로 정당화하기는 어렵다고 생각한다. 한편 이중 결과의 원리에 따르면, 행위에는 직접적인 행위와 간접적인 행위가 있는데, 근본적인 가치를 위반하지만 그것이 간접적인 행위라면 윤리적으로 허용할 수 있는 행위가 있다는 것이다. 생명이란 결코 탈취할 수 없는 것이지만, 산모와 태아 둘 다 위태로울 때 태아를 낙태하는 것에 동의하는 경우를 예로 들 수 있다.

이중 결과의 원리[104]

이중 결과의 원리(principle of double effect)는, 화장실의 스위치를 켜면 등도 켜지고 환풍기도 돌아가는 경우처럼, 의도와 관계없이 하나의 행위가 두 가지 결과를 초래할 때 적용하는 원리다. 나쁜 결과를 수단으로 삼는 행위는 나쁜 결과를 의도하는 행위로 볼 수 있지만, 나쁜 결과가 부수적 결과(side effect)로서 생기는 경우는 단지 그 결과를 예견하기만 한 것이지 의도적이라고 보기는 어렵다. 이중 결과의 원리는 그 기원이 토마스 아퀴나스로 거슬러 올라가나, 19세기 중엽에 구리(J.P. Gury)가 체계화했고, 그 후 맹건(J.T. Mangan)이 재구성하였다.[105]

이중 결과의 원리에서 다음 네 가지 조건을 모두 충족하면, 좋고 나쁜 두 가지 결과를 초래하는 행위를 허용할 수 있다.

① 행위 자체가 도덕적으로 선한 행위이거나 적어도 중립이어야 한다.

② 행위자의 의도가 나쁜 결과에 있지 않고 좋은 결과에 있어야 한다.

③ 좋은 결과는 나쁜 결과가 수단이 되어 얻어져서는 안 된다.

④ 나쁜 결과를 허용하는 것이 불가피할 만큼 중대한 이유가 있어야 한다.

선한 의도에서 한 행위로 인해 초래된 의도하지 않은 악한 결과는 허용한다.

104　김석신, 신승환. 2011. 잃어버린 밥상 잊어버린 윤리. 북마루지. 서울. pp.47-48.

105　임종식. 1998. 이중 결과원리, 그 기본 전제들에 대한 옹호. 철학. 55: 237-259.

예를 들어 백혈병 환자의 항암 치료에서 머리카락이 빠지는 것은 의도하지 않았지만 피할 수 없는 간접 결과이다. 그밖에 임신부의 생명이 위독할 때 낙태를 허용하지만, 건강상의 이유나 원하지 않은 임신이었다는 이유로는 낙태를 허용하지 않는 것도 이중 결과의 사례가 된다.

그렇다면 음식윤리의 관점에서 식중독은 어떨까? 식당에서 사먹은 경우라면 모를까, 한 어머니가 자녀의 친구들을 초대하여 음식을 차려준 경우는 이중 결과의 원리를 적용할 수 있지 않을까? 아니다. 식중독은 이중 결과의 원리에 적용되지 않는다. 그 이유는 위의 조건 중에서 ①항, ②항, ③항은 위배하지 않지만, ④항 '나쁜 결과를 허용하는 것이 불가피할 만큼 중대 이유가 있어야 한다.'를 위배하기 때문이다. 식중독은 대부분 부주의에서 비롯된다. 음식 값을 받건 안 받건 관계없이, 생명 보존을 위해 먹는 음식을 제공하는 일에, 식중독이라는 나쁜 결과를 허용할 만큼 불가피하게 중대한 이유는 없기 때문이다. 비록 의도한 결과는 아니지만 식중독이라는 악한 결과에 대해 윤리적, 법적 책임을 져야 한다.

자연법 윤리는 오늘날 생명윤리와 의료윤리의 바탕으로서 영향력이 큰 윤리 이론이다. 자연법 윤리는 인간의 본성 가운데 이성적 본성을 핵심으로 삼는 면에서 일관적이다. 인간은 언제 어디서나 이성을 적용하여 자연적 경향성(natural inclination)이 목표로 하는 가치를 실현하려고 할 것이기 때문이다. 다만 딜레마 해결을 위해 상실의 원리와 이중 결과의 원리를 적용하는 것으로 인해 일관성을 완벽하게 유지하지는 못한다. 자연법 윤리에서는 종종 생물학적 가치가 인간 특유의 가치보다 더 중요하거나 동등하다고 강조하기 때문에 일반인의 도덕적 신념과 일치하기 어려울 때도 있다. 하지만 자연법 윤리의 제1계명인 '선을 추구하고 악을 피한다.'는 일반인의 윤리 신념과 잘 일치하므로 큰 틀에서 신빙성이 크다고 볼 수 있다. 자연법 윤리는 모든 사람들에게 동등하게 적용되므로 보편적이고, 자기 보존의 원칙에 의거하여 생명을 존중하므로 정당성이 크다. 또한 자연법 윤리는 규칙의 위반 여부로 도덕성을 평가할 수 있는 면에서 유용성이 큰 윤리 원리다. 다만 근본적 가치를 언제 직접 위반했는지를 판단하기 어려울 때도 있다. 그럼에도 불구하고 음식윤리의 관점에서 볼 때의 자연법 윤리는 자기 보존의 원칙과 생명존중의 가치관을 공유하기 때문에 음식윤리의 윤리 이론으로 충분히 적용할 수 있다.

3) 자연법과 음식윤리

자연법 윤리와 음식윤리에서 공통점이나 유사한 요소로는 무엇이 있을까? 먼저 자연법 윤리의 제1계명과 비교해보자. 음식을 먹고 나서 쾌락과 행복을 얻을 수도 있고, 불쾌와 불행을 얻을 수도 있다. 전자의 예로는 음식의 절제와 균형이 있고, 후자의 예로는 탐식이나 비만, 그리고 식중독이 있다. 그러므로 자연법 윤리의 제1계명처럼 음식윤리에서도 전자는 선이니 추구하고, 후자는 악이니 피해야 한다. 자연법 윤리의 제2계명과는 어떤 점이 비슷할까? 자연법 제2계명의 자기 보존에서 생명존중을, 자손을 낳고 돌보는 것에서 출산을, 이성으로 신이나 신의 법칙을 알려는 지식을, 사회 안에서 살려는 사회성이라는 가치를 이끌어낼 수 있다. 이 가운데 음식윤리와 자연법이 거의 동일한 가치로 간주하여 추구하는 것으로는, 인간의 생명존중, 지식의 추구(예를 들어 거짓을 추구하지 않고 진실을 추구하는 것), 사회성의 추구(예를 들어 음식 나눔)가 있다.

자연법 윤리와 음식윤리에서 차이점이 큰 요소로는 어떤 것이 있을까? 자연법에서 이중 결과의 원리와 상실의 원리는 딜레마 해결을 위해 도입하였지만, 음식윤리에서는 채용하지 않는다. 이중 결과의 원리를 채용하지 않는 이유는, 앞에서 설명한 식중독의 경우에서처럼, 생명 보존을 위해 먹는 귀한 음식을 제공하는 일에, 식중독이라는 나쁜 결과를 허용할 만큼, 불가피하게 중대한 이유는 없기 때문이다. 비록 식중독을 일으킨 행위가 의도한 결과는 아니라 하더라도, 부주의에서 비롯된 것이든 폭리를 취하기 위한 것이든, 식중독이라는 악한 결과에 대해서는 음식을 만들거나 판 사람이 윤리적 책임과 법적 책임을 마땅히 져야 한다. 한편 음식에 일부러 독극물을 주입한 경우가 아니라면 형사상의 책임은 거의 없기 때문에 음식윤리에서 상실의 원리를 적용할 일은 없다고 본다.

음식윤리에서 자연법 윤리의 제2계명인 생명존중과 바른 지식의 추구(예를 들어 거짓을 추구하지 않고 진실을 추구하는 것)는 법[106]으로도 규제할 정도로 엄격하게 적용한다. 우리가 어려서부터 먹지 말라고 교육받았던 '부정·불량식품'은 'adulterated food'라 하고, '표시위반식품'은 'misbranded food'라 한다. 이 부정·불량식품과 표시위반식품은 음식윤리의 기본, 즉 건강과 생명 유지에 도움을 주며, 참되고 가짜가 아니라는 근본적인 개념에 위배되는 대표적인 사례다. 자연법 윤리를 음식윤리에 적용할 경우 어떤 행위의 좋음과 나쁨(혹은 더 좋거나 더 나쁨)이 아니라 그 행위의 옳고 그름으로만 판단하는 경우가 많다.

식품위생법 제1조에 '식품으로 인한 위생상의 위해를 방지하고 식품영양의 질적 향상을 도모하며 식품에 관한 올바른 정보를 제공함으로써 국민보건의 증진에 이바지하는 것'이라고 법의 목적을 명시하고 있다. 부정·불량식품은 위생상의 위해를 끼치는 식품이고, 표시위반식품은 올

106　김석신, 신승환. 2011. 잃어버린 밥상 잊어버린 윤리. 북마루지. 서울. pp.98-100.

바른 정보를 제공하지 않는 식품이라고 보면 된다. 부정·불량식품은 식품위생법 제4조(위해식품 등의 판매 등 금지)와 제5조(병육 등의 판매 등 금지)에 위배되는 식품을 말한다. 표시위반식품은 식품위생법 제10조(표시기준)와 제11조(허위표시 등의 금지)를 위반하는 식품을 말하며, 이에는 식품의 영양표시와 쌀·김치류 및 육류의 원산지 표시도 해당된다.[106] 생명존중을 지키지 않는 부정·불량식품의 사례로는 불법으로 농약을 사용한 쌈채소를 들 수 있고, 바른 지식을 추구(예를 들어 거짓을 추구하지 않고 진실을 추구하는 것)하지 않는 표시위반식품의 사례로는 원산지 표시 위반을 들 수 있다.[107]

음식윤리 사례-6

농약 뿌린 쌈채소[107]

생명존중을 지키지 않는 부정·불량식품의 사례로서, 불법으로 농약을 사용한 쌈채소를 들 수 있다. KBS는 2009년 9월 2일 방송된 〈소비자 고발〉 111회 '충격! 쌈채소에서 불법 농약 검출'에서 중국산 불법 농약인 파클로부트라졸(Paclobutrazol)을 뿌린 쌈채소의 농약 실태를 보도했다. 청겨자, 적겨자, 치커리, 케일 등의 쌈채소에 농약을 치면, 색상이 곱고 싱싱해지며 품질 유지 기간이 길어지므로 10~20배 높은 값을 받을 수 있다고 한다. 소비자도 이렇게 싱싱해 보이는 쌈채소만 찾다 보니, 농약을 뿌리지 않는 친환경 채소 재배 농가가 오히려 손해를 본다고 한다.

파클로부트라졸은 관상용 식물에 뿌리는 농약으로서, 상추 같은 쌈채소에는

---

107   김영준, 김석신, 노봉수, 박인식, 이원종, 정구민. 2012. 좋은 음식을 말한다. 백년후. 서울. pp.224-228.

사용할 수가 없는데다가, 우리나라에서는 아직 등재되지 않은 농약이기 때문에 어떤 농작물에도 뿌릴 수 없다. KBS 〈소비자 고발〉에 따르면 쌈채소 13개 시료 가운데 6개에서 파클로부트라졸이 검출되었고, 적격자 시료에서 최저 기준 0.05ppm의 35배에 달하는 1.76ppm이 들어 있었다고 한다. 2007~2009년 잔류 농약 조사 결과 파클로부트라졸을 함유한 부적합 채소가 69건 적발되었고, 부적합율은 3.6%인 것으로 보고되었다.

농부들이 파클로부트라졸을 뿌린 쌈채소를 자신도 먹고 자식이나 손자에게도 먹이는지는 알 수 없다. 다만 불특정 다수의 소비자들이 건강을 위해 쌈채소를 먹는다는 것을 잊어서야 말이 되겠는가. 그런데도 오로지 자신의 금전적 이득을 위해 허가되지 않은 밀수 농약을 뿌리고 있다니 어이가 없는 일이다. 이 쌈채소에 농약을 아무 거리낌 없이 뿌리는 농부는 음식윤리의 관점에서 지탄받을 수밖에 없다. 이런 행위야말로 다른 사람의 생명을 존중하지 않기 때문이다.

음식윤리 사례-7

원산지 표시 위반[107]

바른 지식을 추구(예를 들어 거짓을 추구하지 않고 진실을 추구하는 것)하지 않는 표시위반식품의 사례로는 원산지 표시 위반을 들 수 있다. KBS는 2009년 9월 20일 방영된 〈취재파일 4321〉 '못 믿을 원산지 표시'에서 추석 대목 때의 원산지 단속 현장을 보도했다. 이에 따르면 재래시장에서 국산 식품의 가격은 수입산보다 2배~15배 비싸다. 표시를 보고 구입할 수밖에 없는 소비자들에게 원산지를 속여 판매하는 상인들이 많다. 원산지 표시를 속이는 주요 품목은 갈비, 등심, 삼겹살, 도라지, 대추, 건표고버섯, 고사리 등이다. 음식점에서도 수입 고기를 쓰면서 국내산 표기를 하는 경우가 있다. 수입 고기만 쓰면서 국산과 수입산을 함께 사용하는 것처럼 차림표에 적어놓고 장사하기도 한다. 수입상도 구이용 냉동 밴댕이를 수입해 횟감으로 속여 유통하기도 한다.

원산지 표시 위반을 단속하는 국립농산물품질관리원의 전담 인력은 112명이라고 한다. 반면에 단속 대상 업소는 전국적으로 108만 개에 달하니 단속 인력한 명이 약 1만 곳의 업소를 맡아야 한다. 모든 업소를 단 한 번 현장 단속하려 해도 꼬박 3년이라는 시간이 걸리는 셈이다. 게다가 농수산물의 원산지 둔갑 행위는 갈수록 지능화하고 있다. 속이려 들면 속는 수밖에 없고, 법은 멀고 이익은 가깝다. 진실을 추구하지 않고 음식윤리를 외면할 뿐이다.

2 · 인간존중의 윤리

인간존중의 윤리는 황금률(golden rule)에서 원형을 찾을 수 있다. 황금률은 '남에게 대접을 받고자 하는 대로 남을 대접하라'는 것이다. 예수도 "남이 너희에게 해 주기를 바라는 그대로 너희도 남에게 해주어라. 이것이 율법과 예언서의 정신이다."라고 말했다(마태오 복음서 7장 12절). 탈무드의 핵심 정신도 "당신이 당하기 싫어하는 것을 다른 사람들에게 하지 말라."라고 요약할 수 있다.

1) 인간존중의 윤리와 칸트의 윤리

황금률을 따라야 한다는 생각이 전통적으로 대부분의 사람들에게 깊이 스며들어 있다. 이 전통에는 모든 사람이 똑같이 존엄하다는 전제가 들어 있고, 이러한 윤리적 전통이 인간존중의 윤리로 진화하였다. 인간존중의 윤리는 상호성 원칙(principle of reciprocality)을 바탕으로 다른 사람을 공정하게 대우하고 존중할 것을 강조하는 윤리 이론이다. 자연법 윤리와 마찬가지로 인간존중의 윤리도 유대교-그리스도교 전통의 본질을 비종교적 어휘로 표현한 것으로 볼 수 있다.[108]

인간존중의 윤리는 칸트(I. Kant)의 윤리와 밀접하게 관련되어 있다. 이 윤리는 결과를 예측하려 하지 않고, 진실을 말하거나 고통을 주는 것을 삼가는 정언명령을 따르는, 정당한 행위의 의무로 이루어지기 때문에 의무론이라고도 한다.[87] 인간존중 윤리의 핵심은 모든 인간의 평등한 존엄성이다. 이 윤리에 의해 도덕적으로 허용되는 행위가 되려면 '보편화 원리(universalization principle)'와 '수단과 목적의 원리(means-ends principle)'의 두 가지 원리를 통과해야 한다.[108]

보편화 원리는 어떤 행위의 전제가 되는 윤리 원칙에 모든 사람이 동의한다면, 그 원칙에 따르는 행위가 옳다는 것을 의미한다. 칸트는 "너의 의지의 격률(maxim)이 항상 그리고 언제나 보편적 입법의 원리에 일치하도록 행위하라."고 하였다. 보편화 원리의 목적은 모든 인간에게 평등한 존엄성을 부여하는 것이다. 모든 사람이 각각 동등하고 보편적인 권리를 갖는다는 것은 다른 사람의 권리를 지킬 의무도 똑같이 갖는다는 것을 의미한다.[87]

수단과 목적의 원리는 인간을 수단이 아니라 목적으로 대하는 행위가 옳다는 것이다. 칸트는 "결코 타인을 너 자신의 이익 또는 욕구 충족을 위한 수단으로 대하지 말고, 목적으로 대하라."고 하였다. 사람을 수단으로 대하는 것은 자기 이익을 위해 사람을 이용하는 것이다. 반면에 사람

---

108   해리스(Harris, C.E. Jr.). 1994. 도덕이론을 현실 문제에 적용시켜 보면(Applying Moral Theories). 김학택, 박우현 옮김. 서광사. 서울. pp.196-197.

을 목적으로 대하는 것은, 곧 그의 존엄성을 존중하는 것이고, 존중받아야 할 권리를 지닌 존재임을 인정하는 것이며, 그 사람에게 선택할 수 있는 자유 또는 자율성을 주는 것이다.[88] 이 원리는 소극적으로는 타인의 자유나 행복을 무시하는 행위를 하지 말 것을 요구하지만, 적극적으로는 나 자신의 자유와 행복을 고양시키는 것은 물론이고 어떤 상황에서는 다른 사람의 자유와 행복의 성취를 도와줄 것을 요구한다.[109]

칸트는 결과주의 윤리와 쾌락이나 행복을 목표로 삼는 윤리를 반대했다. 동기주의를 따르는 칸트에게는 결과와 관계없는 선한 의지가 중요했고, 선한 의지는 욕망이나 성향이 아니라 이성에 따르는 의지이며, 이성의 명령에 따른 선악의 판단 기준은 언제 어디서나 보편적이다. 또한 우리 스스로 지키는 윤리는 완전히 자율적인 윤리다.[110]

칸트의 윤리는 이성에 기초한다. 이성에 따라 나에게 옳다고 판단했으면 다른 사람에게도 옳은 것이고, 선이 인류 전체에게 보편적이기 위해 이성에 따라 옳은 것을 실천해야 할 의무가 생긴다. 이성을 가진 인간은 어떻게 행동해야 할까? 여기에 대한 답이 바로 정언명령이며, 절대적 의무인 셈이다.[110] 정언명령은 "사람은 모름지기 거짓말을 해서는 안 된다."라고 명령한다. 이에 반해 가언명령은 "네가 선한 사람이 되고 싶으면, 거짓말을 하지 마라."와 같이 명령한다. 가언명령은 목적 달성의 수단인 조건부 명령으로서, 보편타당성이 없다. 도덕법칙은 누구에게나 보편적으로 타당한 것이다.[110]

칸트는 정언명령을 두 형식으로 요약했다. 제1형식은 "너의 의지와 격

---

109   해리스(Harris, C.E. Jr.). 1994. 도덕이론을 현실 문제에 적용시켜 보면(Applying Moral Theories). 김학택, 박우현 옮김. 서광사. 서울. pp.218-223.
110   박승찬, 노성숙. 2013. 철학의 멘토, 멘토의 철학. 가톨릭대학교 출판부. 서울. pp.292-299.

률이 언제나 동시에 보편적인 입법의 원리로서 타당하도록 행위하라"이다. 타인들이 자신이 하는 행동과 똑같이 행동하더라도 받아들일 수 있는 것만을 규칙으로 정해서 행위하라는 것이다. 제2형식은 "너는 너의 인격에 있어서도 또 다른 사람의 인격에 있어서도, 인류를 언제나 동시에 목적으로 간주하지, 절대로 수단으로서 사용하지 않도록 행위하라."이다. 칸트는 보편적인 인간의 존엄성을 존중하여 인격을 항상 목적으로서 취급하고, 수단으로서 취급하지 않도록 행동해야 함을 분명히 했다.[110]

2) 자유와 목적성

어떤 행위가 윤리적 행위가 되려면, 행위자의 자유와 목적성이라는 두 가지 전제조건[111]이 필요하다. 행위자의 자유(freedom) 또는 자발성(voluntariness)으로 이루어진, 강요되지 않고 오로지 자신의 선택으로서 이루어진 행위라야, 윤리적 행위가 된다. 또한 아무런 목적 없이 무심결에 한 행위가 아니라, 행복(well-being)을 향해 목적성(purposiveness)을 띤 행위라야 윤리적 행위가 된다. 이 목적성으로 인해 사람은 스스로의 목표를 세우고 목표 달성에 필요한 능력도 개발하게 되는 것이다.

목적성을 지닌 윤리적 행위를 하기 위해서는 기본적 선, 필수적 선, 부가적 선과 같은 몇 가지 선을 갖추어야 한다. 첫째, 목적을 향한 행위를 위한 전제 조건으로서, 생명, 의식주, 육체적 건강, 정서적 안정 등의 기본적 선(basic goods)이 필요하다. 둘째, 목적 수행의 수준이 저하되지 않으려면, 거짓말하지 않는 것, 속이지 않는 것, 남을 비방하지 않는 것, 욕하지 않는 것 등의 필수적 선(non-subtractive goods)이 필요하다. 셋째, 목적 수

---

111   해리스(Harris, C.E. Jr.). 1994. 도덕이론을 현실 문제에 적용시켜 보면(Applying Moral Theories). 김학택, 박우현 옮김. 서광사. 서울. p.206-208.

행의 수준을 높이려면, 재산을 소유하는 것, 행복과 자기 존중의 의미를 아는 것, 차별 받지 않는 것 등의 부가적 선(additive goods)이 필요하다. 또한 목적을 더욱 효과적으로 추구하려면, 지혜, 용기, 절제와 같은 덕도 아울러 필요하다.[111]

인간존중의 윤리가 우리 자신에게 부과하는 의무도 있다. 가장 우선적인 의무는 우리의 생명과 건강의 유지다. 육체적이건 정신적이건 건강해야 우리 자신도 방어할 수 있다. 그래야 인간을 존중하지 않는 행위인 살인, 강간, 절도, 육체적 폭력 등으로부터 나 자신을 보호하는 인간존중의 행위를 할 수 있다. 또 사람은 윤리적 행위에 필요한 기본 조건을 스스로 파괴할 수도 있는데, 이런 행위를 하지 않도록 사람은 자신의 생명과 건강 유지는 물론, 교양을 추구하고, 자신의 도덕적 지위를 높일 의무가 있다. 또한 국가는 모든 사람을 목적으로 동등하게 대하는 한편, 각 개인의 자유와 행복을 존중해야 한다.[109] 다시 말해 국가는 시민을 다른 사람들로부터 보호하고, 혜택 받지 못하는 사람들이 자유와 행복을 성취하도록 도와줄 의무를 가진다.[109]

인간존중의 윤리는 결과보다 동기를 중시하는 의무론으로서, 예나 지금이나 이익과 결과를 추구하는 세상 사람들의 마음가짐을 바르게 이끌어주는, 영향력이 매우 큰 윤리 이론이다. 인간존중의 윤리는 이성을 근거로 한 정언명법을 당연시하는 관점에서 매우 일관적이다. 또한 이 윤리가 악의 없는 거짓말(white lie)을 절대로 허용하지 않는 등의 융통성 없는 결론을 제시한다 하더라도, 거짓말을 안 하고 진실만을 말해야 한다는 일반 사람의 도덕적 신념과 일치하므로 신빙성이 매우 크다. 인간존중의 윤리는 모든 사람의 존엄성과 권리와 자유를 동등하게 존중하는 면에서 보편적이고 정당성이 크며, 규칙의 위반 여부로 도덕성을 평가할 수 있는 면에서 유용성도 크다. 다만 인간존중의 윤리는 때때로 도덕적 딜레마에 대해 명쾌한 결론을 내릴 수 없을 때가 있다. 그래서 자연법 윤리와 마찬가지로 상실의 원리를 적용하는데, 이것은 내가 타인을 수단으로서 대한다면 나 역시 자유와 행복에 대한 나의 권리를 상실한다는 것을 의미한다.[111] 그럼에도 불구하고 음식윤리의 관점에서 볼 때, 먹는 행위에 대한 인간의 권리, 평등, 자유의 가치관을 공유하는 인간존중의 윤리는 음식윤리의 윤리 이론으로 적용하기에 충분하다고 생각된다.

1부 6장. '음식윤리의 역사'에서 언급한 바와 같이 음식은 누구나 예외 없이 먹는다는 면에서 보편적이고, 이를 다루는 음식윤리 역시 보편적이며, 음식윤리의 가장 보편적인 제1원리는 생명존중이고, 이것은 같은 생명을 지닌 인간을 존중하는 것이기도 하다. 음식의 궁극적인 목적이 그 음식을 먹는 인간의 생명과 건강의 유지에 있기 때문에, 음식을 먹는 소비자는 누구나 평등한 존엄성과, 행복이라는 목적을 위해 음식을 선택할 자유(자율성)와 선택한 음식을 먹을 권리가 있는 것이다. 생산자, 판매자, 소비자 중에서 소비자가 가장 존중 받는 존재가 되어야 하는 이유다. 그런데 현실은 그렇지 않다. 이것이 음식윤리에 인간존중의 원리가 절실하게 필요한 이유다.

3) 음식윤리의 정언명령

오늘날 가장 중요한 소비자의 권리는 음식을 선택할 자유, 즉 자신의 의사에 의해 음식을 자유롭게 선택하는 자율성이다. 왜냐하면 현대사회는 식품공학이나 농업기술 등의 발달로 인해 음식의 생산-소비 거리가 지구적 차원으로 확장되었고, 누가 어떻게 만들었는지 거의 알 수 없다는 점에서 익명성도 증가했으며, 그만큼 소비자는 불안하게 되었기 때문이다. 이런 불안감을 줄여주기 위해 소비자에게 음식의 내용을 알려주는 '표시' 제도가 대단히 중요하게 부각되었고, 표시는 오늘날 음식윤리의 관점에서 핵심적인 위치를 차지하게 되었다.[112] 소비자는 표시를 통해 음식의 영양성분, 안전성, 진위 여부를 파악할 수 있기 때문에, 표시야말로 개인의 건강 유지의 관점에서도 대단히 중요한 요소가 된 것이다. 생산자나 판매자의 입장에서 소비자를 수단이 아니라 목적으로 간주한다면, 생산자나 판매자는 표시를 통해 음식에 대한 정보를 소비자에게 충분히 제공해야 할 것이다. 소비자가 표시를 통해 제공받은 정보를 확인한 후 음식을 선택하는 소위 '정보가 주어진 선택(informed choice)'이 가능할 때라야, 소비자가 자율성을 확보하는 인간존중의 윤리가 성립하게 된다. 이것이 오늘날 인간존중의 음식윤리에서 반드시 선결되어야 할 핵심적인 문제다.

음식윤리를 지켜야 할 사람은 누굴까? 음식을 만드는 사람과 파는 사람만 지키면 될까? 아니다. 음식을 먹는 사람이 어떻게 행동하느냐가 음식을 만드는 사람과 파는 사람의 윤리적 마인드를 좌우한다. 만일 음식을 먹는 사람이 아무 음식이나 좋다고 하면, 만드는 사람과 파는 사람은 아무 음식이나 만들고 팔 것이지만, 음식을 먹는 사람이 좋은 음식을 원하면, 만드는 사람과 파는 사람이 아무 음식이나 대충 만들고 팔 수 없다. 이렇듯 음식윤리는 음식을 만들고, 팔고, 먹는 음식인 모두가 지켜야 한다.

그렇다면 음식윤리의 정언명령에는 어떤 것이 있을까?

첫째, 누구나 보편적으로 인정하는 음식의 기본 요소인 맛과 영양과 안전성의 관점에서 볼 때, "맛있고, 영양이 풍부하고, 안전한 음식을 만들고,

---

112 Coff, C. 2006. The Taste for Ethics. An Ethic of Food Consumption. Springer. Dordrecht, The Netherlands. pp.21-30.

팔고, 먹어라."가 정언명령이 될 수 있다. 다만 이때 세 요소를 동시에 만족시켜야지 어느 한 가지나 두 가지만 만족시킨다면, 음식에 대한 일반인의 보편적인 관점에 위배되기 때문에 정언명령을 어긴 것으로 볼 수 있다.

둘째, "진실을 추구하고 거짓을 행하지 말라." 또는 "선을 행하고 악을 피하라."는 인류 역사에서 오랫동안 자리를 지켜온 윤리 명제다. 이 명제의 관점에서 "참되고 품질이 우수한 음식을 만들고, 팔고, 먹어라."가 정언명령이 될 수 있다. 역으로 "가짜 음식이나 품질이 열악한 음식을 만들거나, 팔거나, 먹지마라."도 정언명령이 될 수 있다.

셋째, 일반적인 정언명령인 '자율성을 침해하지 말라.'의 관점에서 음식을 만들거나, 파는 사람은 음식을 사먹는 소비자의 '선택권'을 보장해 주어야 한다. 그러기 위해서는 '표시'를 제대로 해야 할 뿐만 아니라, 생산이력의 추적(traceability)이 가능하도록 투명한 시스템을 갖추어야 한다. 이것을 정언명령으로 표현한다면 "소비자의 자율성과 선택권을 보장하라."가 될 것이고, 세부적으로는 "표시를 바르게 하라." 또는 "생산이력 추적 시스템을 제대로 가동하라."로 표현할 수 있을 것이다.

넷째, 칸트가 특히 강조하는 '사람을 목적으로 대하라.'라는 정언명령의 관점에서, 음식을 만들거나 파는 사람이 음식을 먹는 사람을 돈벌이의 대상으로 보는 태도를 취하면 안 된다. 여기에는 정크푸드의 판매에 따른 비만 문제도 관련이 된다. 따라서 이런 관점에서 정언명령은 "음식을 만들거나 팔거나 먹는 사람 모두 절제하라."가 정언명령이 될 수 있다. 또한 생명을 보존하기 위하여 먹는 음식인을 목적으로 대하려면 "음식을 만들거나 팔거나 먹는 사람 모두 생명을 존중하라."를 정언명령으로 삼을 수 있다.

저질 농산물[113]

〈KBS 스페셜〉 '저질 중국농산물은 왜 한국으로 향하나'에 따르면 "요구하는 색상은 까다롭고 가격은 낮게 주려는 상황에서 원가를 맞추려면, 저급 희나리 고추를 사용할 수밖에 없고 파프리카 색소를 사용해 색상을 좋게 보이도록 한다." 고 한 다대기 제조업자의 발언을 보도했다.

불량 희나리(표준어는 희아리. 약간 상한 채로 말라서 희끗희끗하게 얼룩이 진 고추) 고추에 색상을 맞추려고 파프리카색소를 섞는 행위는 엄연히 불법이다. 우선 식품첨가물공전의 첨가물의 일반사용 기준에 따르면, 첨가물은 식품제조·가공과정 중 결함 있는 원재료나 비위생적인 제조방법을 은폐하기 위하여 사용되어서는 아니 된다고 명시되어 있다. 저급의 희나리 고추에 파프리카 색소를 넣으면 불법인 이유다.

게다가 식품첨가물 공전의 품목별 규격 및 기준에 따르면, 파프리카색소, 적무색소, 홍국색소와 같은 천연색소는 고춧가루, 실고추, 김치류, 고추장, 조미고추장, 향신료가공품(고추 또는 고춧가루 함유 제품에 한함)에 넣으면 안 된다. 다대기가 바로 향신료가공품에 속한다.

또 관세청은 파프리카 색소를 넣으면 색이 훨씬 더 붉어지는 것을 이용해 단속하기 위하여, 2008년 11월 관세법 제85조의 규정에 의한 품목분류기준고시 중 제2-13조 (고추장제조용 고춧가루 혼합조미료)의 세부운영지침에 고춧가루 혼합조미료의 적색도(a값)를 34.76 이하로 정했다.

---

113 KBS. 2005. KBS 스페셜. 저질 중국농산물은 왜 한국으로 향하나. 2005. 11. 27. 방송. http://www.kbs.co.kr/end_program/1tv/sisa/kbsspecial/view/old_vod/1369547_61811.html (2015년 8월 2일 검색).

그러나 최근까지도 중국산 고춧가루 18톤을 혼합조미료(다대기)로 위장하여 밀수입한 경우가 있었다. 고춧가루와 고추 다대기는 육안으로는 구분하기 어렵고, 관세가 6배 이상 큰 차이가 나는 점을 이용하여 관세를 포탈하기 위해 위장한 것이다. 고춧가루 18톤의 물품원가 5500만 원에 상당하는 관세(270%)는 1억 5000만 원이나 고추 다대기로 신고할 경우 관세(45%)는 2500만 원 상당으로 1억 2000만 원 상당의 차액이 발생한다.[114]

불법인 것을 알면서 이익을 위해 불량 다대기를 수입하는 수입업자와 이를 사용하는 식품업자 모두 윤리적으로 자유롭지 않다. 특히 인간존중의 윤리의 측면에서는 더욱 그렇다. 불량 다대기는 "참되고 품질이 우수한 음식을 만들고, 팔고, 먹어라." 특히 "가짜 음식이나 품질이 열악한 음식을 만들거나, 팔거나, 먹지 마라."의 정언명령에 위배된다. 또한 "자율성을 침해하지 말라."의 정언명령에도 위배된다. 다대기는 표시도 제대로 되어 있지 않고, 생산 이력의 추적도 불가능했다. 자연스럽게 소비자의 '선택권'도 없었다. 특히 불량 다대기는 칸트가 특히 강조하는 '사람을 목적으로 대하라.'라는 정언명령을 완벽하게 위배하였다.

4) 칸트의 윤리학 정초(定礎)과정

인간존중의 윤리를 수립한 칸트에 대해 살펴보자. 칸트에게 영향을 준 사람 가운데 루소(J. J. Rousseau), 뉴턴(I. Newton), 그리고 흄(D. Hume)이 중요하다. 칸트는 루소로부터 보편적인 자유의 개념과 인간존중 사상의

---

114   관세청. 2013. 보도자료. 2013. 7. http://www.customs.go.kr/kcshome/cop/bbs/selectBoard.do
        ?bbsId=BBSMSTR_1075&layoutMenuNo=20716&nttId=258 (2015년 8월 2일 검색).

바탕을 받아들였다. 칸트가 자신의 저서 『순수이성비판』에서 합리주의와 경험주의를 종합할 수 있었던 것도 루소의 자유에 관한 이론이 틀림없이 영향을 끼쳤을 것이다.[115]

루소와 칸트

정해진 시간에 규칙적으로 산책을 하는 칸트가 언젠가 일주일 동안이나 시간표를 지키지 않은 적이 있었는데, 그것은 루소의 『에밀』을 읽느라 시간가는 줄 몰랐기 때문이라고 한다. 루소는 칸트가 인간에 대해 깊은 관심을 가질 수 있도록 깨우쳐주었다. 루소는 '모든 인간은 타고난 지적 능력을 지니고 있으며, 아무리 고도의 지식이라고 할지라도 그러한 인간의 능력에 크게 덧붙인 것은 없다.' 고 말하였는데, 이 말이 칸트에게 중요한 영감을 주었다.

이에 따라 칸트는 농부든 평민이든 모든 인간이 초개인적 입장, 즉 인류의 입장에서 생각할 수 있는 능력과 보편적인 자유를 지닌다고 생각했다.[115] 루소는 단순하고 소박한 농부도 다른 사람들과 마찬가지로 생각하고 느낄 줄 알며, 그에 따라 동일한 존엄성을 지니고 있다고 말했다.[115] 루소로부터 인간존중의 사상을 물려받은 칸트는 '다른 사람의 인간성(humanity)을 절대로 수단으로 대하지 말고 언제나 목적으로 대하도록 행동하라'는 강한 신념을 가지게 되었다.[116]

칸트는 대학시절에 이미 뉴턴의 물리학을 접했고, 자연과학의 뚜렷

---

115   박승찬, 노성숙. 2013. 철학의 멘토, 멘토의 철학. 가톨릭대학교 출판부. 서울. pp.271-277.

116   오명주. 2007. 칸트의 윤리사상에 관한 연구. 부산교육대학대 대학원. 석사학위논문. pp.3-4.

한 성과와 끊임없는 진보에 큰 감명을 받았는데, 이런 사실은 칸트의 초기 저작 가운데 철학보다 과학에 대한 글이 더 많다는 점에서도 확인할 수 있다. 뉴턴의 물리학 같은 과학은 인과율(因果律, principle of cause and effect)과 경험적인 실험이나 관찰을 연결하여 지식을 탐구하였다. 반면에 합리주의(합리론, 이성론, rationalism)는 이성을 통해 경험을 초월한 지식을 가질 수 있다고 주장하면서, 관념(idea) 사이의 상호관련성만 강조할 뿐, 실제로 존재하는 사물과의 관련성은 고려하지 않아, 뉴턴의 물리학에 대해 실제적인 설명을 하지 못했다.[115]

칸트는 볼프(C. Wolff)의 철학에 영향을 받은 크누첸(M. Knutzen)[115]에게서 철학교육을 받았고, 볼프의 스승인 라이프니츠(G.W. Leibniz)는 데카르트(R. Descartes)의 제자였으며, 이들 모두 유럽 대륙의 합리주의 계열의 철학자였다.[117] 그러나 칸트는 합리주의 철학이 뉴턴의 물리학과 같이 지식을 확장하는 능력이 있다고 생각하지 않았다. 게다가 합리주의 철학자 사이에는 통일된 견해나 결론이 없었다(예를 들어 이성적 사유를 통해 어떤 이는 신이 있다고 주장하고 어떤 이는 없다고 주장한다). 이에 따라 칸트는 이성에 의해 진리를 발견한다는 합리론이 이성을 근거 없이(이성의 능력과 한계에 대한 비판 없이) 적용하는 면에서 독단적이라고 생각했다.[115]

이야기 속의 이야기-10

뉴턴과 칸트

뉴턴은 다음과 같은 운동의 세 법칙을 확립했다.

---

117   황광우. 2012. 철학콘서트3. 웅진지식하우스. 서울. pp.171-191.

① 뉴턴의 운동 제1법칙인 관성의 법칙[118]에 의하면, 운동하는 물체에 힘이 작용하지 않으면 물체는 운동 상태를 그대로 유지하려는 성질, 즉 관성을 가지고 있다. 즉, 물체에 힘이 작용하지 않으면 정지한 물체는 계속 정지해 있고, 운동하고 있는 물체는 현재의 속도를 유지한 채 일정한 속도로 운동을 한다.

② 뉴턴의 운동 제2법칙인 힘과 가속도의 법칙[119]에 의하면, 물체에 작용한 힘과 물체의 질량 및 가속도 사이에는 '힘=질량×가속도'라는 관계가 성립한다. 즉, 물체의 가속도는 그 물체에 작용하는 힘의 크기에 비례하고, 물체의 질량에는 반비례한다.

③ 뉴턴의 운동 제3법칙인 작용과 반작용의 법칙[120]에 의하면, 한 물체가 다른 물체에 힘을 작용하면 다른 물체도 그 물체에 크기가 같고 방향이 반대인 힘을 작용한다. 즉, 물체 A가 물체 B에 힘을 작용하면, 동시에 물체 B도 물체 A에 크기가 같고 방향이 반대인 반작용의 힘을 작용한다.

관성의 법칙은 물체의 질량이나 상태가 변함 없이 지속되는 '실체성'을 나타내는데, 실체성의 원칙은 현상이 아무리 변화해도 실체는 지속되고 실체의 양에는 증감이 없다는 것이다. 힘과 가속도의 법칙은 힘의 작용이 원인이 되어 가속도(시간에 따른 속도의 변화)의 변화라는 결과가 발생한다는 '인과성'을 나타내는데, 인과성 원칙은 모든 변화가 인과의 결과를 연결하는 데에서 생긴다는 것이다. 작용과 반작용의 법칙은 작용의 '상호성'을 나타내는데, 상호성의 원칙은 모

---

118 네이버 지식백과. 뉴턴의 운동 제1법칙, 관성의 법칙. 살아 있는 과학 교과서. 2011. 6. 20. 휴머니스트. http://terms.naver.com/entry.nhn?docId=1524032&cid=47341&categoryId=47341&expCategoryId=47341 (2015년 7월 29일 검색).

119 네이버 지식백과. 뉴턴의 운동 제2법칙, 힘과 가속도의 법칙. 살아 있는 과학 교과서. 2011. 6. 20. 휴머니스트. http://terms.naver.com/entry.nhn?docId=1524033&cid=47341&categoryId=47341&expCategoryId=47341 (2015년 7월 29일 검색).

120 네이버 지식백과. 뉴턴의 운동 제3법칙, 작용과 반작용의 법칙. 살아 있는 과학 교과서. 2011. 6. 20. 휴머니스트. http://terms.naver.com/entry.nhn?docId=1524034&cid=47341&categoryId=47341&expCategoryId=47341 (2015년 7월 29일 검색).

든 실체가 일관된 상호작용을 한다는 것이다.

칸트는 뉴턴의 운동의 세 법칙이 보여주는 실체성의 원칙, 인과성의 원칙, 상호성의 원칙을 경험적 인식을 사유하는 형식인 12가지 범주 가운데 3가지 범주로 수용하였다. 뉴턴이 천명하고 칸트가 수용한 이 세 가지 운동의 법칙에서 나타나는 근대적 자연관의 근본 특징은 모든 자연현상이 인과율의 지배를 받는다는 것이다.[116]

그러던 중 칸트는 영국의 경험주의자 흄의 저술을 접하게 되었는데, 그 저술로부터 칸트의 사상은 결정적인 전환점을 맞게 되었다. 흄은 베이컨 (F. Bacon), 홉스(T. Hobbes), 로크(J. Locke), 버클리(G. Berkeley)로 이어지는 영국의 경험주의(경험론, empiricism)를 계승하는 동시에, 회의주의(懷疑主義, 회의론, scepticism, 인간의 인식은 주관적·상대적이기에 진리의 절대성을 의심하고 궁극적인 판단을 하지 않으려는 태도)의 극단까지 밀고나간 철학자다.[121]

라이프니츠와 흄

대표적인 합리주의자인 라이프니츠[122]는, 인간의 지성이 그 내부에 본유적(本有的, innate, 나면서부터 가진) 원리를 지니고 있어서, 어떤 것이 참임을 직관적으로 인식할 수 있고, 세계를 완전하게 설명할 수 있는 근거가 되는 공리를 형성할

---

121   황광우. 2012. 철학콘서트3. 웅진지식하우스. 서울. pp.171-191.
122   로저 스크러턴. 2002. 칸트. 김성호 옮김. 시공사. 서울. pp.25-42.

수 있다고 믿었다. 또한 이런 본유적 원리들은 필연적으로 참이며, 이들을 확증하기 위해 경험에 의존할 필요는 전혀 없다고 생각하였다. 이성은 본유적 관념들을 통하여 작용하고, 이러한 관념들은 결코 어떤 경험을 통해서 획득할 수 없는 것이며, 오로지 이성의 직관적 능력을 통해서 얻게 된다는 것이다.

반면에 흄[122]의 견해는 라이프니츠의 견해와는 정반대의 입장을 취한다. 우선 그는 이성을 통한 인식의 가능성을 부정한다. 왜냐하면 이성은 관념 없이는 어떤 활동도 할 수 없는데, 관념은 오직 감각을 통해서만 얻을 수 있기 때문이다. 이성은 관념 사이의 관계를 알려주는 것으로서(예를 들어, 총각의 관념은 결혼하지 않은 남자의 관념과 동일하다), 이성 자체만으로는 어떤 관념도 산출할 수 없는데다가, 어떤 관념이 어디에 적용될 수 있고 없는지를 결정할 수도 없다. 이성은 사실의 문제와 관련된 어떤 지식도 산출할 수 없으며, 어떠한 신념도 그것을 보증해주는 감각적 인상과 관련하지 않고서는 참인 것으로 확인될 수 없다.

흄에 의하면 모든 관념(idea)은 인상(impression)에서 유래한다. 인상은 눈으로 사과를 보는 것처럼 생생한 지각으로, 감각(외부지각)과 반성(내부지각)에 의해 생기는 표상이며, 반드시 관념에 선행한다. 관념은 눈을 감고 사과를 떠올리는 것처럼 덜 생생한 지각으로, 인상이 사라지고 난 뒤 기억이나 상상을 통해 생기는 표상이다. 인상은 감각과 감정을 표현하고, 관념은 사유와 연관된다. 흄은 모든 지식이 경험에서 유래하기에, 경험을 초월한 실재에 대한 지식을 가질 수 없다고 주장했다. 이러한 흄의 주장은 합리주의에 일격을 가했다. 왜냐하면 합리주의자는 인간이 이성을 통해 경험을 초월한 실재에 대한 지식을 얻을 수 있다고 주장했기 때문이다. 칸트는 이런 흄의 주장으로부터 합리주의의 '독단의 잠'에서 깨어났다.

그러나 흄은 원인과 결과의 관계는 이성에 의해 산출되는 것이 아니라, 감정에 근거를 둔 상상력의 소산에 불과하다고 주장하면서 인과율을 부정하였다. 흄은 인과율을 두 사건을 관련짓는 단순한 반복과 습관에 의한 것으로 설명한 것이다. 그에 의하면 인과율은 주관적인 신념에 지나지 않고, 반복에 의해 생겨난 정신에서의 '연상의 습관(habit of association)'이며, 일종의 감정에 근거한 것일 뿐이다. 다시 말해 인과율은 이성의 소산이 아니라 관찰과 경험 결과에 대한 상상력의 소산이라는 것이다. 인과율은 단지 개연성(蓋然性, probability, 절대적으로 확실하지 않으나 아마 그럴 것이라고 생각되는 성질)만 지닐 뿐이다. 결국 자연과학적 지식은 보편타당한 지식이 아니며, 확실성이나 필연성(必然性, inevitability, 사물의 관련이나 일의 결과가 반드시 그렇게 될 수밖에 없는 요소나 성질)을 지닌 지식일 수 없다. 흄의 경험주의에 의하면 어떠한 과학적 지식도 있을 수 없다는 것이 된다. 이런 흄의 주장은 인과율에 기초를 둔 뉴턴의 물리학과 같은 과학의 존립 근거조차 흔들었다.[115] 이에 따라 칸트는 합리주의와 경험주의를 각각 비판하면서 이 둘의 종합을 시도하게 되었다.

디딤돌-7

흄의 인과율 부정

흄은 인과율의 부정과 관계있는 자신의 경험을 예로 들었다.[123] 흄이 정원에 나갈 때마다 어떤 돌멩이가 따뜻하게 느껴졌는데, 그때는 태양이 비치고 있었다. 어떤 경우에는 그 돌이 차갑게 느껴졌는데, 그때는 태양이 비치지 않았다. 흄

---

123   박채욱. 1995. 인과성에 대한 흄과 칸트의 견해. 범한철학. 10: 317-339.

이 관찰한 것은 태양(A)과 따뜻한 돌(B)처럼 계속 반복되는 A와 B이다. 하지만 A와 B가 아무리 끊임없이 반복되더라도 새로운 어떤 것을 발견하지는 못한다.

그런데 인간은 경험이 알려주지 않는 관계를 보완하려는 경향성이 있기 때문에, "태양이 돌을 따뜻하게 한다."고 말한다는 것이다. A와 B는 서로 독립하여 연관성이 없는데도, 우리 마음 안에서 서로 연관성을 가진 듯 결합된다. 인과율이라는 것은 과거에 연관된 경우로 발견된 사실이, 미래에도 연관될 것이라는 기대(anticipation) 때문이라고 본다. 즉 기억 속에 내장된 정신적인 습관의 결과이지, 이성의 결과가 아니라는 것이다.

칸트는 합리주의와 경험주의 두 극단을 거부했다. 합리주의는 독단적 철학이었고, 경험주의는 회의주의 철학이었다. 라이프니츠의 합리주의는 본유관념(innate idea)과 같은 입증되지 않은 불변의 개념을 전제하는 반면에, 흄의 경험주의는 인과율과 같은 자연과학의 근본 원리마저 부정하는 회의주의로 나아갔다. 칸트는 두 철학이 모두 문제가 있다고 생각했다. 그래서 칸트는 독단적인 합리주의와 회의적인 경험주의의 양쪽에서 각각의 오류를 발견해야 했다. 그런데 칸트는 양쪽 모두 공통적으로 범했던, 인식이 대상에 의해 자극받아 이루어지는 것이라는, 인식 상의 오류가 있다는 것을 발견한 것이다. 칸트에 의하면 우리의 인식은 대상에 의해 자극받아 이루어지는 것이 아니라, 인식하는 주체의 형식에 의해 구성된다는 것이다.

디딤돌-8

코페르니쿠스적 전환

칸트는 '코페르니쿠스적 전환'이라는 발상의 전환에 대해 다음과 같이 썼다.[117] "이제까지 사람들은 모두 우리의 인식이 대상과 일치해야 한다고 가정했다. 그러나 우리 지식의 범위를 확장하려는 모든 시도는 도리어 이 가정에 의해 무너지고 말았다. 그러니 이제 대상이 우리의 인식과 일치해야 한다고 가정해보자."

모든 생물은 저마다의 방식으로 세계를 파악한다. 실재 자체는 무수한 특성을 지니고 있지만, 각 생물은 자신의 필요에 따라 그중 어떤 것들만을 받아들여서 자기 식으로 인식한다. 붕어빵을 구울 때 아무 형체가 없었던 반죽이 붕어빵의 모습으로 나오는 것은 붕어빵 기계의 틀 때문이다. 반죽은 사유의 대상이고, 붕어빵 기계(틀)는 사유의 형식이다. 인간의 경우도 사유의 형식이 대상에 대해 능동적으로 인식의 틀을 부여한다는 것이 칸트의 발상의 요점이다. 이것이 철학에서 칸트가 이룬 혁명적 전환이다.[124]

인식(認識, 사물을 분별하고 판단하여 앎)이 성립하기 위해서는 인식의 주체와 대상이 있어야 한다. 일반적으로 대상이 주체에 변화를 가져오기 때문에 인식이 생기는 것으로 생각하기 쉬운데, 칸트의 코페르니쿠스적 전환은 대상과 주체 사이의 관계를 뒤집어 생각하자는 발상이었다. 이에 의하면 주체가 대상을 자신의 형식을 통해 고찰함으로써 인식이 이루어진다는 것이다.[125]

---

124   황광우. 2012. 철학콘서트3. 웅진지식하우스. 서울. pp.171-191.
125   박승찬, 노성숙. 2013. 철학의 멘토, 멘토의 철학. 가톨릭대학교 출판부. 서울. pp.282-291.

칸트가 생각한 형식에는 감각지각(직관) 형식과 사유 형식이 있는데, 전자를 감성 형식이라고 하고 후자를 오성 형식이라고 한다. 감성 형식에는 공간과 시간이 있는데, 이 두 가지 형식은 경험에서 얻어지는 것이 아닌 선험적인 형식이다.[126] 예를 들어 물가에서 바람에 날리는 갈대를 본다고 하자. 만약 공간과 시간의 형식이 경험적인 것이라면 우리는 연속으로 촬영한 사진처럼 무수히 많은 공간과 시간 안의 갈대를 볼 것이다. 그러나 우리는 그렇지 않다. 경험과 무관하게 선험적으로 우리에게 주어진 공간과 시간의 형식으로, 공간 안의 갈대의 모습과 시간 안에서 흔들리는 갈대의 흔들림을 감각으로 지각하여 직관적으로 받아들인다. 이것이 칸트의 선험적 감성론이다.[125]

그러나 이것으로 인식이 끝난 것이 아니다. 직관(감성)에 의해서는 인식의 재료를 받아들인 것뿐이고, 이것을 오성으로 정리하고 통일해야 한다. 오성(悟性, Verstand, understanding)은 감성 및 이성과 구별되는 지력(知力)이고, 판단하는 능력이며, 판단의 근거는 오성 형식(사유 형식)인데, 이것 역시 경험과 무관한 선험적인 형식이다. 칸트는 이것을 범주(category)라고 불렀는데, 여기에는 12가지가 있다. 분량을 나타내는 전체성, 다수성, 단일성, 성질을 나타내는 실재성, 부정성, 제한성, 관계를 나타내는 실체와 우유성,[127] 원인과 결과, 상호성, 양상을 나타내는 가능성과 불가능

---

126   손승길. 2008. 칸트 윤리학의 근본이념들 - 윤리학의 맥(脈)을 중심으로. 윤리교육연구. 15: 145-168.

127   네이버 지식백과. 우유성(accident, 偶有性). 철학사전. 2009. 중원문화. 우유성(accident, 偶有性): 사물이 지닌 성질에는 그 성질이 없어지면 사물 자체도 스스로의 존재를 잃어버리는 것과, 어떤 성질을 제거하여도 그 사물의 존재에는 영향을 주지 않는 것이 있다. 후자의 성질을 가려 우유성(偶有性) 또는 우성(偶性)이라고 한다. 즉 비본질적인 성질을 가리키는 말이다. http://terms.naver.com/entry.nhn?docId=388386&cid=41978&categoryId=41985 (2015년 7월 30일 검색).

성, 현존성과 비존재성, 필연성과 우연성이 있다.

이 12가지 범주라는 형식을 통해 볼 때, 누구나 갈대가 흔들리는 것은 바람이 원인이라고 판단할 수 있고, 그래서 이 지식은 보편성을 지니게 되는 것이다. 앞서 설명한 뉴턴의 운동의 세 법칙은 관계를 나타내는 실체와 우유성, 원인과 결과, 상호성이라는 경험 이전의 선험적인 범주를 통해 오성으로 판단하는 자연과학적 지식, 즉 선험적 종합판단인 것이다. 다시 말해 선험적인 공간과 시간 형식을 통해 경험이 이루어지고, 이 경험이 선험적인 범주를 통해 오성으로 질서 지어지며, 이때서야 비로소 선험적 종합판단이 성립하면서 지식이 적극적으로 확대된다. 이 지식은 경험적인 내용만으로 성립되는 것이 아니고, 선험적인 범주에 의해 오성으로 종합된 것이기에 보편타당성을 지니게 된다.

칸트는 경험이라는 것이 흄이 생각하듯이 그렇게 간단한 개념이 아니라는 것을 지적하고 있다. 즉 경험은 이미 우리의 지적인 구조를 통해 이루어진다는 것이다.[128] 칸트는 흄의 경험주의의 결점을 바로 선험적(경험 이전의) 종합판단의 존재를 보지 못한 데에 있다고 보았다. 칸트에 의하면 이런 종류의 판단에는 수학의 공리와 자연과학의 기본 전제를 이루는 판단이 포함되며, 이런 판단이 참이라는 것을 일정한 방법에 의해 논증할 수 있다. 『순수이성비판』은 이와 같은 논증을 수행함으로써 자연과학의 확실하고 의심할 수 없는 기초를 제시하는 것을 주요 목적 중의 하나로 삼았다.[129]

---

128 로저 스크러턴. 2002. 칸트. 김성호 옮김. 시공사. 서울. pp.50-54.

129 네이버 지식백과. 선험적 종합판단(先驗的綜合判斷, synthetisches Urteil a priori). 칸트사전. 2009. 10. 1. 도서출판 b. http://terms.naver.com/entry.nhn?docId=1712820&cid=41908&categoryId=41954 (2015년 7월 29일 검색).

선험적 vs 경험적 그리고 분석판단 vs 종합판단[125]

선험적(先驗的, a priori)이란, 경험에 의존하지 않는 혹은 경험에 선행하는 것을 가리키는 것으로서, 경험적 혹은 후험적(後驗的, a posteriori)이라는 말에 대립되는 표현이다. 보편적이고 필연적인 지식은 경험에 의한 후험적 판단이 아니라, 선험적 판단으로 얻어진다.[130] 선험적 판단은 '참과 거짓이 특정한 경험을 참조하지 않고서 알려질 수 있는 판단'으로 '어떠한 판단도 참이면서 거짓일 수는 없다'는 판단을 예로 들 수 있다.

판단에는 분석판단(analytical judgment)과 종합판단(synthetic judgment)이 있다. 분석판단은 "백마는 희다." 또는 "삼각형은 세 각을 갖는다."의 예와 같이 주어에 내포되어 있는 것을 분석하여 술어로 삼는 판단이다. 종합판단은 '모든 물체는 무게를 지닌다.'의 예와 같이 주어에 술어의 개념이 포함되어 있지 않기 때문에, 주어의 분석만으로는 부족하고 제3의 것이 부가되어야 그 참과 거짓을 알 수 있는 판단이다. 분석판단은 경험에 의존하지 않고도 참이라는 것을 알 수 있으니 선험적이지만, 종합판단은 관찰과 같은 경험에 의존해야 하므로 대부분 후험적이다. 칸트는 분석판단을 통해서는 새로운 지식을 얻을 수 없고, 종합판단을 통해서만 새로운 지식을 얻을 수 있다고 하였다.

합리주의는 분석판단을 하므로 지식을 확장해 나가는 데 크게 도움이 되지 못한 반면, 경험주의는 경험을 통한 종합판단을 한 나머지 진리의 보편성과 필연성을 찾는 데 한계를 드러내었다. 칸트는 이 두 사상을 통합한 선험적 종합판단(a

---

130   네이버 지식백과. 선험적 종합판단(先驗的綜合判斷, a priori synthetic judgment). 교육학용어사전. 1995. 6. 29. 하우동설. http://terms.naver.com/entry.nhn?docId=511163&cid=42126 &categoryId=42126 (2015년 7월 29일 검색).

priori synthetic judgment)을 고안해내었다.

선험적 종합판단이란 대체로 주어-술어의 분석만으로는 참과 거짓을 알 수 없지만, "두 점 사이의 직선은 두 점 간의 최단거리이다." "질량은 불변이다." "7더하기 5는 12이다."의 예처럼, 어떠한 특정한 경험을 참조하지 않고서도 선험적으로(오성으로) 그 참과 거짓을 알 수 있으면서, 아울러 지식을 확장할 수 있는 종합판단이다. 칸트는 이 선험적 종합판단을 통해 지식의 보편성과 필연성을 확보하면서 자연과학적 지식의 근거를 마련하고자 하였다.

칸트는 선험적 종합판단의 논증을 통해 자연과학의 지식을 설명할 수 있게 되었다. 하지만 그는 과학적 사고의 경향 안에 이미 인간성을 포함한 모든 실재를 기계론적 모형 안에 포함하려는 시도가 숨겨져 있음을 간파했다. 칸트에게는 영혼 불멸, (도덕적) 자유, 신과 같은 형이상학적 질문이 중요했다. 인간의 유한성, 곧 죽음을 넘어서는 영혼의 불멸이 있는가? 세계에는 제한을 넘어서는 행동, 즉 자유를 위한 여지가 있는가? 유한한 세계와 인간 전체가 근거하고 있는 절대적인 신은 존재하는가? 칸트는 자연과학의 영역과 형이상학의 영역을 구분하고, 자연과학적 지식과 철학적 지혜를 구별하여, 두 학문이 양립할 수 있는 길을 모색하였다. 이에 따라 칸트는 현상과 물자체를 구별하여 자연과학적 지식의 무한 확장을 제한하고, 동시에 철학적 지혜의 길을 열고자 하였다.[131]

---

131   김석수. 2014. 칸트철학과 물자체. 현대사상. 13: 5-38.

현상과 물자체

현상(現象, phenomenon)은 나타난 모양(象), 즉 인간이 지각할 수 있는 사물의 모양과 상태를 말하고, 물자체(物自體, thing-in-itself)는 인식할 수 있는 현상(現象)으로서의 물(物)이 아니라, 그 자체로서 존재하는 물(物)이며, 경험을 초월한 경지에 있다. 감성과 오성의 결합으로 이루어지는 인식은 현상계(감성계)에서만 이루어지는데, 이 영역에서만 자연과학이 성립한다. 물자체와 같은 초감성계에서는 범주를 적용할 수 없으므로, 인식은 불가능하고 사유(think)할 수 있을 뿐이다.[131]

칸트는 이전의 형이상학이 이성(理性, Vernunft, rationality)으로 초감성적인 물자체의 세계를 인식할 수 있다고 한 것이 오류였다고 생각했다. 여기서의 이성은 좁은 의미로서 오성의 인식을 통일하고 체계화하는 능력을 지니고 있다.[125] 칸트 인식론의 입장에서 이성은 최고의 위치를 차지하는 인식 능력이다. 이성은 오성의 사용과는 별도로, 두 가지 방식으로 사용될 수 있는데, 하나는 추론을 수행하는데 사용되는 것이고, 다른 하나는 실천적으로 사용되는 것이다. 전자는 환상의 논리로 이끄는데, 이렇게 오류를 향해 나아가려는 경향은 우연한 것이 아니라 순수 이성이 본래 갖고 있는 경향이며, 후자는 실천이성으로 이끈다.[132]

이성은 특수한 것에서 일반적인 것을 찾아 나아가게 된다. 이성은 일반화를 통해 아무런 제약을 갖지 않는 총체적 개념인 절대적 무제약자(無制

---

132   로저 스크러턴. 2002. 칸트. 김성호 옮김. 시공사. 서울. pp.86-87.

約者, the unconditional)에 도달하고자 한다. 그러나 경험적 세계에서 우리의 인식은 언제나 제약적이기 때문에, 이성이 아무리 무제약자를 구하려고 애쓴다고 해도 실제로는 경험의 세계 내에서는 그것을 발견할 수 없다. 따라서 우리는 초감성계에 속한 무제약자를 인식할 수 없으며, 단지 사유할 수만 있을 뿐이다. 이렇게 사유되는 무제약자는 과학적 탐구의 대상이 아니라 오직 영원히 선험적 이념(idea)으로만 남게 된다.

이념에는 자아, 세계, 신의 세 가지가 있는데, 칸트에 따르면 절대적인 이념에 대한 적극적인 인식, 즉 형이상학의 성립은 불가능하다. 그러나 칸트는 인간은 그 본질로부터 자신과 유한한 세계를 넘어서는 질문을 하려는 충동을 가지고 있다고 굳게 믿었다. 만일 한 인간이 이것을 포기한다면 그는 더 이상 계몽된 인간이 아닐 것이고, 야만과 혼란에 쉽게 빠질 것이다. 이러한 혼란을 피하고 이성을 정당하게 사용하는 유일한 길은 도덕적인 목적으로 향하는 것이다. 칸트는 이에 대해 『순수이성비판』의 끝부분에서 짤막하게 언급하고, 『실천이성비판』에서 본격적으로 다루었다.[125]

디딤돌-11

실천이성

물자체에 대한 인식의 한계에서 실천의 영역으로 넘어감에 따라 이론이성(순수이성)은 실천이성과 관계를 맺게 된다. 수학을 배우는 것이 수학에 대한 앎이라면 수학문제를 푸는 것은 앎의 실천이다. 앎은 실천을 전제로 하고, 실천은 앎보다 우위에 있다. 이런 면에서 이론이성은 실천이성을 위한 예비적 단계라고볼 수 있다. 실천이성은 도덕에 대한 선험적 종합판단인 정언명령을 입법하고

순수의지로 실천하는 점에서 이론이성보다 우위에 있다.[126]

칸트는 물자체에 대한 인식은 부정했지만 그 존재마저 부정한 것은 아니다. 칸트는 물자체를 알 수 있는 길을 『실천이성비판』에서 찾으려고 시도했다. 우리의 이성 안에는 현존하는 세계를 넘어서는 것들에 대한 이념이 존재한다. 선(善)의 이념도 그중 하나다. 선은 존재하는 것이 아니라 존재해야 마땅한 것이고, 이것은 사유에 방향을 부여하는 규정적 이념이다. 선의 이념 같은 도덕적 이념들은 보편타당한 인류의 이념이고, 이성에 의해 고찰될 수 있는 이념이다. 따라서 마땅히 존재해야 할 것에 대한 이론으로서 형이상학은 가능한 것이다.[110]

제대로 된 이성에 따른 판단이라면 이것은 타당하다. 나에게 옳은 것이면 다른 사람에게도 옳을 것임에 틀림없다. 이는 도덕성이 이성에 기초한다는 의미이다. 바꾸어 말해 선한 것이 인류 전체에게 타당한 보편적인 것이 되기 위해서는 오로지 이성적이라야 한다. 여기에서 이성적이라고 여기는 것을 실천해야 할 의무가 생긴다. 칸트는 도덕성의 근본규범을 정언명령(定言命令, categorical imperative)으로 공식화했다. 칸트는 이론이성의 영역에서 찾지 못했던 절대성을 실천이성의 영역에서 찾아낼 수 있다고 굳게 믿었다. 인간이 어떻게 행동해야 할지를 진지하게 알고자 할 때, "너는 모름지기 이래야 한다."는 절대적 정언명령이 나타나는데, 정언명령은 인간의 유한한 삶에 나타난 절대성의 의무인 셈이다.[110]

정언명령은 "사람은 모름지기 거짓말을 해서는 안 된다."라고 명령한다. 만일 "네가 선한 사람이 되고 싶으면, 거짓말을 하지 마라."와 같이 명령한다면 이것은 가언명령(假言命令, hypothetical imperative)에 불과하다. 가언명령이란 어떤 목적을 달성하기 위한 수단으로 내리는 조건부 명령이다. 이러한 가언명령은 그 목적을 인정하는 사람에게만 의미가 있을 뿐 보편 타당성은 없다. 도덕법칙은 도덕법칙이기 때문에 지켜야 하는 것이지 그 밖의 다른 목적이 있어서는 안 된다. 법칙이란 누구에게나 보편적으로 타당한 것을 말하기 때문이다.[110]

칸트는 정언명령의 보편타당한 형식을 두 가지로 요약했다. 제1형식은 "너의 의지와 격률이 언제나 동시에 보편적인 입법의 원리로서 타당하도록 행위하라."는 것이다. 이는 각 개인이 자신의 감성적인 싫음과 좋음에 의해서 어떤 행위를 결정하는 것이 아니라, 타인들이 자신이 하는 행동과 똑같이 행동하더라도 받아들일 수 있는 것만을 규칙으로 정해서 행위하라는 것이다. 제2형식은 "너는 너의 인격에 있어서도 또 다른 사람의 인격에 있어서도, 인류를 언제나 동시에 목적으로 간주하지, 절대로 수단으로서 사용하지 않도록 행위하라."는 것이다. 칸트는 보편적인 인간의 존엄성을 주장하며, 인격을 항상 목적으로서 취급하고 다만 수단으로서 취급하지 않도록 행동해야 함을 분명히 했다. 인간은 도덕적 의무를 느끼며, 스스로 도덕법칙을 입법하고 그것을 준수하기 때문에 근본적인 존엄성을 지니고 있다고 볼 수 있다.[110]

칸트는 결과를 중시하며 쾌락이나 행복을 도덕의 원칙으로 하는 데 대하여 철저히 반대했다. 그에 따르면 도덕법칙이야말로 곧 절대적인 선이며, 이것은 결과와는 관계없는 '선한 의지'여야 한다고 생각했다. 칸트는 극단적인 동기주의자라고 말할 수 있다. 이 선한 의지는 곧 의무의식을 존중하고 따르는 의지이며, 욕망이나 성향의 명령이 아닌 순수한 이성의 명령에 따르는 의지이다. 이러한 이성의 명령에 따르면 언제 어디서나 선악의 판단 기준은 모든 사람에게 같을 수 있다. 선한 의지, 즉 도덕적 의지는 타율이 아니라 완전한 자율이다. 도덕은 자기 스스로가 자기 행동의

주인이 되기 위하여 지키는 것이다. 이런 면에서 칸트의 윤리학은 자율적 윤리학이다.[110]

최고선-덕과 행복의 일치

칸트에게는 의지가 도덕법칙과 합치하는 도덕성과, 그와 같은 유덕한 생활로 말미암아 얻어진 행복, 즉 덕과 행복의 일치가 최고선이다. 칸트는 이와 같은 최고선의 개념을 매개로 하여 세 가지 이념인 자유, 영혼의 불멸, 신의 존재를 해명하고자 했다. 첫째, 우리에게 자유가 없다면 최고선을 달성할 수 없으며, 악한 행위에 대한 추궁을 할 수가 없다. 둘째, 우리가 자유를 가지고 있더라도, 우리의 의지는 언제나 이기심의 유혹과 싸워야 하기 때문에, 이 세상에서는 완전한 덕의 생활을 이룰 수 없다. 따라서 우리는 인격적인 존재자로서 영원히 존속하는 영혼의 불멸이 요청된다. 셋째, 우리가 덕의 생활을 실현한다고 할지라도 우리의 힘으로서는 덕과 행복을 완전히 일치시킬 수 없다. 우리는 여기에 덕과 행복의 일치를 실현시키는 존재이자, 세계를 섭리하는 전능한 신의 존재를 요청하지 않을 수 없다.

이렇게 칸트는 자유, 영혼의 불멸, 신이라는 이념은 순수이성으로 인식할 수 없는 것이지만, 실천이성으로 요청된 것으로 생각한 것이다. 칸트는 심오한 문제의 해결은 순수이성으로는 불가능하고, 오로지 실천이성이 가르치는 진리에 따라야 한다고 주장함으로써, 실천이성이 우위에 있음을 밝힌 바 있다.[110]

4장

최근의 윤리

1 · 정의론

앞에서 설명한 공리주의는 현대사회를 주도하는 윤리 이론 가운데 하나지만, 결과 중심의 공공성을 강조하다보니 정의나 권리와 상충하는 것이 문제가 될 수 있다. 이 공리주의를 대체할 만한 대안으로 롤스(J. Rawls)[133]가 제시한 것이 정의론(A Theory of Justice)이다. 롤스는 사회제도의 정의로움이 어느 무엇보다도 중요하다고 생각했다. 그는 사회제도를 인간의 힘으로 바꿀 수 있는 가변의 질서라고 보았다. 공리주의처럼 사회

---

133 네이버 지식백과. 존 롤스(John Rawls). 두산백과. 존 롤스(John Rawls): 미국의 철학자. 하버드대학교 교수를 지냈다. 『정의론』에서 공리주의를 대신할 실질적인 사회정의 원리를 '공정으로서의 정의론'으로 전개했다. http://terms.naver.com/entry.nhn?docId=1088726&cid=40942&categoryId=33488 (2015년 8월 5일 검색).

의 효율성을 중시하면서도 더 나아가 사회의 공명정대함이 충족되어야 한다고 생각한 것이다. 이것이 롤스의 정의관과 공리주의가 확연히 다른 점이다.[134]

1) 공정으로서의 정의

진실이 개인에게 가장 소중한 덕인 것처럼 정의는 사회제도의 첫 번째 덕이다. 아무리 우아하고 효율적인 윤리 이론이라도 진실이 아니면 거부해야 하듯, 아무리 효율적이고 질서정연한 제도라도 정의롭지 않으면 개선하거나 폐지해야 한다.[87] 공리주의는 최대 다수의 복지 증진이라는 명목 아래 소수의 권리나 인권의 희생을 묵인하게 된다. 롤스는 이러한 공리주의를 극복하고자 전통적 계약론에 입각하여 스스로 정립한 '공정으로서의 정의(justice as fairness)'를 제시한다.[135] 구미에서는 아이들도 "It's not fair!"를 외치며 자기의 권리를 주장한다. 롤스는 자기 이익에 관심이 있고, 자유롭고, 이성적인 사람이라면(사람은 어느 정도 이기적이라고 가정한다), 공정성으로서의 정의의 개념을 받아들일 만하고, 집단의 결정이 이루어진다면 부족한 자원의 분배에서의 공정성이 촉진될 것이라고 말한다.[87]

롤스는 공리주의의 문제점을 일곱 가지로 제시한다.[135] 첫째, 소수자의 이익이나 약자의 욕구가 다수의 더 큰 이익 또는 더 나은 사람들의 욕구에 의해서 희생되며, 이와 더불어 인간의 기본권인 자유와 권리도 희생된다. 둘째, 공리의 원리와 정의의 원리가 상충할 때, 정의, 자유, 권리가 유용성 확보를 위한 도구로 전락할 수 있다. 셋째, 공리주의에서는 개인의

---

134   이양수. 2007. 정의로운 삶의 조건. 롤스 & 매킨타이어. 김영사. 파주. pp.32-38.

135   박정기. 2010. 공리주의의 대안으로서 롤스의 정의론. 동서사상. 9: 275-296.

선택원칙인 쾌락을 사회의 선택원칙으로 단순히 확대하는데, 사회의 선택원칙은 개인의 선택원칙을 조정하고 방향을 정할 수 있게 제시되어야 한다. 넷째, 목적론인 공리주의는 욕구 만족의 원천이나 성질에는 관심이 없고, 욕구 만족의 결과인 행복의 총량에만 관심을 가진다. 다섯째, 상식적으로 볼 때 합당한 윤리적 결정을 위해 직관이 필요한데, 공리주의는 직관조차 유용성의 관점에서 필요 없다고 간주한다. 여섯째, 공리주의는 개인당 평균 효용의 극대화만 추구하고, 각 개인의 기대치에는 의미를 두지 않는다. 일곱째, 공리주의는 사람의 욕구 체계를 하나로 통합한 몰개인성(impersonality)을 공평성(impartiality)으로 오인하게 한다.

아리스토텔레스는 정의에 대해서, "동등한 것은 동등한 대로, 동등하지 않은 것은 동등하지 않은 대로 다루어져야 한다(Equals should be treated equally and unequals unequally)."고 말했다. 전자(동등한 것은 동등한 대로)는 평균적 정의를 말하고, 후자(동등하지 않은 것은 동등하지 않은 대로)는 배분적 정의를 가리킨다. 평균적 정의의 예로는 누구나 똑같이 갖는 선거권이 있고, 배분적 정의의 예로는 각자에게 자기 몫을 주는 정당한 급여나 성적을 들 수 있다. 이때의 자기 몫은 공정해야하고 결코 특혜나 차별을 주면 안 된다. 왜냐하면 특혜(favoritism)는 정당한 이유 없이 몇몇 사람에게 이익을 주는 것이고, 차별(discrimination)은 정당한 이유 없이 이익과 정반대 개념인 부담을 부과하는 것이기 때문이다.[88]

2) 정의의 두 원칙

정의론을 정립한 롤스는 정의에 관한 다음 두 가지 원칙[136]을 내세웠다.

---

136 네이버 지식백과. 정의(正義). Basic 고교생을 위한 사회 용어사전. 2006. 10. 30. (주)신원문화사. http://terms.naver.com/entry.nhn?docId=941586&cid=47331&categoryId=47331

제1원칙 : 모든 사람은 다른 사람의 자유와 양립할 수 있는 한에서 가장 광범한 자유에 대하여 동등한 권리를 가져야 한다.

제2원칙 : 사회적, 경제적 불평등은 다음 두 조건을 만족시키도록 배정되어야 한다.

① 최소 수혜자에게 최대의 이득이 되고,

② 공정한 기회 균등의 조건에서 모두에게 개방된 직위와 직책이 결부되도록 하여야 한다.

제1원칙은 '평등의 원칙'으로서, 모든 사람이 자유와 권리를 평등하게 갖는다는 의미다. 다시 말해 이 원칙은 평등한 자유를 보장하는 자유 우선성의 원칙이다. 제2원칙은 사회적·경제적 불평등에 따른 '차등의 원칙'인데, 재산 및 소득의 분배에는 차등을 두지만, 모든 사람에게 이익이 되도록 이루어져야 한다는 의미다. 제1원칙은 제2원칙에 우선한다. 이것은 평등한 기본적 자유가 사회적·경제적 이득에 의하여 정당화되거나 보상될 수 없다는 것을 뜻한다. 권리나 자유를 포기하는 대신 경제적 보상을 받는 것은 정의의 두 원칙이 배제한다는 것이다.[135] 제2원칙의 첫 부분은 최소 수혜자에게 최대 이득이 돌아가도록 배려해야 한다는 것이고, 둘째 부분은 '공정한 기회 균등의 원칙' 아래 어떤 직책이나 직위라도 모든 이에게 개방되어야 정의가 실현된다는 의미다. 제2원칙 안에서는 기회 균등의 원칙이 우선한다. 한마디로 출발선이 같아야 한다는 의미다. 차등의 원칙의 근거로는 최소 극대화의 원칙(maximin rule)이 있는데, 이것은 최소 수혜자에게 최대의 이득이 될 때에만 불평등이 정의로운 것으로 정당화될 수 있다는 것이다.

(2015년 8월 5일 검색).

최소 극대화 원칙[137]

최소 극대화의 원칙(maximin rule)은 최악의 것 가운데에서 최선의 것을 선택한다는 원칙이다. 자신에게 주어진 어떤 선택은 상황에 따라 최고의 결과를 가져올 수도 있지만, 최악의 결과를 가져올 수도 있다. 또 다른 어떤 선택은 상황에 크게 영향을 받지 않아서, 최악이라 할지라도 견딜 만하거나, 최선이라 할지라도 큰 이점을 주지 않을 수 있다. 최소 극대화의 원칙은 바로 이러한 선택 상황에서 후자, 즉 최선일 때에 큰 이점은 없다 할지라도, 최악일 때 견딜 만한 결과를 가져오는 선택을 할 것이라는 것이다. 왜냐하면 확실하지도 않은 큰 이익을 위해, 자신의 삶의 계획을 위험에 빠뜨리는 모험을 하지 않을 것이기 때문이다. 공정으로서의 정의에서 최소 극대화의 원칙이 의미를 갖는 것은 원초적 입장에 있는 사람들이 바로 최소 극대화의 원칙에 따라 선택한다는 점이다.

3) 원초적 입장과 무지의 베일

이 정의의 원칙은 원초적 입장(original position)과 무지의 베일(veil of ignorance)의 사유실험(thought experiment)으로 세워진다.[138] 원초적 입장은 자유롭고 평등한 개인이 공정한 조건에서 정의원칙을 선택하는 상황이다. 원초적 입장의 특징은 크게 두 가지로 정리할 수 있다. 첫째, 현실에

---

137 네이버 지식백과. 최소 극대화 원칙. 롤스『정의론』(해제). 2005. 서울대학교 철학사상연구소. http://terms.naver.com/entry.nhn?docId=999623&cid=41908&categoryId=41925 (2015년 8월 5일 검색).

138 이양수. 2007. 정의로운 삶의 조건. 롤스 & 매킨타이어. 김영사. 파주. pp.77,83.

서 실제로 선택하는 상황이 아니라, 사유를 통해 가상적으로 심사숙고하여 정의원칙을 선택하는 상황이다. 둘째, 이러한 선택은 아무 것도 없는 데서 새로운 것을 창출하는 것이 아니라, 이미 존재하는 정의관의 윤리적 우열을 따져보는 데서 선택하는 것이다. 무지의 베일은 그 선택이 공정한 상황에서 이루어지고 있음을 보증하는 장치이다. 무지의 베일 아래서 원초적 입장의 공정성이 보여주고자 하는 것은 무엇보다 당사자들(the parties)의 선택이 어느 편에도 기울어지지 않는 불편부당함(impartiality)이다. 선택이 불편부당하다는 것은 그 선택이 윤리적 요건을 달성할 수 있다는 의미이다.

디딤돌-14

원초적 입장과 무지의 베일[139]

롤스는 정의의 두 원칙이 원초적 입장(original position)에서 자연스럽게 도출되는 것이라고 말한다. 따라서 원초적 입장은 정의의 두 원칙의 발생 조건이면서, 정의의 두 원칙을 윤리적으로 정당화해 주는 조건이라고 말할 수 있다. 무지의 베일(veil of ignorance)은 원초적 입장이 왜 공평한지를 보여주는 일종의 장치이며, 이것은 원초적 입장의 당사자들이 자신의 이해관계로부터 벗어나기 위해 자신의 이해관계를 모두 지워버린다는 것을 의미한다.

원초적 입장과 무지의 베일이라는 객관적 조건이 선택될 원칙들을 윤리적으로 받아들일 만한 것으로 보증해주고 있다. 원초적 입장은 고전적 계약론의 자

---

139   네이버 지식백과. 원초적 입장. 롤스 『정의론』 (해제), 2005. 서울대학교 철학사상연구소. http://terms.naver.com/entry.nhn?docId=999388&cid=41908&categoryId=41925 (2015년 8월 5일 검색).

연 상태와 유사한 개념이지만, 무지의 베일이라는 조건은 자연 상태와 다르다. 원초적 입장도 순전한 가상적 상황일 뿐이다. 이런 원초적 입장이 인류의 역사 과정에 실재했던 것으로 생각해서는 안 된다.

원초적 입장은 정의의 원칙을 도출하기 위한 개념 장치다. 따라서 원초적 입장에는 정의의 원칙을 낳기 위한 여러 가정들이 필요하다. 원초적 입장에서 정의의 여건이 성립하고, 무지의 베일이 잘 작동하고 있으며, 합의에 참여하는 사람들은 시기심 없는 합리성을 가지고 있고, 상호 무관심하다는 것을 가정하고 있다.

롤스는 절차적 정의(procedural justice)를 중요시하여 이것을 세 가지로 구분한다.[135] 첫째, 완전한 절차적 정의(perfect procedural justice)이다. 이 것은 케이크를 같은 크기로 분배하는 경우에서처럼 독립적인 기준이 먼 저 주어지고, 절차를 고안하는 경우다. 하지만 어떤 것이 정의로운지를 결정하는 기준과 절차가 별도로 있어야 하기 때문에, 실질적으로 이 절 차가 시행되기는 어렵다. 둘째, 불완전한 절차적 정의(imperfect procedural justice)이다. 이것은 형사재판의 경우처럼, 올바른 결과에 대한 기준은 있 으나 이를 보장할 절차가 없는 경우로서, 절차상의 문제로 인해 그릇되는 경우가 많다. 셋째, 순수한 절차적 정의(pure procedural justice)이다. 이것은 게임과 같이 기준은 없으나 공정한 절차가 있어서 그 절차만 따르면 내 용에 상관없이 올바른 결과에 이르게 되는 경우다. 롤스는 공정한 기회의 원칙을 순수한 절차적 정의의 원칙에 의해서 보장 받는 정의관으로 구현 하려고 하고 있다.

정의론은 개인의 권리나 사회의 정의와 상충하는 공리주의 문제를 근 원적으로 해결할 수 있는 현대사회의 중요한 윤리 이론이다. 정의론은 원초적 입장에서 무지의 장막을 가정한 사유실험을 통해 세워진 두 가지 정의 원칙을 근거로 작동하므로 매우 일관적이다. 또한 불이익을 많이 받은 사람에게 혜택을 주는 것을 정의롭다고 생각하는 일반 사람의 도덕적 신념과 일치하므로 신빙성도 매우 크다. 정의론은 모든 사람의 권리와 자유를 동등하게 존중하는 면에서 보편적이고 정당성이 크며, 이것의 위반 여부로 도덕성을 평가할 수 있는 면에서 유용성도 크다. 음식윤리의 관점에서 볼 때 음식과 먹는 행위에 대한 인간의 권리, 평등, 자유는 매우 중요하다. 이런 의미에서 정의론은 음식윤리의 윤리 이론으로 적용하기에 충분하다고 생각된다.

4) 정의론에 대한 비판

한편, 공동체주의 철학자들은 자유주의로 대변되는 롤스의 정의론을 비판했다.[140, 141] 매킨타이어(A. McIntyre)는 현실에서 정의의 역할을 매우 제한적으로 간주했다. 특히 다양한 가치가 공존할 수 있는 현대에서 왜 하나의 이상적인 정의의 입장만을 취해야 하는지 의문을 제기했다. 매킨타이어의 사상은 롤스가 소홀하게 다루었던 도덕의 습관적인 측면을 강조함으로써, 고대 서양의 덕 윤리를 복원한 것으로 평가받고 있다. 그는 타인의 관심과 일치할 수 있는 덕목의 발견과 실행이 윤리의 진정한 관심사가 되어야 한다고 말했다. 이를 위해 그는 개인보다 공동체가 매우 중요한 역할을 하고 있다고 보았다.

롤스의 하버드 대학 동료이자 비판자였던 샌델(M. Sandel) 역시 롤스의 정의론을 비판하고 있다. "원초적 입장의 당사자들이 현실과 어떤 연

---

140   이양수. 2007. 정의로운 삶의 조건. 롤스 & 매킨타이어. 김영사. 파주. pp.131-133,146.

141   홍성우. 2011. 자유주의와 공동체주의 윤리학. 선학사. 성남시. pp.15-20.

고성이 없을 수 있는가? 설사 가능하더라도 그런 사람을 바로 인간이라고 말할 수 있을까?" 이런 것이 원초적 입장에 대한 그의 비판의 초점이다. 그런 인간들이 일생생활에서 만날 수 있는 보통사람들이라고 보기에는 어려워 보인다는 것이다. 그러나 맹주만(2012)[142]은 롤스의 자유주의가 옳음의 우선성에 기초하고 있는 반면, 샌델의 공동체주의는 좋음에 우선성을 두고 있다고 비교하면서, 오히려 롤스의 견해가 이론적으로나 실천적으로나 훨씬 더 설득력이 있다고 역비판했다.

5) 정의론의 실제 적용

정의론을 토지정책[143]이나 복지정책[144]에 적용하여 공리주의와 비교한 연구도 있다. 정의론은 TV의 다큐멘터리[145]에도 좋은 소재로 등장하는데, 다큐멘터리에 나온 정의와 관련된 두 가지 사례를 참고해보자.

첫째 사례는 피자 1판을 5조각으로 나누어 5명의 어린이에게 분배하는 사례인데, 공리주의의 문제점을 지적하면서 정의의 개념을 부각시킨다. 이 사례에서 피자는 1판뿐이고, 어린이는 5명이다. 〈표 4〉에 나타낸 것처럼, 피자를 먹을 때 한계효용체감의 법칙에 따라, 둘째 조각부터는 쾌락의 양이 줄어든다. 그런데 피자를 좋아하는 어린이 B의 둘째 조각의 쾌락(6점)이 피자를 그다지 좋아하지 않는 어린이 C의 첫째 조각의 쾌락(4점)보다 크다고 한다. 공리주의에 따르면 어린이 B가 2조각을 먹고 어

142   맹주만. 2012. 롤스와 샌델, 공동선과 정의감. 철학탐구. 32: 313-348.
143   위종희. 1998. 공리주의적 정책결정의 적실성에 관한 비판적 연구. 광주전남 행정학회보. 4: 157-175.
144   김항규. 1995. 공리주의와 롤스 정의론의 복지정책관 비교 연구. 한국사회와 행정연구. 6: 181-198.
145   EBS. 2014. 다큐프라임. 법과 정의 2부. 정의의 오랜 문제, 어떻게 나눌까? 2014. 5. 27. 방송. http://www.ebs.co.kr/tv/show?prodId=348&lectId=10221035 (2015년 8월 5일 검색).

린이 C가 1조각도 먹지 않는 것이 효용의 전체 합이 최대치가 되므로 바람직하다. 그렇다면 어린이 C가 1조각도 못 먹게 되는 이 결과가 정의로운가?

표 4. 피자를 분배할 때 쾌락의 양의 비교

어린이	쾌락의 양			
	첫째 조각을 먹을 경우	둘째 조각을 먹을 경우	첫째 조각을 각각 골고루 주었을 경우	첫째 조각을 C 대신 B에게 주었을 경우
A	11	2	11	11
B	9	6	9	9+6
C	4	1	4	0
D	7	3	7	7
E	10	5	10	10
합계	41	17	41	43

둘째 사례는 돌아가신 어머니가 진 빚 6000만 원을 자녀 4명이 어떻게 나누어 갚는 것이 정의로운지 살펴본 것이다. 사유실험을 통해 그룹 A, B, C에 속한 원초적 입장의 사람들이 적정한 부담 금액을 제시한다. 그룹 A, B, C의 사람들은 〈표 5〉에 나온 것처럼 자녀 1이 2300만 원~3000만 원을 부담하고, 자녀 4가 200만 원~400만 원을 부담하는 것이 적절하다고 결론을 내렸다. 이것은 소득이 가장 높은 사람이 가장 많이 부담하고, 소득이 가장 적은 사람이 가장 적게 부담하자는 제안이 된다.

표 5. 소득에 따른 적정 부담 금액

자녀	연소득	적정 부담 금액(단위: 1,000원)		
		A	B	C
1	100,000	30,500	30,000	23,000
2	40,000	13,000	8,000	15,000
3	80,000	13,000	20,000	18,000
4	20,000	3,500	2,000	4,000
합계	204,000	60,000	60,000	60,000

한편 롤스의 차등원칙을 적용한 식품의 사례도 있다. 국내의 몇몇 식품 회사는 사회적 약자에게 더 많은 기회를 제공하자는 롤스의 차등원칙을 적용한 식품을 제조하여 판매하고 있다. 이러한 제품에는 페닐케톤뇨증 (phenylketonuria, PKU) 환자를 위한 특수분유와 저단백 밥, 그리고 채식주의자를 위한 야채 라면이 있다.[146]

---

146 경향신문. 2015. 기업이 밑지고 판다, 왜? 2015. 4. 4. 15면. http://bizn.khan.co.kr/khan_art_view.html?artid=201504032148275&code=920401&med=khan (2015년 8월 5일 검색). 매일유업이 생산하는 '착한 분유'가 대표적이다. 매일유업은 1999년부터 페닐케톤뇨증(PKU) 환아를 위한 특수분유를 생산하고 있다. PKU는 페닐알라닌이라는 단백질 속 아미노산을 분해하지 못하는 희귀병이다. 쌀밥과 고기, 생선, 콩 등 단백질이 든 음식을 보통 사람과 똑같이 먹으면 분해 효소 부족으로 페닐알라닌이 몸에 그대로 축적된다. 그 결과 지능, 성장 장애를 일으키고 심하면 사망에 이른다. 국내에는 현재 120여 명의 PKU 환아가 있는 것으로 파악되고 있다. 매일유업은 PKU를 포함한 선천성 대사 이상 환아를 위해 특정 아미노산은 제거하고 비타민과 미네랄 등 영양성분을 보충한 특수분유 8종 10개 제품을 자체 기술로 개발해 판매 중이다. 국내 16명뿐인 단풍당뇨증 환아를 위한 분유도 만든다. 제품 특성상 제조 과정에 수작업이 필요하고 판매량도 연간 3,000캔에서 최대 9,000여 캔에 불과해 손실이 불가피하다. 수익성을 생각하면 진작 접었어야 하지만 국내 대표 유제품 업체로서 책임감과 자긍심 때문에 이를 만들고 있다는 게 업체 설명이다. 덕분에 환아 부모들은 16년째 수입 특수분유의 절반 가격으로 아이 먹거리 걱정을 덜고 있다. CJ제일제당도 2009년부터 PKU 환자를 위한 즉석밥 제품인 '햇반 저단백밥'을 팔고 있다. 저단백밥은 단백질 함량이 보통 쌀밥의 10% 수준이다. PKU를 앓는 자녀를 둔 직원 건의로 개발된 이 제품은 독자적인 단백

마지막으로 공정무역(fair trade)이야말로 공정으로서의 정의론이 확실한 근거가 된다. 예를 들어 공정무역 커피(fair trade coffee)[147]는 제3세계의 가난한 재배농가의 커피를 공정한 가격에 거래하는 커피이다. 공정무역의 대상이 되는 품목 중 커피는 석유 다음으로 거래량이 활발한 품목으로 작황 상황에 따라 가격의 폭락과 폭등이 심한 편이다. 따라서 대부분 빈민국인 커피 재배 농가는 선진국의 커피 확보를 위한 원조 또는 투자라는 명목 하에 불평등한 종속 관계에 놓이게 되었다.

이러한 불평등 구조에 반대하여 유럽에서는 공정한 가격으로 거래하여 적정한 수익을 농가에 돌려주자는 이른바 '착한' 소비가 시작되었는데, 이것이 공정무역 커피의 시작이다. 첫 공정무역 커피는 1988년 네덜란드의 막스 하벌라르(Max Havelaar)이며 1997년 국제공정무역인증기관(FLO, Fairtrade Labelling Organizations)이 세워지고 2002년 공정무역마크제도가 시행되면서부터 생산자, 판매자에 대한 엄격한 공정무역인증제도

질 제거 기술로 밥맛을 높였다. 가격도 1,800원으로 일본 수입 제품의 절반 수준이다. 2012년엔 세계 3대 식품박람회 중 하나인 '파리 국제식품박람회'에서 200대 혁신제품에 선정됐다. CJ제일제당은 저 단백밥의 초기 시설 투자에만 8억 원을 들였다. 효소 처리를 위한 별도 생산라인 운영 등 추가 비용도 적잖다. 반면 매출은 연간 2억 원 수준으로 전체 햇반 매출의 0.6%에 불과하다. 원가를 보전하기도 빠듯하다. CJ제일제당 햇반팀장은 "과자와 스파게티, 빵 등 저단백 가공식품이 다양한 외국과 달리 한국에는 아직도 PKU 환자들이 즐길 수 있는 음식이 헌정대 있다."며 "저단백 즉석밥 판매는 일종의 제능기부를 통해 기업의 사회적 책임을 실천하는 것"이라고 했다. 농심도 곤궁한 처지는 아니지만, 남다른 취향을 가진 이를 위한 제품을 만들고 있다. 2013년 3월 채식주의자를 위한 '야채라면'을 출시했다. 지방 함량과 열량이 국내 라면 중 최저 수준인 야채 라면은 육류와 생선을 전혀 사용하지 않는다. 대신 버섯, 양파, 마늘, 고추 등 7가지 채소로만 맛을 냈다. 농심이 만드는 52종의 라면은 물론 국내 시판 중인 220여 종의 라면 가운데 채식주의자를 위한 라면은 야채라면이 유일하다. 야채라면의 지난해 매출은 20억 원으로 농심의 연간 전체 라면 매출의 0.2% 수준이다. 농심 관계자는 "국내에선 채식주의자, 스님, 이슬람 신자 등 소비층이 적어 이윤을 내기 힘들지만 다양한 소비자를 만족시키기 위해 공장을 계속 가동하고 있다."고 했다.

147 네이버 지식백과. 공정무역 커피(fair trade coffee). 두산백과. http://terms.naver.com/entry.nhn?docId=1342856&ref=y&cid=40942&categoryId=32127 (2015년 8월 5일 검색).

로 자리 잡았다. "1%의 기적 착한 거래, 페어트레이드"라는 TV 다큐멘터리로도 소개되었다.[148]

2 · 생명존중의 윤리

앞에서 설명한 이기주의, 공리주의, 자연법 윤리, 인간존중의 윤리, 정의론은 인간의 윤리이다. 다시 말해 인간의, 인간에 의한, 인간을 위한 윤리이다. 자연법 윤리에서 다루는 생명존중도 인간의 생명을 염두에 둔 것이지, 다른 생명체를 고려한 것은 아니었다. 그러나 여기에서 말하는 생명존중의 윤리는 인간을 포함한 모든 생명체의 생명을 윤리적 대상으로 삼는다. 이것이 바로 생명존중의 윤리가 앞에서 언급한 윤리 이론들과 근본적으로 다른 점이다.

1) 인간과 자연의 관계

인간과 자연의 관계는 계속 변천하여 왔다(〈그림 12〉 참조). 인간이 자연의 일부로 살다가, 농업혁명을 이루면서 자연에서 벗어나기 시작하였고, 산업혁명 이후 자연을 대상화하기 시작하였으나, 최근 다시 자연과 공존하면서 생태윤리가 중요하게 부각되었다.

---

148   김석신, 신승환. 2011. 잃어버린 밥상 잊어버린 윤리. 북마루지. 서울. pp.116-118.

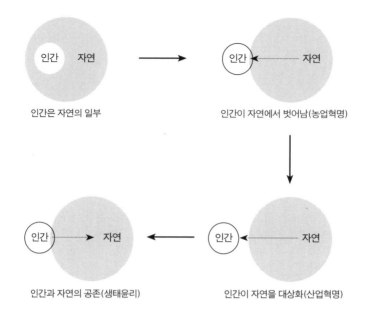

그림 8. 인간과 자연의 관계 변천

2) 인간중심주의와 비인간중심주의

최근에 등장한 생태윤리(ecological ethics)에 접근하는 여러 가지 관점을 비교해보자. 김재득(2008)[149]에 따르면, 생태윤리는 크게 인간중심주의(anthropocentrism)와 비인간중심주의(nonanthropocentrism)로 나눌 수 있다. 〈표 6〉에 생태윤리의 분류를 나타내었다.

149　김재득. 2008. 가톨릭의 자연영성과 생태윤리 의식조사. 인간연구. 15: 203-235.

표 6. 생태윤리의 분류

구분		내재적 가치 인정 대상	비고
인간중심주의		인간	이기주의, 공리주의, 자연법 윤리, 인간존중의 윤리, 정의론
비인간중심주의	개체론	동물(감각기능 보유)	동물해방론 동물권리론
		모든 생명체	생명경외 책임윤리
	전체론	생물과 무생물	대지윤리

인간중심주의란 오직 인간에 대해서만 내재적 가치(inherent value)를 인정하고, 인간을 제외한 자연은 파생적(비본질적) 가치만을 갖는다고 보는 관점이다. 이것은 가치의 무게 중심을 인간에게 두는 윤리적 관점으로서, 이기주의, 공리주의, 자연법 윤리, 인간존중의 윤리, 정의론이 모두 여기에 속한다. 자연이라는 대상은 인간을 위해서만 가치를 가질 뿐, 그 자체로서의 가치는 없다고 보는 관점이다. 이러한 입장은 "인간은 동물에게 친절해야 한다. 왜냐하면 동물에게 잔인한 사람은 동료 인간을 대우할 때에도 마찬가지로 거칠어지기 때문이다."라는 칸트의 발언에 잘 나타난다. 벌레를 익충(益蟲)과 해충(害蟲)으로 구분하는 것이나, 잡초(雜草)라는 개념도 인간중심적 판단인 것이다.

이와는 대조적으로, 비인간중심주의는 인간을 생태계의 수없이 많은 생물 가운데 하나의 종으로 보고, 다른 존재도 그 자체로서 내재적 가치를 갖고 있다고 본다. 비인간중심주의에는 감각중심주의(pathocentrism), 생물중심주의(biocentrism), 전체론(holism)의 세 가지 입장이 있다.

첫째, 감각중심주의는 인간뿐만 아니라 감각을 가진 동물도 내재적인 가치를 갖기에 도덕적으로 배려해야 한다는 입장으로, 동물중심주의라고도 부른다. 감각중심주의는 고통의 최소화 윤리로서, 이 윤리를 적용하면 동물보호운동을 이해하기 쉬워진다. 벤담(J. Bentham)은 "문제는 짐승들이 이성적인 추론을 할 수 있는가도 아니요, 그들이 말을 할 수 있는가도 아니다. 문제는 그들이 고통을 느끼는가이다."라고 말했다. 싱어(P. Singer)는 벤담의 공리주의를 바탕에 두고, 동물도 고통을 피할 권리가 있다는 동물해방론을 주장하였다. 실험실에서 죽어가는 동물, 모피 때문에 죽어야 하는 동물의 고통을 줄이자는 운동의 근거가 바로 감각(동물)중심주의다.

둘째, 생물중심주의는 감각 보유 여부와 관계없이 모든 생명체를 도덕적으로 배려해야 하고, 모든 살아 있는 것은 그 자체로서 고유한 가치를 갖는다는 주장이다. 이 주장은 슈바이처의 생명 외경(生命 畏敬, Die Ehrfurcht vor dem Leben, The respectful awe at a life)에 잘 나타나 있다. 슈바이처는 "생각하는 존재인 사람은 살려고 애쓰는 모든 존재에게, 스스로에게 주는 생명에 대한 동일한 외경을 주어야 하는 압박감을 느낀다. 사람은 생명을 파괴하고, 생명을 해치며, 그리고 성장할 수 있는 생명을 억압하는 것을 나쁜 것으로 받아들인다. 이것은 도덕의 절대적이면서도 근본적인 원리이다."라고 말했다. 이처럼 슈바이처는 모든 생명체가 내재적 가치, 즉 우리에게 외경을 명령하는 가치를 갖는다고 주장한다. 그리고 테일러(P. Taylor)도 생명체가 모두 그 자체로 존재할 만한 가치를 갖는다고 주장하는데, 이는 인간을 위한 도구적 가치와 무관한 내재적 가치가 있다고 본 것이다. 요나스의 책임윤리 역시 생물중심주의(생명중심주의)에 속한다고 볼 수 있다.

셋째, 전체론은 생명이 있는 자연에 대해서만 내재적 가치를 인정하는 생명중심주의와 달리, 생명이 없는 자연에까지 내재적 가치를 한 단계 더 확대한다. 무생물을 포함한 생태계 전체를 유기적인 전체로 파악하는 입장인 것이다. 대표적인 예로 대지윤리[150]를 들 수 있다. 한면희(1997)[151]는 고통을 느낄 수 있는 동물을 고통에서 해방시켜야 한다는 동물해방론, 삶의 주체로서 생활을 영위하는 낱낱의 동물의 권리를 존중해야 한다는 동물권리론, 그리고 살아 있다는 것만으로 자체적 좋음과 내재적 가치를 갖는 낱낱의 생물 자체를 목적으로 대우해야 한다는 생물 중심주의의 세 가지는 전체론이 아니라 개체론의 입장이라고 구별하였다.

그렇다면 음식윤리는 어느 주의와 가장 가까울까? 아마도 동물(소, 닭), 식물(벼, 밀), 미생물(유산균, 효모) 모두를 먹을거리로 삼는 음식윤리의 입장에서 볼 때, 슈바이처와 요나스의 생물중심주의(생명중심주의)가 가장 가까운 생명존중 사상이라고 볼 수 있을 것이다.

변순용(2004)[152]에 따르면, 슈바이처는 생명의 신성함을 자기 보존의 원칙에 따라 사는 모든 존재로 확대 적용하면서 생명에의 외경을 주장하였다. 그는 인간을 '살려고 하는 생명 가운데서 살려고 하는 생명'이라고 정의했다. 변순용(2004)[152]은 슈바이처의 생명 외경 과정을 세 가지로 정리하였다. 첫째, 생명을 유지, 촉진하는 것은 선이고, 생명을 죽이거나 해치는 것은 악이다. 여기에는 생명의 동등성의 원칙이 전제되고 있다. 둘째, 한 생명은 다른 생명의 희생을 필요로 하지만, 경솔하거나 무의미하게 죽이거나 해치는 것을 피해야 한다. 여기서는 생명의 차등성의 원칙을

150　강규한. 2014. 『샌드 카운티 연감』의 생태학적 비전: 앨도 리어폴드의 대지윤리 재조명. 문학과 환경. 13(1): 11-31.
151　한면희. 1997. 환경윤리-자연의 가치와 인간의 의무. 철학과 현실사. 서울. pp.141-142.
152　변순용. 2004. 생명에 대한 책임: 쉬바이처와 요나스를 중심으로. 범한철학. 32: 5-28.

책임과 연결시킨다. 셋째, 다른 생명의 해침이 불가피하더라도 그에 대한 책임을 자각해야 한다. 이 책임에 대한 자각이 슈바이처 윤리학의 핵심이라고 하겠다. 여기서는 희생과 인간성으로 표현되는 사랑의 원칙이 동등성과 차등성의 딜레마를 해결해주고 있다고 볼 수 있다.

3) 생명에 대한 책임

제1부에서 언급한 것처럼 요나스는 생명을 자유롭게, 자기를 초월하면서, 살려고 애쓰는 존재로 정의하였고, (살아 있는) 존재(being)를 긍정하고 (죽은) 비존재(not-being)를 부정하는 생명은, 자기 보존의 원칙에 따라 다른 생명을 음식으로 먹으며 물질대사를 하면서 생명을 보존한다고 하였다.[24] 요나스에게 있어서 존재의 문제는 생명의 문제로 나타나고, 생명은 목적을 지향하며, 목적 자체는 가치 자체를 전제로 한다. 즉 요나스는 인간을 책임질 수 있는 유일한 존재라고 보고 존재론적 책임론을 주장한 것이다.[152]

변순용(2004)[152]은 슈바이처(A. Schweitzer)와 요나스(H. Jonas)의 생명론에 대한 논의에서, 슈바이처와 요나스 모두 생명에 대한 절대적인 책임을 주장하고 있으나, 슈바이처의 생명에 대한 무한 책임 주장은 실천이 어렵고, 요나스의 책임의 윤리적 확장 주장도 책임 대상이 확장될 뿐, 여전히 인간이 책임을 지기 때문에(인간중심주의 책임론) 인간과 다른 종 사이에 여전히 갈등이 생길 수 있다고 분석하였다. 그럼에도 불구하고 그는 절대적인 책임 개념이 생명윤리의 나침반의 북향을 가리키는 역할을 한다고 보았다.

김영한(2010)[153]에 따르면, 슈바이처의 생명외경 사상은 존재의 신비에서 나오는 생명의지의 요청으로서, 칸트의 의무론적 정언명법의 성격을 갖는다. "윤리란 살아 있는 모든 것에 대한 무한으로 확대된 책임이다." 그의 주장은 생명을 유용성에 따라서 살리고 죽이고 하는 현대의 실용주의적 사고방식에 대항하면서, 생명의 보존 자체를 목적으로 생명의 존엄성에 대해 각성하자는 것이다. 이러한 생명개념은 인간 생명만이 아니라 살아 있는 모든 생명으로 확대되므로, 생명외경 사상이 바로 생명외경 윤리가 된다. 이 점에 있어서 그의 생명관은 생명 존엄성의 선구자적 역할을 하였다. 그의 생명외경 사상은 생명에 대한 존재론적이고 의무론적 윤리를 우리에게 깨우쳐 주고 있다.

한소인(2006)[154]에 따르면, 요나스는 생명이 지닌 본래적인 자기목적을 통해, 생명이 지닌 내재적인 가치를 확인하고, 이에 의거하여 생명이 지닌 가치를 존재 당위로 이끌어낸다. 생명의 자기 보존의 문제는 바로 책임의 윤리가 정립되어야 이루어질 수 있다. 요나스는 생명에 대한 책임을 부모가 자식에 대해 가지는 책임의 원형-총체성, 연속성, 미래성-으로부터 유추해낸다. 특히 그가 주장하는 생명에 대한 책임은 이미 실행된 행위에 대한 책임이 아니라 미래에 대한 책임, 즉 아직 행해지지 않은, 그러나 행해져야할 것에 대한 책임이고, 배려와 예방의 책임이다. 요나스는 미래에 일어날 수 있는 최악의 사태에 대한 '공포의 발견술'을 통해서 과학기술 시대에 책임의 윤리를 부각시킬 수 있다고 강조한다. 요나스는 "생명은 지속되어야 한다.", "인류는 실존해야 한다."는 명령을 최고의 의무이고 책임으로 간주한다.

---

153 김영한. 2010. 슈바이처의 생명외경 사상 - 생명공학 시대 속에서의 새로운 조명. 기독교철학. 10: 1-31.

154 한소인. 2006. 한스 요나스의 생명철학과 책임의 윤리-생명공학 시대의 윤리적 요청에 대한 응답. 철학논총. 43(1): 367-390.

양해림(2013)[155]에 따르면, 이제 인간은 자기 보존을 위해 자연에 행하던 무분별한 행위를 자제해야 한다. 오랫동안 인간은 기술이라는 권력을 이용하여 최고의 기술문명을 꽃피워 왔지만, 그에 상응하여 인간이 자연을 침해한 만큼, 자연에 대해 책임져야 하는 것이다. 인간뿐 아니라 무생물조차도 자기를 보존하고자 한다는 것은 굳이 말할 필요도 없다. 요나스는 칸트를 비롯한 전통윤리학은 집단적 행위가 아니라 개인적 행위만을, 미래가 아니라 현재만을 문제 삼고 있다고 본다. 즉 칸트의 도덕명령은 주로 개인에게 초점이 맞추어져 있는 반면에, 요나스가 공식화한 명령은 인류의 지속적인 삶의 터전에 대해 말하고 있다. 이런 점에서 요나스의 새로운 명법은 인류 전체의 차원에서의 책임을 강조한다.

생명존중 윤리는 인간의 생명과 다른 존재의 생명을 동등하게 간주한다는 점에서 일관성이 있고, 동물보호나 동물권리 같은 일반 사람의 도덕적 신념과 일치하므로 신빙성과 정당성이 크다. 생명존중 윤리는 생명을 촉진시키는지 아니면, 생명에 해를 끼치는지에 의해 도덕성을 손쉽게 평가할 수 있기 때문에 유용성도 크다. 하지만 생명존중의 대상이 인간의 생명인가 다른 존재의 생명인가에 따라 특히 공리주의와 갈등의 소지가 여전히 큰 점과, 큰 틀에서 윤리적 명령의 방향은 제시할 수 있지만 세부적인 지침은 제공하기 어려운 점은 단점으로 보인다.

하지만 음식과 먹는 행위 자체의 목적이 인간의 자기 보존이고, 인간이 먹는 음식이 다른 생명체의 생명인 점을 감안해볼 때, 생명존중 윤리가 음식윤리에서 매우 핵심적인 윤리 이론임은 재론의 여지가 없다. 슈바이처의 생명 외경 윤리는 규칙(rule)이 아니라 세계에 대한 근본적인 태

---

155   양해림. 2013. 한스 요나스(Hans Jonas)의 생태학적 사유 읽기. 충남대학교 출판문화원. 대전. pp.55-57, 84.

도(attitude)를 강조하는 것으로서, 어쩔 수 없이 생명을 취하더라도 일말의 책임감을 느끼는 상태가 중요하다고 강조한다.[156] 문제는 생명의 우선순위인데, 인간의 생명과 다른 존재의 생명이 대립될 때는 인간의 생명을 우선할 수밖에 없지 않을까? 수신제가치국평천하(修身齊家治國平天下: 심신을 닦고 집안을 갈무리하고 나라를 다스리고 천하를 평정한다)처럼 동심원적 자타경계를 그을 수밖에 없지 않겠는가? 부모가 자식에 대해 가지는 책임의 원형을 요나스가 강조하였지만, 자식을 동물보다 덜 사랑하는 것이 윤리적인 것은 아니기 때문이다.

음식윤리 사례-9

멜라민 파동[157]

2008년 9월, 베이징 올림픽대회의 개막식이 끝난 후에, 중국에서 멜라민사건이 바로 발생했다. 이 사건은 바로 국내외 언론에 크게 기사화 되었다. 중국의 유제품 멜라민 오염사건(Chinese milk scandal)은 중국에서 발생한 식품 사건으로, 언론은 이 사건을 주로 '멜라민 파동'으로 불렀다. 세계보건기구(WHO)는 멜라민 사건을 '21세기 가장 큰 식품 위기'라고 하였고, 유럽 연합(EU)은 중국산의 생유 및 유제품의 수입을 금지했다. 이 사건은 태국, 일본, 한국, 싱가포르, 대만까지 모두 피해를 입혔다. 전 세계 정부들은 중국에서 수입한 유제품을 조사했고, 소비자들은 중국산 유제품에 대해 공포감을 보였다.

중국산 분유에 이어 우유와 요구르트 등에서도 신장 결석 등을 일으키는 화학

---

156 김완구. 2014. 음식윤리의 주요 쟁점과 그 실천의 문제. 환경철학. 18: 1-34.

157 종안령. 2011. 대만 기업의 위기 커뮤니케이션 전략 연구-멜라민 파동을 중심으로. 한양대학교 대학원. 석사학위논문. pp.1-5.

원료인 멜라민이 검출되자 중국 전역은 공황 상태에 빠져들었다. 2008년 9월 22일에 집계된 자료에 따르면 중국에서 멜라민이 포함된 제품들로 인해 53,000명이 신장결석이나 신부전증을 일으켰고, 이 중 12,800명은 입원치료를 받았으며, 4명의 유아가 사망하였다.

멜라민은 우유에 첨가할 경우 단백질의 함유량을 실제보다 부풀릴 수 있기 때문에 이전에도 종종 사용되곤 하였다. 우유 중의 질소 함량을 측정해 단백질 함량으로 환산하는 것을 악덕업자들이 악용하여 질소를 많이 함유한 멜라민을 집어넣은 것이다. 2007년에도 멜라민으로 인한 대규모 리콜이 있었으며, 2004년에도 중국에서 13명의 아동이 사망한 적이 있었다.

음식윤리 사례-10

젖소의 BST 허용

젖소의 종자 개량으로 우유 생산량은 50년 전의 3배에 달한다. 그런데도 우유 생산량을 늘리기 위해 유전공학적 성장호르몬의 하나인 BST(bovine somatotrophin)를 주사한다. BST는 캐나다와 유럽연합에서는 젖소들의 건강과 복지 때문에 금지 되었으나, 미국에서는 널리 사용된다. 그 결과 자연 수명이 20년인 젖소는 5년에서 7년 사이에 죽는다.[156]

2주마다 젖소에게 BST를 주사[158]하면 우유의 생산 수율이 12-15% 증가한다. 그러나 높아진 대사적 요구로 인해 질병(유방염, 절름발이, 대사 장애, 소화 장애) 발생율이 늘 수 있다. 또한 우유 안의 인슐린 유사 성장인자1(insulin-like growth

---

158   Clark, J.P, Ritson, C. 2013. Practical Ethics for Food Professionals, Ethics in Research, Education and the Workplace. IFT Press. Wiley-Blackwell. Oxford. UK. pp.46-55.

factor 1, IGF-1)의 농도가 증가하는데, 이것은 우유를 마시는 소비자에게 건강상 리스크를 줄 수 있다.

생명존중의 관점에서 젖소는 내재적 가치를 인정받는가? 우리는 젖소를 삶의 주체(subject of life)로 존중하는가? 아니면 우유를 제공하는 도구적 가치만 인정하는가? 젖소의 윤리적 지위는 1999년 암스테르담 조약 7장 "가축에 대한 인도적 취급"에 나와 있다. 그런데도 유럽연합과 미국은 BST의 사용 허가에 대해 상반되는 결정을 내렸다.

3 · 덕의 윤리

지금까지 설명한 이기주의, 공리주의, 자연법 윤리, 인간존중의 윤리, 정의론, 생명존중의 윤리에서의 질문은 "나는 무엇을 해야만 하는가?(What should I do?)"또는 "나는 어떻게 행위 해야만 하는가?(How should I act?)"이다. 이런 윤리적 질문에 대한 답으로는 행위의 옳고 그름에 대한 원리나 규칙이 적합할 것이고, 이 원리나 규칙은 개인의 행위뿐 아니라 사회의 정책이나 제도의 수립에도 적용될 것이다. 이와 대조적으로 덕 윤리(virtue ethics)에서는 "나는 어떤 사람이 될 것인가?(What shall I be?)"또는 "나는 어떤 유형의 사람이 될 것인가?(What kind of person should I be?)"라는 질문을 한다.[88]

1) 덕 윤리의 필요성

원리나 규칙에 근거한 윤리적 접근에는 한계가 있다. 둘 이상의 원리나 규칙이 상충할 경우 명확한 해결책을 제시하기 어렵고, 윤리 원칙이 지나

치게 보편적이거나 추상적일 경우 실제적인 행동 지침을 주지 못할 수도 있다.[159]

일반적으로 사람들은 윤리의 원리나 규칙을 안다고 해도 잘 실천하지 않는다. 북유럽 소비자의 48%가 유기식품(organic food)을 선호한다고 설문에 답했지만, 유기식품의 실제 소비량은 전체식품의 5~6%에 불과한 것을 예로 들 수 있다.[160] 더욱이 윤리의 원리나 규칙을 잘 따르는 것이 윤리적인 삶을 사는 것이라고 보기도 어렵다. 실제 삶과 윤리적 삶 사이에는 갭(gap)이 있는 것이다. 그 갭을 메워주는 것이 윤리의 원리나 규칙을 기꺼이 지키려 하는 윤리적 마인드, 즉 덕(virtue)이다. 덕이 없거나 부족한 윤리 생활은 내용이 없거나 부족한 형식과 같다.[88]

이기주의, 공리주의, 자연법 윤리, 인간존중의 윤리, 정의론, 생명존중의 윤리는 행위 중심의 도덕(act morality)인 반면, 덕 윤리는 행위자 중심의 도덕(agent morality)이다. 즉 덕 윤리에서는 윤리적 행위에 대한 평가를 행위자와 분리해서 생각할 수 없다.[161] 이러한 덕 윤리는 아리스토텔레스가 집대성한 고대의 덕 윤리(ancient virtue ethics)와, 칸트 윤리학과 공리주의에 대한 비판과 함께 등장한 현대의 덕 윤리(modern virtue ethics)로 나눌 수 있다.[162]

이호찬(2014)[163]은 현대의 덕 윤리가 소크라테스-플라톤의 아레테(arete) 개념이 아니라, 아리스토텔레스의 아레테 개념과 관련된다고 한

159   최문기. 2008. 공학윤리 접근의 이론적 토대. 윤리연구. 68: 27-58

160   Coff, C. 2006. The Taste for Ethics. An Ethic of Food Consumption. Springer. Dordrecht, The Netherlands. pp.3-5.

161   김수정. 2009. 아리스토텔레스의 덕 윤리와 생명윤리에의 적용. 생명윤리정책연구. 3(2): 135-153.

162   노영란. 2009. 덕 윤리의 비판적 조명. 철학과 현실사. 서울. pp.30-32.

163   이호찬. 2014. 덕과 아레테. 도덕교육연구. 26(1): 69-93.

다. 아리스토텔레스에 따르면 덕에는 '지성의 덕(arete dianoethike, intellectual virtue)'과 '성품의 덕 또는 도덕의 덕(arete ethike, moral virtue)'이 있는데, 지성의 덕은 이론적 지식(episteme), 실천적 지혜(phronesis), 기술적 지식(techne)의 세 가지이며 가르침으로 얻을 수 있는 반면, 성품의 덕에는 용기, 절제, 정의 등이 있으며 습관에 의하여 얻어진다.[163]

윤리학에서 중시하는 것은 성품의 덕이고, 윤리적 행위와 관련된 지성의 덕은 실천적 지혜이다. 성품의 덕 없이는 실천적 지혜를 가진 사람이 될 수 없고, 실천적 지혜 없이는 선한 사람이 될 수 없다. 아리스토텔레스는 정의로운 행위를 실천함으로써 정의로운 사람이 되고, 절제 있는 행위를 실천함으로써 절제 있는 사람이 된다고 하였다. 이 말은 성품의 덕을 기르는 습관과 실천적 지혜의 중요성을 나타낸다. 그리스어 에우다이모니아(eudaimonia)는 '좋음(good)'을 뜻하는 eu와 '신적인 존재(divine being)'를 뜻하는 daimonia가 결합된 용어다. 오늘날에는 이 말을 '행복'(happiness), '좋은 삶'(the good life), '웰빙'(well-being, 잘 사는 것), '풍요로운 삶'(flourishing life) 등으로 번역한다.[163]

디딤돌-15

아리스토텔레스의 덕 윤리[34, 164]

아리스토텔레스(Aristoteles)의 덕 윤리는 그의 아들 니코마코스가 편집한 세계 최초의 체계적인 윤리학 저서, 『니코마코스 윤리학(Ethica Nicomachea)』에 잘 나와 있다. 아리스토텔레스에 따르면 인간의 모든 행위는 어떤 '좋음(선, 善, the

---

164   박승찬, 노성숙. 2013. 철학의 멘토, 멘토의 철학. 가톨릭대학교 출판부. 서울. pp.132-163.

good)'을 목표로 한다.[165] 여기서 좋음(선)이란 선택과 행위를 통해 달성하는 삶의 목표인데, 선(善)의 한자어도 양(羊)처럼 순하고 온순하며 부드럽게 말(口)하는 사람을 나타낸다.

우선 좋음(선)은 사물이나 사람의 본질이 완전히 충족될 때를 의미한다. 즉, 좋은 음식은 건강을 잘 지켜주는 음식이고, 좋은 집은 살기 편한 집이며, 좋은 학생은 잘 배우는 학생이고, 좋은 선생은 잘 가르치는 선생이다. 더 나아가 좋음은 인간 그리고 인간의 행위와 관계가 깊다. 좋음(선)을 추구하는 인간의 궁극적 목표는 행복(eudaimonia, (좋은)eu+(영혼)daimon)이다. 즉 모든 사람이 추구하는 목표는 선(善)이며, 그중에서 최고선은 행복인 것이다. 따라서 윤리학은 선을 연구하는 학문이고, 윤리학의 궁극적 목표도 인간의 행복이다. 즉, 윤리적으로 최고의 선은 행복, 즉 '잘사는 것과 잘 행하는 것'이다. 아리스토텔레스는 궁극적 목적으로 최고선이 존재해야 함을 논증하였고, 행복을 '탁월성에 따르는 이성적 영혼의 활동'이라고 정의했다.

사람이나 사물은 각각 어떤 기능을 가지고 있는데, 그 기능이 탁월할 때 아레테(arete, 탁월성, excellence)라고 한다. 예를 들어 하프 연주자의 기능은 하프를 연주하는 것이고, 탁월한 하프 연주자의 기능은 하프를 잘(탁월하게) 연주하는 것이며, 이때 탁월성(arete)은 기능에 더해진 두드러짐(excellence)을 말한다. 이와 마찬가지로 인간의 기능이 삶을 사는 것이라면, 탁월한 기능(아레테)은 훌륭한 삶을 사는 것이고, 훌륭한 삶을 사는 사람을 덕을 지닌 사람이라고 한다. 즉, 탁월한 인간은 바로 덕스러운 인간이다.

아리스토텔레스는 인간의 기능을 고려하면서, 식물의 영양 섭취나 생식기능, 그리고 동물의 감각과 욕구의 기능은 배제했다. 왜냐하면 인간의 기능은 인간에

165　아리스토텔레스(Aristoteles). 2007. 니코마코스 윤리학(Ethica Nocomachea). 이창우, 김재홍, 강상진 옮김, 이제이북스. 서울. p.13.

게만 고유하거나 인간만이 잘 할 수 있는 것이어야 하기 때문이다. 이러한 탐색을 거쳐 남은 것이 인간을 다른 존재와 구별해주는 이성과 사유의 기능이다. 다시 말해 훌륭한 인간은 이성과 일치하는 삶을 사는 사람이라고 할 수 있다.

인간이 고유의 기능을 탁월하게 발휘할 때, 선에 이르고, 덕스러워지며, 행복해진다. 행복은 인간 고유의 기능을 어쩌다 한번 탁월하게 발휘할 때가 아니라, 기회만 주어지면 언제든지(반복적으로) 탁월하게 그 기능을 발휘할 때 주어진다. 즉 행복은 덕이 충만한 품성을 지닌 것을 가리킨다. 여기서 인간 고유의 기능에는 의노를 발하는 것, 정당한 이득을 취하는 것 등이 있는데, 사람은 취해야 할 태도나 행위에서 최고의 인간적 기능을 발휘할 때 가장 행복하다.

아리스토텔레스는 지나치거나 모자람이 없는, 초과나 부족이 아닌, 중용을 가장 중요한 덕이라고 가르쳤다. 비겁하거나 만용을 부리지 않으면서도 용기 있는 처신이나, 인색하거나 낭비하지 않으면서도 절제하는 처신을 예로 들 수 있다. 행복은 용기, 정의, 절제, 지혜와 같은 덕이 필요할 때, 중용의 덕에 따라 활동함으로써, 인간 고유의 기능이 탁월하게 발휘되는 삶의 상태다.

아리스토텔레스의 윤리학에서 말하는 덕(德, virtus, virtue)은 이와 같은 탁월함(arete)을 말하고, 최고선인 행복은 덕의 본질을 완전하게 충족하는 것을 의미한다. 윤리학은 탁월성을 가능하게 하는 실천적 지혜에 관한 학문인데, 인간이 사회적 존재이기 때문에, 탁월성의 실천은 개인적, 사회적, 공동체적 맥락을 지니게 된다. 아리스토텔레스는 윤리학을 폴리스라는 공동체의 정치학과 밀접히 관련지어 이해한다.

2) 덕 윤리와 공동체

일반적으로 사회를 게마인샤프트(Gemeinschaft, 공동사회)와 게젤샤프트(Gesellschaft, 이익사회)로 나눌 수 있다. 공동사회는 스스로의 의지나 선택과 관계없이 선천적으로 또는 자연 발생적으로 결성된 집단으로, 가족, 부족, 민족, 농촌 사회 등을 예로 들 수 있다. 공동사회는 공동체에 대한 유대감과 책임감이 강하고, 세대에서 세대로 공동의 역사와 전통을 이어가는 사회로서, 유대 의식이 공고하기 때문에 최대도덕(maximum morality)에 가까운 윤리규범을 적용해도 도덕 질서가 잘 유지된다. 공동사회는 닫힌 공간 안에서 구성원들이 서로를 잘 아는 친밀한 관계를 유지하는 비교적 투명한 사회이기 때문에 덕의 윤리와 같은 최대도덕을 적용할 수 있는 것이다.

이와 대조적으로 이익사회는 스스로의 의지나 선택에 의해서 후천적으로 또는 의도적으로 결성된 집단으로, 회사, 정당, 조합, 도시 사회 등이 이에 속한다. 이익사회는 구성원 사이의 관계가 타산적이거나 형식적이고, 공동의 역사와 전통이 없는 사회로서, 유대 의식이 약하기 때문에 최소도덕(minimum morality)에 의해서만 기초 질서를 유지할 수 있다. 이익사회는 열린 공간 안에서 구성원들이 서로를 잘 모르는 상태에서 관계를 맺고 있으며, 익명성(匿名性, anonymity) 또는 익면성(匿面性, facelessness)이 급증한 불투명사회로서, 원리나 규칙에 근거한 최소도덕으로 도덕성을 판단할 수밖에 없는 상황이다.

근대에 들어서면서 전통적인 공동사회는 해체되기 시작하였고, 오늘날에는 외부에 개방적이면서 불투명한 이익사회인 시민사회(civil society)가 등장하였다. 시민사회의 개방성으로 인해 오히려 사회 구성원의 소외나 상실과 같은 비인간적 상황이 벌어지고 있고, 불투명성으로 인해 인명이나 도덕을 경시하는 풍조도 많아지고 있다. 이런 상황에서 탄생한 것이 현대의 덕 윤리이다. 덕 윤리는 소규모의 지역공동체(local community)를

통한 실현 가능성을 주장하는 공동체주의이기도 하다.[166]

공동체주의에 속하는 매킨타이어(A. MacIntyre)나 샌델(M. Sandel)은 현대의 자유주의를 거부하면서, 덕의 윤리, 공동체, 아리스토텔레스의 목적론으로 돌아가자고 주장한다.[167] 가족, 국가, 민족의 역사를 떠안은 구성원이라면 개인적 의무를 넘어서는 공동체적 의무를 수행해야 하는데, 그러기 위해서는 덕의 힘에 의지해 살 수밖에 없으며, 거기에는 목적론이 깃들어 있다는 주장이다. 매킨타이어는 공동체적 의식이 없는 개인의 지위만으로는 결코 선을 추구하거나 미덕을 실천할 수가 없다고 생각하는 것이다.

매킨타이어에 의하면, 덕은 아리스토텔레스가 머릿속에서 혼자 창조한 것이 아니라, 교육받은 고대 아테네인들의 생각과 말과 행위 안에 들어 있는 것을 명시적으로 드러내어 말한 것뿐이다. 아리스토텔레스는 최선의 도시국가(polis)에 살고 있는 최선의 시민의 합리적인 목소리를 대변하고자 한 것이다. 그에게는 도시국가가 인간 삶의 덕을 순수하고 온전하게 제시할 수 있는 공동체라는 확신이 있었다. 아리스토텔레스의 덕의 개념은 맥락 없이 나온 것이 아니라 사회적·역사적 실천의 배경을 가진다. 매킨타이어의 견해는 그러한 덕이 가지는 본래적 의미가 고대 그리스의 도시국가라는 맥락 속에서만 온전히 파악될 수 있다고 본 것이다.[168]

166　황경식. 2009. 도덕체계와 사회구조의 상관성. 철학사상. 32: 223-261.

167　박성호. 2012. 매킨타이어가 옹호한 아리스토텔레스의 목적론. 철학논총. 67: 133-144.

168　최은순. 2014. 매킨타이어의 덕윤리와 도덕교육. 도덕교육연구. 26(1): 49-68.

매킨타이어의 '가상의 사건' 이야기[168]

"대재앙으로 인해 과학이 상실되었다. 책과 실험실이 불타고 과학자들은 처단되었다. 과학이 무엇인지 거의 망각되었다. 세월이 한참 흐른 뒤 일부 계몽된 사람들이 그것을 복원하려고 한다. 하지만 그들이 가지고 있는 것은 과학의 파편뿐이다. 이론적 맥락(context) 없이 떨어져 나온 실험에 관한 지식들, 그들의 실험과의 관계를 모르는 이론의 파편들, 사용방법을 잊어버린 실험도구들, 반절이 없어져버린 책들, 논문의 낱장들, 그나마도 찢어지고 불타서 거의 읽을 수 없게 된 것들뿐이다.

그럼에도 불구하고 이 모든 지식의 파편들은 물리학, 화학, 생물학이라는 이름하에 복원된다. 그러한 지식의 파편들을 가지고 사람들은 상대성이론, 진화론 등에 대해 토론한다. 그런데 그들이 하고 있는 것이 과연 과학인가? 더욱 심각한 문제는, 그들이 잃어버린 것이 비단 과학뿐만이 아니라는 데에 있다. 그들은 자신들이 과학의 상실이라는 대참사를 겪었다는 사실조차 기억하지 못한다. 거의 아무도 자신들이 하는 것이 본래적 의미에서의 과학이 아니라는 것을 인식하지 못한다. 그도 그럴 것이, 그들이 행하고 말하는 모든 것에는 이해하는 데 꼭 필요한 맥락이 되돌릴 수 없을 만큼 상실되었기 때문이다."

매킨타이어는 이것을 단순한 가상의 사건으로 간주하는 것 같지 않다. 그가 보기에는 윤리학과 도덕의 분야에서 대재앙이라고 불릴 만한 참사가 실제로 발생하였다. 위의 이야기가 전하는 메시지는, 진정한 의미에서의 도덕성을 상실하고, 상당 기간 동안 도덕적 전통이 단절되는 일을 거친 후에, 계몽된 사람들이 다시 구축한 윤리학이 놓인 처지가 이와 비슷하다는 것이다. 그가 보기에 이러한 형편에서 수행되는 실천에는 왜곡이 뒤따를 수밖에 없다.

도덕성의 상실이 나타날 때 그 현상은 도덕 언어의 무질서로 나타난다. 도덕의 언어는, 과학의 언어와 마찬가지로, 맥락을 결여하여 의미를 모르는, 어떤 개념적 틀의 파편에 불과하다. 매킨타이어에 의하면, 본래 도덕성의 언어에도 그것에 의미를 주는 사회적 · 역사적 맥락이 있었다는 것이다.

윤리 역사에서 인간의 자아 상실의 대재앙이 일어난 경위는, 계몽주의자들이 아리스토텔레스의 덕 윤리 전통을 합리주의 전통으로 바꾸면서, 아리스토텔레스의 '목적(telos)' 개념을 잃어버린 것과 관련된다. 아리스토텔레스의 목적론에서 도덕은 '목적론적 도식(teleological scheme)'의 3중 구조에 의해 설명할 수 있다. 이 3중 구조는 '우연히 존재하는 인간 본성', '자신의 목적을 실현할 때에라야 존재하는 인간 본성', 그리고 '도덕적 계율'이다. 이 도식에서 '우연히 존재하는 인간 본성'은 '현재의 인간 본성'을, '자신의 목적을 실현할 때에라야 존재하는 인간 본성'은 인간이 '내적인 덕을 완전히 실현한 모습'을, '도덕적 계율'은 전자에서 후자로의 이행을 가능하게 해주는 '특정한 도덕규칙'을, 각각 의미한다.[168]

이 도식은 중세시대까지 이어져오다가, 계몽주의자들에 의해 '내적인 덕을 완전히 실현한 모습'을 제거하는 방향으로 나아갔다. 그 결과, 도덕에는 서로 모순되는 두 가지 요소인 '현재의 인간 본성'과 '특정한 도덕규칙'만 남게 된 것이다. 이러한 상황에서 '현재의 인간 본성'과 '특정한 도덕규칙'은 우연한 관련을 맺을 수밖에 없는 것으로 보인다. 이러한 파편만으로 인간의 도덕적 삶의 전모를 이해하거나 설명할 수 있겠는가? 이것이 매킨타이어가 계몽주의자들에 대하여 가지는 문제의식이다. 매킨타이어가 보기에 인간의 자아 상실의 역사적 경위는 덕의 상실의 경위와

다르지 않다.[168]

3) 덕 윤리의 적용

한편 근대이후의 시민사회에는 실천적인 관점에서 윤리적으로 상충하거나 쟁점이 되는 문제들이 다양하게 생겼고, 이런 문제에 관심을 기울이고 해결을 모색하는 다양한 응용윤리가 등장하게 되었다. 응용윤리에 대한 덕 윤리의 접근은 환경윤리와 간호윤리에서 시작하여, 의료윤리, 생명윤리, 공학윤리, 정보윤리 등 적용 범위가 확대되고 있다.[169] 최근 김완구 (2014)[156]는 덕 윤리를 환경윤리뿐 아니라 음식윤리에도 적절하게 적용할 수 있다고 주장하였다.

응용윤리에 덕 윤리적 접근을 시도할 경우 장점도 있지만 한계점도 있을 수밖에 없다. 첫째, 응용윤리의 목표 차원에서, 유덕한 사람을 기준으로 행위 지침을 제시하는 덕 윤리적 접근은, 개인적·사회적 차원의 의사결정을 위한 토대를 제공하는 데에 어려움이 있다. 특히 법적·사회적 정책이나 제도의 수립을 위한 근거를 제공하는 데에 상대적으로 더 취약하다. 둘째, 응용윤리의 성격 차원에서, 덕 윤리적 접근은 의무론과 결과주의의 결합을 허용하고, 다원주의적 현실을 반영하는 장점이 있다. 그러나 상대주의에 대한 우려나 덕 사이의 갈등 등으로 인해 비면대면(非面對面, non face-to-face)의 현대사회에서 일반적인 행위 지침을 주는데 적합하지 않다. 셋째, 응용윤리의 방법론 차원에서, 덕 윤리적 접근은 상향적 모델에 속하는데, 이 모델은 아직 덕을 키우지 못한 사람들이 따르기 어렵고, 일상화할 수 있는 체계적인 추론 과정을 제시하지 못한다.[169]

---

169   노영란. 2012. 응용윤리에 대한 덕 윤리적 접근의 비판적 고찰. 철학. 113: 349-380.

이에 따라 노영란(2012)[169]은 현대사회의 응용윤리에서 의무윤리나 규칙윤리의 접근을 기본 구조로 삼고, 덕 윤리의 접근을 보완적으로 취하는 것이 효과적이라고 주장한다. 왜냐하면 덕 윤리의 보완적 역할은 도덕성을 확장해주고, 이를 실현하는 적절한 방식을 보여주며, 도덕적인 삶에 사적 영역을 적절하게 반영하도록 해주는 한편, 복잡한 상황이나 다양한 가치들이 대립하는 상황에서 다원적인 해결을 허용하기 때문이다.

황경식(2009)[166]도 의무나 규칙의 윤리와 덕의 윤리를 비교하면서, 전자는 정당화(justification)에 주력하고 동기화(motivation)에 다소 소홀한 반면, 후자는 동기화를 중요시하므로, 두 가지가 상호 보완될 수 있다고 주장하였다. 공적인 영역에서는 의무나 규칙의 준수의 덕목(rule-following virtue or compliance virtue), 공정성을 수용하고자 하는 정의감(sense of justice), 다원성의 사회에서 구성원들이 서로의 차이를 수용하는 관용의 덕목(virtue of tolerance) 등의 덕의 윤리가 의무나 규칙의 윤리에 동기를 부여할 수 있다. 반대로 사적 영역에서는 덕의 윤리가 갖는 불확정성이나 미결정성을 의무나 규칙의 윤리가 보완할 수 있다.

특히 덕 윤리는 행위자의 삶에 덕을 각인시키고, 삶의 현장에서 덕을 구체적으로 실천하도록 동기를 부여한다. 의료윤리, 간호윤리, 공학윤리 등의 영역에서 행위자가 갖추어야 할 덕을 특정 직업인으로서의 덕목으로 제시하는 것도 이런 맥락에서 이해할 수 있다.[169] 음식윤리의 경우 음식인이 지닌 윤리적 마인드가 음식의 윤리적 상황을 좌우하기 때문에, 음식인의 덕 윤리가 어느 분야 못지않게 중요하다. 음식인이라면 응당 '덕으로 음식을 다루어야 한다'는 너무도 보편적이고 당연한 요구가 덕 윤리 적용에 일관성, 신빙성, 정당성, 유용성을 보장해줄 수 있다.

4) 사주덕

한편 플라톤의 사주덕(四主德)은 이성과 관계되는 지혜, 의지와 관계되는 용기, 감성과 관계되는 절제, 영혼 자체의 조화로운 상태와 관계되는 정의이다. 그는 지혜, 용기, 절제의 균형이 이루어질 때 정의가 성립한다고 보았다.[170, 171] 아퀴나스는 지혜, 정의, 용기, 절제의 순서로 사주덕의 위계질서를 정리하였다.[172] 오늘날 정의는 개인적 덕목으로서뿐 아니라 정의론에서처럼 사회적 시스템으로서의 중요성이 부각되고 있기 때문에, 정의, 지혜, 용기, 절제의 순서로 정리할 수도 있다. 정의는 의지와 연결되며 진실의 측면과 공정성의 측면이 있다. 지혜는 이성과 관계되고, 도덕적 문제에 대해 신중하게 생각하고 명쾌하게 판단한다. 용기와 절제는 감정과 연결되는데, 동전의 양면처럼 반대의 관점을 보인다. 용기는 즐겁지 않은 감정(두려움, 슬픔)을 조절하고, 절제는 즐거운 감정(의기양양함, 기쁨)을 조절하는 역할을 한다.[173]

덕의 윤리에서 덕의 훈련은 숨쉬기에 비유할 수 있다. 사람들은 대체로 무의식적으로 숨을 쉬지만, 장거리 경주 선수는 의식적으로 숨쉬기를 조절한다. 이와 유사하게 사람들은 여러 행위를 무의식적으로 하지만, 윤리적 행위를 할 때에는 의식적으로 조절할 수 있는 능력을 지니고 있다. 다시 말해 정의, 지혜, 용기, 절제의 행위를 하겠다고 의식적으로 선택할 수 있는 것이다.[173] 이것은 거꾸로 정의, 지혜, 용기, 절제의 행위가 아니라면

---

170   안네마리에 피퍼(Annemarie Pieper). 2012. 덕(德)의 의미, 어제와. 오늘. 김형수 옮김. 신학전망. 178: 213-235.

171   박승찬, 노성숙. 2013. 철학의 멘토, 멘토의 철학. 가톨릭대학교 출판부. 서울. pp.118-120.

172   양대종. 2012. 윤리적 덕들의 위계질서에 대한 고찰. 철학연구. 124: 195-218.

173   Clark, J.P, Ritson, C. 2013. Practical Ethics for Food Professionals. Ethics in Research, Education and the Workplace. IFT Press. Wiley-Blackwell. Oxford. UK. pp.7-17.

의식적으로 행하지 않겠다는 것을 의미한다고 볼 수 있다.

정의의 덕 중에 진실의 측면에서, 과학자의 논문 표절(plagiarism), 데이터의 'cooking'이나 'trimming'과 같은 위조는 진실이라는 정의에 대한 명백한 공격으로 간주할 수 있다. 정의의 덕 중에 공정성의 측면에서, 풍족하지 않은 자원의 배분이 공정해야 함은 두말 할 나위가 없다. 만약 합리적 소비자로서의 이익을 포기하고 손실을 감수하면서까지, 공정무역 커피를 사는 소비자가 되려면, 공정성이라는 정의의 덕을 함양해야 한다. 지혜의 덕은 새로운 식품을 만들 때, 법적인 식품 규격의 만족에 머무르지 않고, 소비자의 행복을 최고선으로 삼는 연구자의 덕을 예로 들 수 있다. 용기의 덕은 옳은 길을 일관성 있게 추구할 때 필요하다. 예를 들어 지속가능한 식품(sustainable food)을 생산하기 위해서는 별도의 연구나 제조공정에 대한 투자가 필요한데, 선의의 투자라고해서 항상 결실을 맺는 것은 아니다. 어떤 음료 제조회사는 보상이 불확실함에도 불구하고, 소비자를 위해 건강에 좋은 채소를 음료에 더 많이 넣으려고 노력한다. 이 모든 것은 다 용기의 덕을 필요로 한다. 절제의 덕은 단기적으로 큰 이익이 예상되지만 소비자 일부의 알레르기와 같은 위해(危害, hazard) 가능성이 있을 때, 절제하여 그 이익을 포기하는 것을 예로 들 수 있다. 큰 이익이 예상되더라도 실제로 작은 이익일 수 있고, 위해의 리스크(risk)가 작아 보이더라도 실제로 큰 리스크가 될 수 있다. 이런 경우 반드시 절제의 덕이 필요한 것이다.[173]

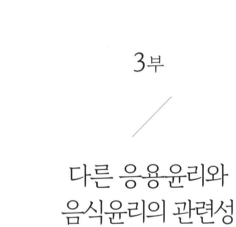

3부

다른 응용 윤리와
음식윤리의 관련성

1장

의료윤리와의 관련성

　『히포크라테스 전집(Hippocratic Collection)』 가운데 『유행병 I (Epidemics I)』이라는 임상적 저술의 중간 부분에 의료윤리에 대한 사상 최초의 언급이 들어 있다. "질병을 다루는 두 가지 습관을 지녀야 하는데, 도움을 주고 해(harm)를 끼치지 않아야 한다."[174] 이 오래된 원칙은 오늘날에도 의료윤리의 근간을 이루고 있다. 현대의 의료윤리(medical ethics)에서 윤리적 결정을 하는 데에 도움을 주는 접근방법으로는 원칙에 근거한 방법(principle-based method), 결의론적 방법(casuistry), 그리고 예방윤리적 방법(preventive ethics) 등이 있다.[175]

174 　앨버트 존슨(Albert R. Jonsen). 2014. 의료윤리의 역사(A Short History of Medical Ethics). 이재담 옮김. 로도스출판사. 서울. pp.21-41.

175 　Clark, J.P, Ritson, C. 2013. Practical Ethics for Food Professionals. Ethics in Research, Education and the Workplace. IFT Press. Wiley-Blackwell. Oxford. UK. pp.21-37.

1) 원칙에 근거한 방법

원칙에 근거한 방법은 자율성 존중의 원칙, 선행의 원칙, 악행 금지의 원칙, 정의의 원칙의 네 가지 원칙에 근거하는데, 이 원칙은 윤리적 이론을 적용할 때 가교 역할을 하는 중간 수준의 원칙(principles of middle level)이다.[176]

자율성 존중의 원칙은 첫째, 의도를 갖고(intentionally), 즉 행위자가 의사결정능력을 지녀야 한다는 것을 의미하고, 둘째, 이해와 함께(with understanding), 즉 충분한 정보가 제공되어야 한다는 것을 의미하며, 셋째, 지배적 영향력 없는(without controlling influence), 즉 외부로부터 강압이나 구속이 없음을 의미한다.[176] 자율성 존중은 인간에 대한 존중(소위 칸트가 말하는 목적과 수단에 관한 정언명법)을 요구하는 것으로서, 주어진 정보를 바탕으로 환자 스스로 이성적 선택을 할 수 있게 배려하는 것이다.[177] 이것은 '충분한 설명에 근거한 동의(informed consent)'를 기본으로 하는데,[178] 이러한 자발적 동의(voluntary consent)는 뉘른베르크 강령(Nuremberg Code)[179] 및 헬싱키 선언(Declaration of Helsinki)[180]에도 잘 묘사되어 있다.

선행의 원칙과 악행 금지의 원칙은 서로 관련되어 있다. 선행의 원칙은 환자에 대한 착한 행동과 도움을 요구하는 반면, 악행 금지의 원칙은 환

---

176 이화여자대학교 생명의료법연구소. 2014. 현대 생명윤리의 쟁점들: 자율성과 몸의 지위. 로도스출판사. 서울. pp.11-35.

177 리사 슈와츠(Lisa Schwarz), 폴 프리스(Paul E. Preece), 로버트 헨드리(Robert A. Hendry). 2008. 사례중심의 의료윤리(Medical Ethics-A Case-Based Approach). 조비룡, 김대군, 박균열, 정규동 옮김. 인간사랑. 일산. pp.33-46.

178 앨버트 존슨(Albert R. Jonsen). 2014. 의료윤리의 역사(A Short History of Medical Ethics). 이재담 옮김. 로도스출판사. 서울. pp.214-222.

179 국가생명윤리정책연구원. http://www.nibp.kr/xe/info4_5/4780 (2015년 8월 27일 검색).

180 Special contribution. 2014. Journal of the Korean Medical Association 57(11): 899-902. http://dx.doi.org/10.5124/jkma.2014.57.11.899

자에게 해를 끼치지 말라는 히포크라테스 선서의 준수를 요구한다. 선행에는 한계가 없기 때문에 의료진에게 오로지 선행만 요구한다면 이 원칙이 유지될 수 없을 것이다. 그래서 요구가 균형을 이루도록 적어도 해를 가하지 말아야 한다는 표현을 함께 쓴다. 해를 끼치는 것은 더 큰 목적인 선을 확보하기 위할 때여야만 하는 것이다.

정의의 원칙은 환자를 공정하게 대우하는 것을 의미한다. 이것은 가능한 한 같은 것은 같게 대우하는 것을 의미지만, 다른 것을 다르게 대우하는 것과도 관련된다. 바꾸어 말하면 가난하고 질병문제가 심각한 곳에 더 많은 의료 혜택을 주는 것을 의미한다.[177]

이야기 속의 이야기-13

뉘른베르크 의사 재판과 터스키기 매독 연구[181]

뉘른베르크 의사 재판(the Nuremberg doctor's trial)

1947년 8월 19일, 독일 뉘른베르크에서 '의학의 이름으로 저질러진 살인, 고문 및 기타 잔학행위'의 죄로 기소된 20명의 나치스 의사와 3명의 의료행정관이 연합국 측의 재판을 받았다. 피고인들은 원치 않는 희생자들을 대상으로 사망, 신체 손상, 혹은 장애를 발생시킨, 막연히 '과학적 실험(scientific experiment)'이라고 부르던 의학적 처치를 시행한 죄로 기소되었고, 피고인 가운데 7명에게 교수형이 선고되었다.

뉘른베르크 의사 재판은 의학윤리의 긴 전통에 대한 중대한 도전이었다. 이에 법원은 뉘른베르크 강령(Nuremberg Code)으로 알려진 '도덕적, 사회적, 법적인

---

181 앨버트 존슨(Albert R. Jonsen). 2014. 의료윤리의 역사(A Short History of Medical Ethics). 이 재담 옮김. 로도스출판사. 서울. pp.189-204.

개념들을 만족시키기 위해 준수해야 하는 기초가 되는 원칙'을 선언하였다. 강령의 첫 문장은 다음과 같다. "인간 피험자의 자발적 동의가 절대적으로 필수불가결하다."

터스키기 매독 연구

1972년 7월 26일, 《뉴욕타임스》는 "40년 동안 미국공중위생국은 매독에 걸린 사람들을 피험자가 되도록 권유한 후 병을 치료하지 않은 채 방치하는 연구를 시행해 왔다. 이 연구는 매독이 인간의 신체에 어떠한 영향을 끼치는가를 (피험자가 사망한 다음에) 부검을 통해 알아보기 위한 것이었다."라고 보도하였다.

이 연구의 피험자들은 앨라배마 주 터스키기(Tuskegee) 출신으로 대부분이 가난하고 교육을 받지 않은 600명의 흑인 남성이었다. 이들은 '병원을 오가는 무료 차량 제공, 따뜻한 공짜 점심, 매독 이외의 모든 질병의 무료 치료, 부검 후의 무료 매장'등의 약속을 받았다. 매독 진단을 받은 400명 가운데, 아무도 그런 사실에 관해서 들은 적도, 치료를 받은 적도 없었고, 자신이 피험자라는 것도 전혀 모르고 있었다.

1972년 8월 2일, '터스키기 매독연구 특별위원회'는 이 연구가 시작부터 비윤리적이었다고 결론 내리면서, 효과적인 치료법이 나타났을 때 연구를 종료하지 않았던 것을 비판하였으며, 의학연구에 대한 엄격한 감독을 권고하였다. 이 폭로는 미국에서는 불가능하다고 여겼던 나치스 의학실험의 공포를 떠올리게 하였다.

2) 결의론 및 예방윤리 방법

결의론적 방법은 이전의 사례를 바탕으로 도덕적 패러다임(전형적인 양식)을 정하고, 이를 바탕으로 현재의 개별적인 사례와의 공통점과 차이점을 비교함으로써 해결책을 찾는 방법으로, 법의 판례 적용과 크게 다르지 않다.[182]

예방윤리적 방법은 윤리적 문제가 발생한 후 대응하는 것이 아니라 발생하는 것을 예방하기 위하여 윤리적 정책을 고안하고 실행 방안을 준수하는 예방적 접근법이다. 이것은 한 의료기관 내에서 현재의 윤리적 실천과 이상적인 윤리적 실천 사이의 간격을 좁히는 방법으로, 시스템 수준의 윤리 문화의 변화를 목표로 한다.[183]

3) 음식윤리에의 적용

이러한 의료윤리의 접근방법은 음식윤리에도 적용해 볼 수 있다. 첫째, 원칙에 근거한 방법의 자율성 존중의 원칙, 선행의 원칙, 악행 금지의 원칙, 정의의 원칙의 네 가지 원칙을 음식윤리에도 거의 그대로 적용할 수 있다. 충분한 설명에 근거한 동의(informed consent)를 기반으로 하는 자율성 존중의 원칙은 음식윤리에서 소비자에게 충분한 정보를 주어 자발적으로 식품을 선택할 수 있도록 배려하는 것과 일맥상통한다. 이것은 소비자를 위해 보다 엄밀하게 '표시' 기준을 적용하는 것을 의미하며, 유전자 재조합식품의 표시 기준을 강화하는 것을 예로 들 수 있다. 선행의 원칙은 식품산업체가 적극적으로 소비자에게 기여하는 것을 말하는데, 앞에서 언급한 페닐케톤뇨증 어린이를 위한 분유 제조를 예로 들 수 있다. 악

---

182   Clark, J.P, Ritson, C. 2013. Practical Ethics for Food Professionals. Ethics in Research, Education and the Workplace. IFT Press. Wiley-Blackwell. Oxford. UK. pp.26-29.

183   Clark, J.P, Ritson, C. 2013. Practical Ethics for Food Professionals. Ethics in Research, Education and the Workplace. IFT Press. Wiley-Blackwell. Oxford. UK. pp.31-32.

행 금지의 원칙은 식품산업체가 안전성을 최우선으로 해야 할 책임이 있다는 것을 의미한다. 가축에 대해 성장호르몬이나 항생제를 치료와 무관하게 사용하는 것이 윤리적으로 정당한지 여부도 이와 같은 관점에서 검토할 수 있다. 정의의 원칙은 경제적·인종적 소수자에게 제공하는 음식과 부유한 소비자에게 제공하는 음식에 차별이 있을 경우 문제를 제기할 수 있는 근거가 된다. 둘째, 결의론적 방법에서는 식품위생법 위배 사례를 패러다임으로 삼을 수 있으며, 윤리적 판단을 근거로 음식 관련 법안의 제정이나 법안 수정을 제안할 수 있다. 파프리카 색소를 다대기에 사용하지 못하도록 금지하는 법안 수립을 예로 들 수 있다. 셋째, 예방윤리적 방법은 식품위생법에 포함되어 있는 HACCP(hazard analysis & critical control point), 즉 위해요소중점관리기준(식품안전관리인증기준)의 기본 정신과 간접적으로 관계가 있다. 특히 예방윤리적 방법의 적용은 식품기업 내에서 윤리 문화의 개발에 대한 적극적이고 자발적인 열망이 우선되어야 한다.

2장

생명윤리와의 관련성

생명이란 무엇인가? 이것은 생물학자, 의학자, 철학자는 물론이고 거의 모든 사람에게 가장 근원적인 질문이다. 그러나 이 질문에 대해 모두가 수긍할 만한 답은 아직 없다. 우리는 생명에 관해 알고 있으면서도 제대로 알지 못하며, 생명에 대한 하나의 통일된 견해를 갖고 있지 않은 것이다.[184]

1) 생명윤리 관련법규

생명과학대사전에 따르면 생명윤리학은 '생명과 과학을 연관시켜 윤리적이고 도덕적으로 연구하는 것 또는 학문'이다.[185] '국제생명윤리학회

---

184   진교훈. 2001. 생명이란 무엇인가. 생명윤리. 2(2): 2-12.

185   네이버 지식백과. 생명윤리학. 생명과학대사전. http://terms.naver.com/entry.nhn?docId=42 8572&cid=42411&categoryId=42411 (2015년 9월 29일 검색).

(International Association of Bioethics)'는 생명윤리학을 '의료나 생명과학에 관한 윤리적, 사회적, 철학적, 법적문제와 그에 관련하는 문제를 연구하는 학문(Bioethics is the study of the ethical, social, legal, philosophical and other related issues arising in health care and in the biological sciences.)'이라고 정의한다.[186] 하지만 두 가지 생명윤리학의 정의에서 생명의 정의는 찾을 수 없다.

생명윤리 및 안전에 관한 법률(2014. 11. 19) 제1조(목적)에 "이 법은 인간과 인체유래물 등을 연구하거나, 배아나 유전자 등을 취급할 때 인간의 존엄과 가치를 침해하거나 인체에 위해(危害)를 끼치는 것을 방지함으로써 생명윤리 및 안전을 확보하고 국민의 건강과 삶의 질 향상에 이바지함을 목적으로 한다."고 명시되어 있다. 하지만 이 법에 생명의 정의는 없다. 생명의 정의 없이 법으로 생명윤리(bioethics)를 지킨다는 모순점이 있는 것이다. 다시 말해 생명의 정의 없는 생명윤리가 현존하는 것이다. 왜 그럴까? 아마도 그 이유는 아직 생명의 정의에 대해 의견의 일치를 이루지 못했기 때문일 것이다.

특히 전배아(발생학적으로 원시선(原始線)이 나타나기 전의 배아)에 대한 세 입장은 첫째, 완전한 인간(full personhood), 즉 성인 인간과 도덕적으로 동등한 존재라는 입장, 둘째, 세포 덩어리(property of progenitor), 즉 배아는 부모의 소유물이라는 입장, 셋째, 잠재적 인간(potential human being: gradual moral status), 즉 인간 배아는 성장하면서 점차 도덕적 지위를 얻게 된다는 입장이 있다. 그런데 위의 법에서는 배아 연구를 전배아까지만 허용하고 있으면서도, 전배아의 지위에 대한 명확한 입장 표명은 전제하고

---

186 International Association of Bioethics. http://bioethics-international.org/index.php?show= objectives (2015년 9월 29일 검색).

있지 않다.[187]

위의 법은 인간의 존엄과 가치의 보존, 인체에의 위해(危害) 방지 등 인간만을 대상으로 하고 있는데 반해, 생명윤리의 고려 대상은 동물은 물론 생명체 전체로 확장되고 있다. 즉 오늘날의 생명윤리의 대상은 의학윤리의 중심에 있는 좁은 의미에서의 인간의 생명이 아니라, 자연 안에 현존하는 모든 유기체의 생명인 것이다.[188]

2) 생명의 본질

일반적으로 과학에서 말하는 생명의 정의는 ① 생리적 정의(physiological definition), ② 물질대사적 정의(metabolic definition), ③ 유전적 정의(genetic definition), ④ 생화학적 정의(biochemical definition), ⑤ 열역학적 정의(thermodynamic definition)의 다섯 가지로 나누어 볼 수 있는데, 앞의 세 가지는 전통적 생물학의 테두리 안에서 설정되는 정의이며, 나머지 두 가지는 전통적 생물학의 영역을 넘어서는 물리화학적 개념을 활용한 정의에 해당한다.[189]

이러한 과학적 생명의 정의는 생명의 외적이고 현상적인 차원에만 주목하여 생명이 오로지 물질인 것처럼 간주함으로써 생명의 내적인 본질적 차원을 소홀히 다룬다. 비록 생명은 물질로 이루어져 있지만 물질만이 아니기에, 생명 현상만으로 생명의 본질을 다 해명할 수 없다. 생명 전체를 이해하기 위해서는 헤아릴 수 없이 많은 생명 현상의 특성을 망라하고

---

187 정상모. 2004. 생명공학기술 규제의 윤리학적 기초: 생명윤리 및 안전에 관한 법안을 중심으로. 철학논총. 36(2): 377-398.

188 고수현. 2013. 생명윤리학. 양서원. 파주. pp.13-29.

189 고수현. 2013. 생명윤리학. 양서원. 파주. pp.53-79.

이를 종합하여야 하기 때문에, 과학만으로 생명 전체를 설명할 수 없다. 따라서 생명 전체에 대한 이해는 과학의 과제가 아니라 철학의 과제이며, 생명의 본질에 대한 이해 역시 마찬가지다. 모든 생명체는 자연으로부터 나왔으며 자연으로 돌아간다. 모든 생명체는 따로따로 독립해 있지 않고 서로 무관지 않다. 모든 생명체와 자연은 하나의 연대공동체를 이룬다.[184]

디딤돌-16

아리스토텔레스와 데카르트

생명에 대한 대표적인 이론에는 아리스토텔레스의 목적론적 생명체론과 데카르트의 기계론적 생명체론이 있다. 아리스토텔레스는 생명현상을 혼(psyche, 형상 form)이 몸(soma, 질료 material)과 결합하였을 때 발생한다고 보았다. 생명체(soma organikon)는 살아 있는 몸이다. 영혼은 질료인 몸에게 생명을 부여하고 생존하게 한다. 그러므로 생명체는 형상인 영혼이 실현하고자 하는 목적(telos)을 자신 안에 가지게 된다.

이와 달리 데카르트는 생명현상을 부수현상설적, 기계론적으로 설명하였다. 생명현상은 여러 자동기계(식물, 동물, 인간의 몸)의 물리적 구조의 결과로서 나타난다. 동식물 자동기계가 시계와 다른 점은 환경세계와 관계하고 있는 점이다. 인간 자동기계의 생명과정도 다른 자동기계와 마찬가지이다. 인간 자동기계의 경우 영혼과 몸이 송과선이라는 신체기관을 통해서 접촉하기는 하지만, 인과적으로 볼 때 영혼과 육체는 인간이 사는 동안 우연히 연결되어 있을 뿐이다. 영혼은 생명의 원인도 아니고 원리도 아니다.[190]

생명체는 단순히 살려는 존재라기보다 자기를 실현하려는 존재로서, 자기목적을 자신 안에 가지면서, 스스로 생명의 지향을 설정해가는 초월적 존재이다. 이러한 생명체의 공통되는 특성은 다음과 같다.[191]

① 스스로 조직하는 존재: 스스로 자신을 생성하는 존재(autopoiesis)이며, 그 자체로 자신을 유지하는 존재이다.

② 동일한 기원: 지구상의 모든 생명체는 하나의 생명 현상에서 출발하여 수많은 다양한 생명체로 진화하여 왔다.

③ 생명의 역사성: 현재의 생명체는 35-36억 년에 걸친 생명의 역사를 담고 있는 존재이다. 우리 유전자에는 생명의 전 역사가 기록되어 있다.

④ 공생명: 모든 생명체는 생명이란 측면에서는 같은 생명체이면서 종과 개체의 차이에서 다름을 지니는 존재이다. 생명의 원리는 공생명이며, 생명체로서의 같음과 다름이라는 특성을 지닌다.

⑤ 생명체로서의 관계성과 역동성: 생명은 개체와 환경이, 생명과 세계가, 생명과 생명이 서로 영향을 미치면서 상호작용하는 존재이다. 그것은 관계성과 서로 어우러지는 역동성을 지닌다. 생명은 단순히 생화학적 차원이나 현상학적 차원에서 이해될 수 있는 범위를 넘어서 있다.

인간의 힘은 과학의 발달과 기계론적 자연관을 통해 비약적으로 확장되고 강화되었다. 이제는 지나치게 과도해진 인간의 힘을 통제하고 조절할 수 있는 새로운 윤리학이 필요한데, 이 윤리학은 생명을 새롭게 이해할 것을 요구한다. 즉 생명에 다시금 경외감을 부여하고 파괴된 생명의

---

190   한스 요나스(Hans Jonas). 2001. 생명의 원리. 철학적 생물학을 위한 접근. 한정선 옮김. 아카넷. 서울. pp.547-551.

191   천주교 서울대교구 생명위원회. 2008. 생명과학과 생명윤리. 기쁜소식. 서울. pp.179-199.

가치를 회복하면서 생명 자체의 내재적인 목적을 부활시켜야 한다.[192] 베르그송은 생명현상을 기계론적으로 설명하는 것에 반대하면서 생명체를 '살아 있는 것'으로서 설명한다. 베르그송에 따르면, 식물적 생명, 동물적 생명, 인간 생명은 다윈이 설명하듯 일직선으로 진화해온 것이 아니라, 하나의 생명에너지 뿌리에서 자체적으로 내재하는 자발적 생명 성향 때문에, 여러 방향으로 다발적인 폭발을 하는 형태로, 종의 분화를 하면서 진화해온 결과이다. 모든 생명은 물질의 저항을 뚫고 진화하고 비상하려는 역동적인 정신적 요소를 갖고 있는데, 이 힘에 의해 생명의 비약이 일어난다.[190]

한스 요나스는 기술시대의 윤리의 회복을 위해 생명이 지닌 본래적 가치의 복원을 주장한다. 생명의 가치가 복원될 때에만 생명에 가해지는 무분별한 조작이나 통제와, 과학기술에 의한 전면적인 생명지배의 악몽이 사라질 수 있기 때문이다. 요나스는 "생명은 지속되어야 한다.", "인류는 실존해야 한다."는 명령을 최고의 의무이며 책임으로 간주한다. 이러한 책임의 구체적인 내용은 바로 생명의 지속이며, 생명의 본래적 가치의 보존이다.[193] 책임은 의무의 특수한 경우이다. 의무는 전적으로 행동에 달려 있으나, 책임은 행동을 넘어 결과와 관계된다. 과학자는 그의 연구가 세상에 끼치는 영향에 대해 책임질 수 있어야 한다. 동일한 과학적 성과가 이롭게 혹은 해롭게, 선하게 혹은 악하게 사용될 수 있다. 인간은 인간 이외의 다른 생명체는 물론 자기 자신도 함부로 다루어서는 안 된다. 인간

---

192 한스 요나스(Hans Jonas). 2005. 기술 의학 윤리 – 책임 원칙의 실천. 이유택 옮김. 솔출판사. 서울. pp.73-87.

193 한소인. 2006. 한스 요나스의 생명철학과 책임의 윤리-생명공학 시대의 윤리적 요청에 대한 응답. 철학논총. 43(1): 367-390.

에게는 사용의 자유도 있지만 보전의 의무 역시 주어져 있다.[192]

3) 음식윤리에의 적용

생명과학 연구에서 윤리적으로 쟁점이 제기되는 10가지 주제[194]로는
① 인간 생명의 시작은 언제인가, ② 과배란 유도와 난자 채취, ③ 착상
전 유전자 검사, ④ 이종 간 교잡, ⑤ 맞춤인간, ⑥ 연구 수행에서의 정직
성, ⑦ 유전자 결정론과 유전자 검사, ⑧ 임상실험에서의 동의, ⑨ 유전자
변형생물체(GMO), ⑩ 동물실험이 있다. 이 10가지 주제 가운데 음식윤
리와 직접적인 관련성이 있는 주제는 ⑨ 유전자변형생물체(GMO)이다.

GMO와 GM식품의 윤리적 쟁점에 대해서는 6부. '음식윤리의 대표적
문제 연구' 4장. '유전자변형 식품과 관련한 음식윤리의 문제' 부분에서
자세히 다룰 것이므로 여기서는 음식윤리의 관점에서 생명윤리로부터
배울 점만을 정리해보고자 한다. 인류는 계속 존재해야 하고 생명은 지속
되어야 한다. 이것이 우리의 응답을 기다리는 지상최대의 명령이다. 따라
서 음식은 인류의 존재와 생명의 지속에 도움을 주어야 한다. 개체를 위
한 음식이면서, 공동체를 위한 음식이며, 미래의 인류를 위한 음식이어야
한다. 우리는 자신은 물론 다른 생명체도 존중하고 함부로 다루어서는 안
된다.

---

194   성혜, 남명진. 2009. 생명과학 입장에서 본 생명윤리. 생명윤리. 10(1): 67-76.

3장

환경윤리와의 관련성

1960년대의 환경윤리는 생태계의 오염과 파괴, 식량 및 에너지 자원 부족, 그리고 종의 멸종에 초점을 맞추었는데, 2000년대의 환경윤리는 기후, 물, 식량에 대한 기후윤리(climate ethics), 물 윤리(water ethics), 식량 윤리(food ethics)로 지평을 확장하고 있다.[195]

1) 지속가능한 발전

오늘날 전 세계가 지속가능한 발전(sustainable development)을 지향한다. 이 개념은 1983년 12월 유엔이 설립한 세계환경개발위원회(World Commission on Environment and Development: WCED)에서 1987년에 발간한 『우

195　김명식. 2013. 생태윤리의 새로운 쟁점: 기후, 물, 음식. 범한철학. 71: 237-263. 이 논문에서는 음식윤리라고 불렀지만, 인류의 식량이라는 거시적 맥락을 감안하여 여기서는 식량윤리라고 바꾸어 부른다.

리 공동의 미래(Our Common Future)』에 처음 등장한 이후 세계 각국이 환경정책의 기본방향으로 채택하고 있다.[196]

이야기 속의 이야기-14

인류의 멸망과 지구의 멸망

공상과학 소설이나 영화에 나오는 인류의 멸망과 지구의 멸망은 같은 일이 아니다. 현생 인류가 공룡처럼 멸종한다 하더라도 지구 자체나 지구의 다른 생명체는 존재할 수 있기 때문이다. 최후에 남은 단 한 사람의 인간이, 지구를 멸망시킬 능력이 있다 하더라도, 결코 그럴 수 있는 권리를 가진 것은 아니다. 인류는 지구에 존재하는 수많은 생명체 중의 하나에 불과하기 때문이다.

20세기에 주목받기 시작한 환경문제는 21세기에는 물론 그 이후의 미래에도 인류에게 계속 영향을 끼칠 수 있는 중차대한 문제가 되었다. 이에 따라 자연에 대한 혹은 자연 속에서의 인간의 행위와 태도가 중요한 쟁점이 되었고, 이를 다루는 학문이 등장하게 되었다. 환경윤리(environmental ethics)라는 용어는 1971년 미국 대학에서 환경윤리 강좌를 개설하면서 비롯되었다.[197] 이후 이 학문의 이름[198]을 환경윤리학(environmental ethics), 생태윤리학(ecological ethics), 녹색윤리학, 자연의 윤리학, 에코에티카(ecoethica), 환경철학, 에코필로소피(ecophilosophy) 등으로 다양하게 부른다.

---

196   변순용. 2012. 생태적 지속 가능성의 생태윤리적 의미에 대한 연구. 윤리연구. 85: 167-186.
197   구승회. 1997. 환경윤리의 문제 영역. 철학사상. 7: 283-305.
198   김양현. 2000. 현대 환경윤리학의 논의 방향과 쟁점들. 신학과 철학. 2: 1-14.

지속가능한 발전은 '미래 세대들이 자신의 욕구를 충족시킬 수 있는 능력을 해치지 않으면서도 현재 세대의 욕구를 충족시키는 발전'이다. 지속 가능한 발전의 지속가능 요소에는 깨끗한 공기, 대지, 물, 생태계 등이 있고, 발전 요소에는 경제, 형평성, 건강, 교육, 고용, 참여 등이 있다. 이 두 가지 요소 사이에는 상충이나 갈등이 일어날 가능성이 늘 있기 때문에, 환경적으로 건강한 지속적인 발전(ESSD: environmentally sound and sustainable development)'으로 방향을 틀고는 있지만, 여전히 근본적인 문제는 잘 해결되지 않고 있다. 이러한 생태적 지속 가능성의 경우 인간과 생태계라는 두 축에서 상호의존성(network), 지속성(sustainability), 책임성(responsibility)의 3요소, 즉 인간과 자연의 상호의존, 생태적 관계의 지속, 그리고 이에 대한 인간의 책임이 중요하다.[196]

생태계의 수많은 생명체들이 먹이 사슬 관계에 따라 서로 먹고 먹히는 관계 속에서 지속되던 공생적 평형 관계가 오늘날 근본적으로 파괴되고 있다. 요나스(H. Jonas)는 자연을 파괴하는 인간의 권력 행사가 그 자체로 책임을 동반한다고 지적하면서, 인간의 책임을 윤리적 명령으로 요청한다.[199] 오늘날 인류는 인간의 존속을 위한 '생존의 윤리'보다, 생태계의 지속을 위한 '공존의 윤리'에 초점을 맞출 때이다.[195]

2) 자연의 도덕적 권리

자연 안에서 공존의 윤리가 성립하려면 자연의 도덕적 권리를 인정해야 한다. 김양현(2000)[198]은 자연에 대한 도덕적 권리 인정의 문제를 ① 도덕의 객체, ② 도덕 공동체의 확장, ③ 도덕적 위상이라는 세 가지 관점에

---

199   한면희. 1997. 환경윤리-자연의 가치와 인간의 의무. 철학과 현실사. 서울. p.45.

서 다음과 같이 정리하였다.

첫째, 자연의 도덕적 권리 인정의 문제는 도덕의 객체와 관계된다. 전통 윤리학에서는 도덕의 주체만이 도덕의 객체가 될 수 있다. 즉 도덕적 의무를 행할 수 있는 자만이 도덕적 권리의 주체이며 객체이다. 도덕적 관계는 도덕적 행위 능력이 있는 사람들 상호간의 대칭적인 관계인 것이다. 따라서 도덕적인 행위 능력이 없는 동물이나 식물, 생명이 없는 자연물은 도덕적인 고려의 대상에서 당연히 배제된다. 이는 자연에 대한 사람의 행위를 도덕적 판단의 대상에서 제외시킴으로써 사람의 자연 파괴 행위를 결과적으로 정당화하여 준다. 말하자면 자연의 관심이익보다 사람의 관심이익을 우선적으로 고려하는 것이다.

둘째, 자연의 도덕적 권리 인정의 문제는 도덕 공동체의 범위를 확장하는 문제와 관계된다. 자연에 도덕적 권리를 부여하려면, 인간 중심의 도덕 공동체의 범위를 확장해야 한다. 동등한 권리와 의무를 갖는 동시대 사람들만을 공동체의 구성원으로 아주 좁게 이해하면, 태아, 소아, 정신적 장애인, 미래 세대의 구성원, 사람 이외의 자연 존재들은 도덕 공동체에서 배제될 수밖에 없다. 건강한 성인들보다 도덕적인 보호를 더 많이 필요로 하는 존재임에도 불구하고, 상호적이고 대칭적인 관계에 있지 않다는 이유로 도덕 공동체의 구성원으로 인정하지 않는 것은 받아들이기 어렵다.

셋째, 자연의 도덕적 권리 인정의 문제는 자연의 도덕적 위상과 관계된다. 지금까지는 이성적인 행위자만이 도덕적 위상을 갖고 있고, 또 도덕적으로 고려될 수 있다는 것이 지배적인 입장이었지만, 최근에는 사람이 아닌 자연 존재에게도 도덕적 위상을 부여하고 있다. 자연 존재의 도덕적 위상은 인간중심주의, 동물평등주의, 생명중심주의, 자연중심주의 등에 근거하여 다음과 같이 논하고 있다.

인간중심주의는 사람에게만 절대적이고 특권적인 우선권을 인정한다. 사람의 특수한 위치와 우월성은 사람만이 갖는 특별한 본성(이성, 언어사용, 자율 등)에 근거를 두며, 이를 바탕으로 사람에게만 내재적 가치와 도덕적 위상을 부여한다. 동물평등주의는 사람이든 동물이든 기쁨과 고통을 느끼고 스트레스를 받는 기제가 동일하다는 점에서 감각능력의 유무(혹은 유정성)를 도덕적 가치부여의 기준으로 삼는다. 감각능력이 있는 모든 자연 존재에게, 특히 고통을 의식할 줄 아는 고등동물에게 내재적 가치와 도덕적 위상을 부여한다. 생명중심주의는 모든 생명체가 생명에의 충동을 갖고 있으며, 생명의 보존과 생명의 완전한 전개에 관심을 갖는다는 관점에서, 모든 생명체와 생명 그 자체에 내재적 가치와 도덕적 위상을 부여한다. 자연중심주의(생태중심주의)는 살아 있는 존재는 물론이고, 생명이 없는 존재까지 포함한 모든 자연물과 자연의 체계, 혹은 자연적 질서나 균형에 내재적인 도덕적 가치를 인정한다.

김양현(2000)[198]은 도덕적 위상을 완전한-상호인격체적, 잠재적-상호인격체적, 인격체-유추적, 제한적, 도출된, 다섯 가지의 도덕적 위상으로 구분함으로써, 인간중심주의의 틀 내에서도 사람이 아닌 자연 존재에게 도덕적 위상을 부여할 수 있다고 제안하였다. 완전한-상호인격체적 도덕적 위상을 지닌 존재는 도덕적인 행위 능력이 없는 사람이나 사람이 아닌 자연 존재에 대해 도덕적 책임을 진다. 잠재적-상호인격체적 도덕적 위상을 지닌 존재는 갓난아이, 어린이, 미래세대 등, 도덕적으로 책임질 능력이 아직 없는 존재로서, 미래의 도덕 공동체의 완전한 구성원으로 간주한다. 인격체-유추적 도덕적 위상을 지닌 존재는 인간 종에 속하긴 하나 도덕적으로 행위할 능력을 미래에도 갖추지 못할 정신 장애를 지닌 존재

등을 가리키는데, 이들을 도덕 공동체의 유사적 구성원으로 간주한다. 제한적 도덕적 위상을 지닌 존재는 감각하며 고통을 의식할 수 있는 존재인 동물들로서, 비대칭적이고 일방적인 관계이지만, 도덕 공동체의 유사적 준구성원으로 간주한다. 도출된 도덕적 위상을 지닌 존재는 하등동물, 생물, 무생물 등으로서 도덕 공동체에 속하지는 않는다. 그러나 도덕 공동체를 건강하게 유지하기 위해서는 자연 존재들의 보존, 보호, 성장이 필수적인데, 이에 대한 도덕적 책임이 바로 인간에게 있다.

3) 음식윤리에의 적용

1996년 '세계 식량안보에 관한 로마 선언(Rome Declaration on World Food Security)'[200]은 모든 사람의 권리로서, 안전하고 영양가 있는 식량을 이용할 권리, 적절한 식량을 얻을 권리, 기아로부터 해방될 권리를 확인하였으며, 미래의 인류를 위한 식량안보 달성의 의지도 표명하였다. 또한 사막화와 어류 남획과 생물학적 다양성의 파괴를 포함하여 유해환경과 가뭄과 자원의 파괴에 맞서 싸울 수 있는 긴급한 대책의 마련과, 지속 가능한 농업·어업·임업의 추구를 선언하였다. 사실 전 세계 식량공급은 실질적으로 증가했지만, 식량을 이용할 수 있는 권리를 억압하는 요인, 식량을 구입할 수 있는 가계 수입과 국가 수입의 지속적인 부족 상태, 공급과 수요의 불균형 상태, 천재와 인재 등으로 인해 기본적 식량수요가 충족되지 못하는 실정이다.

---

200 네이버 지식백과. 세계 식량 안보에 관한 로마 선언(Rome Declaration on World Food Security). 기아 문제와 식량 문제를 해결하기 위한 발걸음. 세계를 바꾼 연설과 선언, 2006. 1. 15. 서해문집. http://terms.naver.com/entry.nhn?docId=1720370&cid=47336&categoryId=47336&expCategoryId=47336 (2015년 9월 2일 검색).

환경윤리의 주요 주제 가운데 음식윤리와 직접 관련이 있는 주제의 대부분은 식량제공을 위한 농업과 관련이 있다. 대표적인 주제로는 산업적 관행농업(conventional agriculture)이 있고, 이에 대한 대안으로는 유기농업(organic agriculture)이 있다. 이와 관련한 윤리적 쟁점에 대해서는 6부. '음식윤리의 대표적 문제 연구' 1장. '관행농업 및 유기농업과 관련한 음식윤리의 문제' 부분에서 자세히 다룰 것이므로 여기서는 음식윤리의 관점에서 환경윤리로부터 배울 점만을 다음과 같이 정리해보고자 한다. 모든 음식은 자연 환경에서 오고 자연 환경으로 되돌아간다. 자연 환경의 지속가능성이야말로 인류의 건강, 생명, 존재 자체의 유지에 필수적인 전제조건이다. 인간과 자연은 상호 의존함으로써 공생적 평형관계를 지속시킬 수 있는데, 평형이 깨진다면 이에 대한 책임은 오로지 인간의 몫이다. 이것이 바로 음식윤리에서 환경보전이 중요한 이유이며, 인간중심주의의 틀 내에서 자연 존재에게 도덕적 위상을 부여함으로써 생태적 지속 가능성을 이루어내야 하는 근거이다.

4장

소비윤리와의 관련성

소비는 소비자가 욕구와 욕망을 만족시키기 위하여 재화와 서비스를 선택하고, 구매하고, 사용하는 과정이다. 소비의 궁극적 목적은 욕구 충족이므로 소비는 윤리적 판단의 대상이 아니라고 생각하기 쉽다. 하지만 인간의 행위는 옳고 그름과 선함과 악함이라는 규범의 잣대로 평가 받기 때문에, 비록 내 돈으로 내 맘대로 구입하는 소비 행위라 하더라도 이것 역시 인간의 행위이므로 소비윤리(consumption ethics)라는 윤리적 판단의 대상일 수밖에 없다. 과거에는 소비를 개인적·사적 행위로만 간주하여 개인의 선택이 자유인 점을 강조해왔으나 점차 소비를 사회적·공적 행위로 인식하고 있다. 오늘날의 소비자는 가격 대비 가치를 기준으로 제품을 구매하는 개인적인 이익 추구에만 관심이 있는 것이 아니라, 모두를 위한 공적·사회적 정의를 고려하여 권리를 행사하거나 선택을 해야 한다.[201]

소비시대의 단계

근대적인 소비 패턴은 산업혁명을 전후하여 나타났다. 소비시대를 단계별로 보면 산업혁명부터 2차 세계대전까지의 1단계, 2차 세계대전 이후 대량생산과 대량소비를 특징으로 하는 산업사회의 2단계, 산업사회 이후부터 오늘날까지의 후기산업사회(post-industrial society)의 3단계로 구분한다.

소비시대의 첫 번째 단계에서는 세습적 신분 구조가 무너지면서 소비가 사회적 신분과 지위를 표현하는 중요한 수단이 되었다. 오늘날에도 신분과 지위의 표현이 소비의 중요한 동기로 작용하고 있다.

소비시대의 두 번째 단계에서는 물질적 풍요로 인해 소비 수준이 크게 향상되었고, 사람들의 소비 수준이 직업적 성취를 통해 이룬 부와 명예와 지위의 상징이자, 타인과 나를 구별 짓는 표지였다.

소비시대의 세 번째 단계는 고도소비사회(hyper-consumption society)라고 부른다. 이 시기의 소비자는 자신이 구매하는 소비재를 통해 되고 싶고 보여주고 싶은 유형의 인간 이미지를 보여준다. 또한 소비를 하면서 얻는 새로운 즐거움과 재미있는 체험을 통해 쾌락과 행복을 추구한다.[202]

---

201 박명희, 송인숙, 손상희, 이성림, 박미혜, 정주원, 천경희, 이경희. 2011. 누가 행복한 소비자인가? 교문사. 파주. pp.24-47.

202 박명희, 송인숙, 손상희, 이성림, 박미혜, 정주원, 천경희, 이경희. 2011. 누가 행복한 소비자인가? 교문사. 파주. pp.4-22.

1) 소비자의 권리와 책임

소비윤리를 소비자의 권리에 대응하는 의무나 책임(책무)의 개념으로도 이해한다. 국제소비자기구에서 발표한 『소비자행동윤리헌장』에는 자신이 사용하는 재화와 서비스에 대하여 경각심과 의문을 가지는 비판적 시각(critical awareness), 공정하다고 생각하는 것에 반응하는 실천력(action), 자신의 행동이 사회적·국제적으로 불이익을 받게 될 집단에 미칠 영향을 고려하는 사회적 책임(social responsibility), 자신의 소비가 환경에 어떤 영향을 미치는지 고려하는 환경적 책임(environmental responsibility), 그룹을 형성하고 행동하여 권익을 증진 강화해야 한다는 사회조직의 연대성(solidarity) 등의 내용을 담고 있다.[203] 우리나라 소비자기본법[204]에서도 제1조(목적)에 '소비자의 권리와 책무'를 명시하고 있으며, 제4조의 여덟 가지 권리와 더불어, 제5조에 소비자 권리의 정당한 행사, 필요한 지식과 정보의 습득 노력, 자원 절약적이고 환경 친화적인 소비의 세 가지 책무를 언급하고 있다.

오늘날 소비자는 개인의 단기적인 이익만을 추구하는 이기적 만족을 넘어 환경과 사회를 통합적으로 고려하고 배려하는 시민으로서의 책임과 의무를 부담한다. 책임에 대한 윤리적 성찰과 소비자의 주체적 참여는 변화하는 소비환경의 가장 궁극적인 목표이자, 원리이다. 마치 투표를 통해 정치에 참여하는 시민처럼 소비자는 화폐 투표(dollar vote)를 통해 시장에 참여하는 것이다. 소비자는 다양한 소비환경에 대해 소비자로서 갖

---

203   천경희, 홍연금, 윤명애, 송인숙. 2014. 윤리적 소비의 이해와 실천. 시그마프레스. 서울. pp.30-48.

204   국가법령정보센터. 소비자기본법. http://www.law.go.kr/lsSc.do?menuId=0&p1=&subMenu=1&nwYn=1&section=&tabNo=&query=%EC%86%8C%EB%B9%84%EC%9E%90%EA%B8%B0%EB%B3%B8%EB%B2%95#undefined (2015년 10월 10일 검색)

추어야 할 덕목을 지니게 된다. 소비자 덕목(consumer's virtue)은 현대 소비사회에서 소비자가 지니는 권리의 실현뿐만 아니라, 환경에 대한 의무의 성실한 수행, 공공재 소비에 대한 바람직한 도덕적 책임의식, 그리고 다양한 경제활동 및 정책에 대한 참여, 환경 · 기업 · 타소비자에 대한 신뢰 등 가치의 영역과 실천적 내용을 광범위하게 포함한다.[205]

2) 소비자의 사회적 책임

심영(2009)[206]은 소비자의 사회적 책임을, 경제적, 사회문화적, 시민적 및 생태환경적 측면에서, 개인적 · 사적 차원의 미시적인 사회적 책임과, 집단적 · 공적 차원의 거시적인 사회적 책임으로 구분하여 〈표 7〉과 같이 표현하였다.

표 7. 소비자의 영역별 사회적 책임[206]

구분	사회적 책임	
	미시적(개인적 · 사적 차원) 책임	거시적(집단적 · 공적 차원) 책임
경제적 측면	영역1A : 효율적 소비자	영역1B : 호혜적 소비자
사회문화적 측면	영역2A : 균형적 소비자	영역2B : 건전한 소비자
시민적 측면	영역3A : 깨어 있는 소비자	영역3B : 정의로운 소비자
생태환경적 측면	영역4A : 환경적 소비자	영역4B : 생태적 소비자

---

205   김정은, 이기춘. 2008. 소비자시민성의 개념화 및 척도개발. 소비자학연구. 19(1): 46-70.
206   심영. 2009. 소비자의 사회적 책임에 관한 연구. 소비자학연구 20(2): 81-119. 내용을 알기 쉽도록 단순하게 수정하였음.

영역 1A는 '효율적 소비자(efficient consumer)'로서 개인적 · 사적 수준의 경제적 역할에 따른 책임 영역이다. 여기서 '효율적'은 최소의 비용으로 최대의 효과를 얻고자 하는 효율적인 자원 배분을 의미한다. 영역 1B는 '호혜적 소비자(reciprocal consumer)'로서 집단적 · 공적 수준의 경제적 역할에 따른 책임 영역이다. 여기서 '호혜적'은 자기 이익만을 고려하는 이기적인 소비경제 행위가 아니라 사회구성원의 상호이익을 고려하고 사회적 이익을 중시하는 소비경제 행위를 의미한다.

영역 2A는 '균형적 소비자(balanced consumer)'로서 개인적 · 사적 수준의 사회문화적 역할에 따른책임 영역이다. 여기서 '균형적'은 소비자가 상품 자체의 가치가 아닌 상징적 가치에 초점을 둔 사회문화적 역할 기능을 수행하면서, 스스로 자신을 통제하는 균형 잡힌 소비 행위를 의미한다. 영역 2B는 '건전한 소비자(sound consumer)'로서 집단적 · 공적 수준의 사회문화적 역할에 따른 책임 영역이다. 여기서 '건전한'은 자신의 소비 행위가 사회 전체의 소비문화에 미칠 사회문화적 의미를 고려하여 소비하는 건전한 소비 행위를 의미한다.

영역 3A는 '깨어 있는 소비자(enlightened consumer)'로서 개인적 · 사적 수준의 시민적 역할에 따른 책임 영역이다. 여기서 '깨어 있는'은 사적 시민으로서 소비자 권리의 주장과, 공적 시민으로서 소비생활과 관련된 규범의 준수를 의미한다. 영역 3B는 '정의로운 소비자(rightful consumer)'로서 집단적 · 공적 수준의 시민적 역할에 따른 책임 영역이다. 여기서 '정의로운'은 소비자 개인의 선택권이나 접근 가능성이 자신이 속한 사회공동체 내에 존재하는 모든 소비자에게 평등하고 공정할 수 있도록 관여하는 것을 의미한다.

영역 4A는 '환경적 소비자(green consumer)'로서 개인적 · 사적 수준의 환경적 역할에 따른 책임 영역이다. 여기에서 '환경적'은 소비자의 생활 양식과 소비선택이 환경 친화적인 것을 의미한다. 영역 4B는 '생태적 소비자(ecological consumer)'로서 집단적·공적 수준의 생태적 역할에 따른 책임 영역이다. 여기에서 '생태적'은 인간 중심적 사고가 아닌 생태 중심적 사고를 토대로 생태계에 존재하는 모든 다양한 생명체의 존엄성에 초점을 두는 것을 의미한다.

3) 소비윤리의 수준

소비에 대한 윤리의식의 발달 수준은, 첫째, 상거래에서 거래 상대방에게 적극적으로 손해를 끼치는 불법행위를 하는 가장 낮은 수준, 둘째, 더 많이 받은 거스름을 돌려주지 않는다든가 하는 행위와 같이 거래 상대방에게 소극적으로 손해를 끼치는 수준, 셋째, 불법행위나 비윤리적 소비행위는 하지 않으나, 윤리적 소비행동도 하지 않는 그저 정직한 소비 행동을 하는 수준, 넷째, 자신의 소비가 환경과 사회에 미치는 영향을 인식하고 책임을 느끼면서 소비 행위를 하는 수준, 다섯째, 소비 행위를 절제하고 나누며 미래 세대를 고려하면서 소비를 하는 가장 높은 수준으로 나눌 수 있다.[203]

소비자들이 자신의 권리를 주장하는 비율은 95%인 반면 소비자로서의 책임을 받아들이는 비율은 74%라고 한다.[207] 더욱이 낮은 수준의 윤리의식을 지닌 소비자들은 폭언이나 난동, 과도한 경제적 보상요구, 근거 없는 비방과 억지 주장, 사기나 공갈 등의 '불량 불평행동(abnormal consumer complaints)'을 한다.[208] 반면에 높은 수준의 윤리의식을 지닌 소비자

---

207   김정훈. 2004. 소비자 특성에 따른 소비자 비윤리 행동. 한국생활과학회지. 13(3): 417-423.
208   배순영. 2013. 소비자의 불량 불평행동 동향 및 시사점. 월간소비자정책동향. 41: 19-38. 이

들은 내적 세계의 성숙을 중시하고 환경오염에 대해서도 관심이 높다. 또한 소비를 조장하는 기업의 마케팅 전략이나 대형할인마트에 대해 문제의식을 갖고 있으며, 대량생산·대량소비 사회에서 발생하는 소비자 소외 현상도 의식한다. 그리고 소비자의 과시적 소비나 지나친 편의 추구에도 비판적이다.[209]

4) 소비윤리의 차원과 내용

송인숙(2005)[210]은 소비윤리의 네 가지 차원과 각각의 구체적 내용을 다음과 같이 제시하였다. 첫째, 종적 차원으로서, 지속가능한 소비, 즉 미래세대의 요구에 대응할 능력도 유지하면서 현세대의 요구도 충족시키는 수준에서 현세대의 소비를 하는 것으로, 개인의 웰빙과 사회와 후세의 건강과 행복한 삶 즉 사회적 웰빙을 추구하는 LOHAS(lifestyle of health and sustainability)를 예로 들 수 있다. 둘째, 횡적 차원으로서, 동시대의 사람 사이의, 빈곤층과 부유층 사이의 자발적 소득 재분배를 통해 자신의 소비수준을 절제하고 나눔을 실천하는 것이다. 이런 점에서 과소비나 과시소비는 비윤리적 소비라 할 수 있다. 셋째, 상거래윤리 차원으로서, 판매자에게 손해를 입히는 행위를 하지 않아야 하고, 사용자로서 필요한 주의의무를 다해야 한다. 넷째, 시장경제의 기초적 윤리 차원으로서, 절제된 이기심, 정직성, 진실성, 신뢰성, 책임의식, 공정성과 같은 윤리적 가치가 생활화, 습관화되어야 한다.

용어는 그동안 사용되어 온 블랙 컨슈머, 악덕 소비자, 비윤리적 소비자 불만행동, 소비자의 부적절한 불만행동, 소비자 문제행동 등의 의미이다.

209   홍연금, 송인숙. 2010. 우리나라 윤리적 소비자에 대한 사례연구. 소비문화연구. 13(2): 1-25.

210   송인숙. 2005. 소비윤리의 내용과 차원정립을 위한 연구. 소비자학연구. 16(2): 37-55.

윤리의 궁극적인 목적은 행복이고, 소비의 궁극적인 목적도 행복이다. 행복해지려면 즐거움과 의미의 두 가지 요소가 충족되어야 한다. 칸트식의 의무에서 나오는 도덕적 삶은 즐거움과 의미를 분리하는데 비해, 진정한 행복은 현재와 미래 이익의 조화, 자기 자신을 돕는 것과 다른 사람을 돕는것의 조화, 즐거움과 의미의 조화에서 얻어진다. 소비생활을 하더라도 즐거우면서 의미 있는 소비 행위를 해야 행복해진다. 사회적 책임을 다하는 의미 있는 소비의 영역은 윤리적 상거래, 녹색 소비, 로컬 소비, 공정무역제품 소비, 절제와 간소한 삶, 기부와 나눔에 이르기까지 광범위하다.[201] 윤리적인 소비자는 개인적 만족뿐만 아니라, 현세대 인간이나 동물의 복지와, 다음 세대의 환경을 고려하면서, 다양한 감정(책임감, 정의감, 만족감, 유대감, 자존감, 아쉬움 등)을 경험한다. 공공선을 지향하는 윤리적 소비는 자신의 행복을 위한 길이면서 동시에 행복한 공동체를 만들어 내는 근원적인 방법이다.[211]

5) 음식윤리에의 적용

소비윤리의 주요 주제로서 인간의 의식주와 관계되는 의복 소비, 음식 소비, 주거 소비가 있는데, 그중에서 음식 소비에 대한 논의가 가장 활발하다. 김명식(2014)[212]에 따르면, 음식은 의류나 주거보다 훨씬 더 중요하다. 왜냐하면 특정지역, 가령 기후가 온화한 지역에서는 옷 없이도 살 수 있고, 또 특별한 주거 기구 없이도 살 수 있겠지만, 먹을 것이 없으면 단 며칠도 버틸 수 없기 때문이다. 음식은 빼놓을 수 없는 가장 중요한 삶의 전제이다. 김명식(2014)[212]은 이런 점에서 데카르트의 유명한 명제, "생각

211   박미혜. 2015. 윤리적소비와 관련한 소비자의 감정경험. 소비자학연구. 26(3): 27-58.
212   김명식. 2014. 음식윤리와 산업형 농업. 범한철학 74: 441-468.

한다. 고로 존재한다."보다 "먹는다. 고로 존재한다."가 인간의 삶에서 더 핵심적인 전제라고 언급한다. 생각 없이도 살 수는 있겠지만 먹는 것 없이는 살 수 없다는 것, 그리고 생각하고 있는 나의 존재도 직관적으로 자명하지만, 먹어야 사는 나의 존재도 직관적으로 자명하기 때문이다. 이런 점에서 음식에 대한 논의의 중요성은 아무리 강조해도 지나치지 않을 것 같다.

홍연금(2009)[213]은 우리나라 소비자의 윤리적 소비의 실천행동을 조사하였다. 그중에서 음식과 관련된 것을 중심으로 다음과 같이 정리할 수 있다. 지속가능한 소비 측면에서 친환경농산물 이용하기, 음식물쓰레기 거름으로 재활용하기, 음식 절제하기, 채식하기, 동물성식품 절제하기, 패스트푸드 안 먹기, 하우스 농산물 가급적 이용하지 않기 등이 있다. 또한 동시대 인류를 위한 책임 측면에서 공정무역 커피나 공정무역 초콜릿 이용하기, 로컬 음식 구매하기, 안전한 먹거리 모임 운영하기 등이 있다.

---

[213]   홍연금. 2009. 우리나라 윤리적 소비자에 대한 사례연구. 가톨릭대학교 대학원. 박사학위논문. pp.94-107.

5장

기업윤리와의 관련성

기업은 이윤의 극대화를 목표로 하는 경제의 생산 주체이다. 자본주의 사회에서 기업의 이윤 추구는 사회의 부를 늘리고 경제를 활발하게 움직이도록 하기 때문에, 이윤 추구와 기업윤리를 별개의 문제로 간주하였다. 그러나 오늘날의 기업윤리는 더 이상 선택사항이 아니라 기업의 이윤에 영향을 끼치는 필수사항이 되었다.[214] 기업윤리를 지키지 않는 기업은 내부적으로는 조직 구성원들로부터, 외부적으로는 투자자나 고객들로부터 외면 받고 신뢰를 잃음으로써, 기업의 존속에 치명적인 타격을 받는다. 이에 따라 윤리적인 기업 경영에 관심이 커지면서, 전 세계 기업들이 기업윤리를 실천하기 위한 시스템을 갖추기 위해 노력하고 있다.[215]

---

214   심상훈. 2011. 대기업의 비윤리적 경영에 대한 소비자의 인지정도와 구매의사의 상관관계. 경영관리연구. 4(2): 17-36.

215   김동훈, 서은진. 2006. 윤리경영의 실천체계 – 아주그룹 사례를 중심으로. 소비문화연구.

1) 기업윤리의 이론

기업윤리는 기업 활동에 관계되는 윤리적 기준이다.[216] 즉, 기업을 경영하는 상황에서 나타나는 행동이나 태도의 옳고 그름이나 선악을 구분해주는 규범적 판단 기준이다.[214] 기업윤리의 기본적인 윤리 이론으로는 의무론, 공리주의, 상대주의, 관리적 이기주의(managerial egoism), 정의론 등이 있다.[217]

의무론에 따르면 나는 해도 되고 다른 사람들은 해서는 안 된다고 생각되는 행위는 선이 아니다. 누구나 다 인정하는 '명백한 의무(prima facie duties)'에는 신의의 의무(duties of fidelity), 감사의 의무(duties of gratitude), 정의의 의무(duties of justice), 선행의 의무(duties of beneficence), 자기향상의 의무(duties of self-improvement), 남에게 해를 끼치지 않을 의무(duties of non-maleficence) 등이 있다.

공리주의에 따르면 가장 많은 사람에게 가장 많은 혜택을 줄 경우, 어떤 집단에 대한 순혜택(net benefit, 비용을 공제한 혜택)이 다른 모든 집단보다 클 경우, 단기적·장기적, 직접·간접 혜택이 다른 방법을 택했을 때보다 클 경우, 그런 행위가 선한 행위이며, 이때 결과에 이르는 과정은 중요하지 않다.

그밖에 상대주의(relativism)는 어떤 행위의 윤리성을 판정할 절대적인 표준이 없다고 보는 견해로서, 이것을 기준으로 삼는다면 어떤 지역에서는 관습적으로 공무원에게 뇌물을 줄 수 있다. 관리적 이기주의는 기업 관리자가 자신이나 기업의 장기적 이익을 효율적으로 증진시키는 행동

9(4): 241-260.

216 이종영. 2005. 기업윤리-윤리경영의 이론과 실제. 삼영사. 서울. pp.19-69.

217 이종영. 2005. 기업윤리-윤리경영의 이론과 실제. 삼영사. 서울. pp.171-107.

이 옳다고 주장한다. 정의론은 기업 활동에서 의사결정을 할 때 사회적 정의 원칙이 기준이 되어야 한다는 이론이다. 정의는 다른 사람을 평등하고 공정하게 대하는 것을 의미하며, 이때 결과보다 절차적 정의를 중요시한다.

2) 기업윤리의 필요성

기업윤리가 필요한 이유[216]는 첫째, 시장경제체제에서 기업은 신뢰가 바탕이 되어야 신용 거래를 할 수 있는데 이 신뢰가 윤리적 경영에서 비롯되기 때문이고, 둘째, 기업이 대규모화함으로써 기업의 윤리적 혹은 비윤리적 활동의 결과가 사회에 막대한 영향을 끼치기 때문이며, 셋째, 기업의 윤리적 경영은 기업의 경쟁력을 강화하는 반면 비윤리적 경영은 기업에 커다란 손해를 끼치기 때문이다. 2015년 9월 폭스바겐 배기가스 조작(Volkswagen emission violation) 스캔들이 비윤리적 경영의 대표적인 사례이다.[218]

이와 대조적으로 윤리적으로 기업을 경영할 경우, 장기적으로 기업의 경제 성과 및 사회적 성과와 정(+)의 상관관계가 있고, 매출액 또는 영업이익과도 정(+)의 관계가 있으며, 소비자의 구매의사에도 긍정적인 영향

---

218   위키백과. 폭스바겐 배기가스 조작. https://ko.wikipedia.org/wiki/%ED%8F%AD%EC%8A
       %A4%EB%B0%94%EA%B2%90_%EB%B0%B0%EA%B8%B0%EA%B0%80%EC%8A%
       A4_%EC%A1%B0%EC%9E%91 (2015년 10월 16일 검색). 폭스바겐 배기가스 조작(Volk-
       swagen emission violation) 또는 디젤 게이트(Diesel gate)는 2015년 9월 폭스바겐 AG 그룹
       의 디젤 배기가스 조작을 둘러싼 일련의 스캔들이다. 폭스바겐의 디젤 엔진에서 배기가스
       가 기준치의 40배나 발생한다는 사실이 밝혀졌고, 센서 감지 결과를 바탕으로 주행시험으
       로 판단이 될 때만 저감 장치를 작동시켜 환경기준을 충족하도록 엔진 제어 장치를 프로그
       래밍했다는 사실이 드러났다. 처음에는 폭스바겐사 제품에서만 배기가스 조작이 일어난 것
       으로 알려졌지만 고급 자동차 브랜드 아우디에서도 조작이 일어난 것으로 밝혀져 파장이
       일고 있다.

을 끼친다고 한다.[214]

기업이 추구하는 이익모델[216]에는 자기이익모델(self-interest model)과 사회이익모델(social-interest model)의 두 가지가 있다. 자기이익모델에 따르면 기업의 이기적인 활동이 가장 많은 사람에게 가장 큰 혜택을 주므로, 기업 활동의 목표는 이익 극대화이고, 법규와 업계 관행대로 행동하되, 능률적으로 해야 한다. 사회이익모델에 따르면 기업은 사회가 필요로 하는 서비스를 제공해야 하는데, 그러자면 사회가 필요로 하는 가치를 창조하고 그것을 전달하는 것을 목표로 삼아야 하고, 그 대가로 수익을 받으면서 사회와 오래 지속하는 관계를 유지하도록 해야 한다.

기업을 윤리성과 이익의 관점에서 보면, 윤리성도 낮고 이익도 적은 기업은 불필요하고, 윤리성은 낮으나 이익이 많은 기업은 바람직하지 않은 반면, 윤리성은 높으나 이익이 적은 기업은 지속 가능성이 없고, 윤리성도 높고 이익도 많은 기업이 가장 바람직하다. 종합적으로 판단할 때, 기업은 경제적 조직이므로 적절하고 정당한 수익을 추구하는 것은 당연하나, 자기이익모델보다 사회이익모델에 의한 판단과 의사결정이 더 바람직하다.

3) 기업윤리의 발전단계

구자원(2009)[219]은 기업의 윤리적 특성을 창업기, 성장기, 성숙기의 성장단계에 따라 살펴보았다. 첫째, 창업기의 경우, 제품이나 서비스의 판매를 통한 자금 확보가 가장 우선적인 활동이지만, 영업 활동에서의 윤리적 행위가 경쟁 우위를 확보하는 근원이 될 수 있다. 둘째, 성장기의 경우, 창업기에 구축된 윤리적 협업 시스템이 유용한데다가, 새로운 사업을 구

---

219   구자원. 2009. 기업 성장단계에 따른 기업윤리 특성에 관한 연구. 윤리경영연구. 11(1): 31-47

상하거나 새로운 고객을 확보할 경우에도 우호적으로 작용한다. 셋째, 성숙기의 경우, 다양한 형태의 윤리적 딜레마에 직면할 수 있는데, 이런 경우 윤리적 마인드를 조직 전체에 확산시켜 공유함으로써 극복할 수 있다. 이택수와 조봉순(2010)[220]도 벤처기업가의 윤리적 리더십에 관한 연구에서 실패하는 벤처기업 CEO의 특징으로 방만한 경영, 로비 의존, 무리한 사업 확장, 투명성의 상실, 그리고 도덕성 상실을 꼽았다. 특히 도덕성 상실이 가장 중요한 성패요인으로서, 성공한 벤처기업인에게는 높은 도덕성이라는 공통점이 있다고 주장하였다.

디딤돌-18

기업의 윤리수준의 단계

일반적으로 기업의 윤리수준을 다섯 단계로 구분할 수 있는데, 첫째 단계는 무도덕 단계(amoral stage)로서 이익의 극대화를 주목적으로 경영하는 단계이며, 윤리적 문제에 대해서는 고려하지 않는다. 둘째 단계는 준법 단계(legalistic stage)로서 윤리적 행위는 하지 않으면서 적어도 법규만큼은 준수하려고 한다. 셋째 단계는 대응 단계(responsive stage)로서 윤리적 문제를 인식하기 시작하지만 이익의 극대화를 먼저 염두에 두고 윤리적인 경영을 한다. 넷째 단계는 윤리관 태동 단계(emerging ethical stage)로서 윤리와 이익의 균형을 찾으려고 노력하면서, 기업윤리강령을 제정하고, 때로는 이익을 포기하더라도 윤리적 행위를 중요시한다. 다섯째 단계는 윤리 선진 단계(developed ethical stage)로서 윤리적으로 가장 높은 단계인데, 명확한 윤리관과 윤리원칙을 천명하여 모든 기업 구성원이 그

---

220   이택수, 조봉순. 2010. 벤처기업가의 윤리적 리더십에 관한 연구. 윤리경영연구. 11(1): 31-47

4) 기업의 사회적 책임

최근 기업은 국내외 기업환경의 급격한 변화에 따라, 규제에 맞추어 또는 자율적으로, 기업윤리를 정립하고 준수하고 있다. 국내 기업환경의 경우 경제수준의 향상에 따라 소비자가 삶의 질을 우선적으로 추구하는 바람에 기업에 요구하는 가치관과 윤리수준도 높아지고 있다. 그런데도 기업은 치열한 경쟁 구도에서 단기적인 문제 해결을 위해 기업의 윤리수준을 떨어뜨리는 경우가 자주있다. 이런 연유로 기업의 기존적인 영업 관행과 사회적 가치관의 간격이 점점 더 벌어지고 있다. 이 간격은 기업윤리의 향상을 통해 좁혀질 수 있다.[216]

국외 기업환경도 크게 변화하였다. 미국은 세계화가 진행되면서 부패도 세계적인 양상을 보이자, 부패로 인한 자국기업의 불이익을 최소화하기 위해 노력했다. 1977년 워터게이트 사건을 조사하던 과정에서 미국 기업들이 국제상거래에서 뇌물을 제공하는 관행이 밝혀졌는데, 이 사건을 계기로 같은 해 '해외부패방지법(FCPA, foreign corrupt practices act)'을 제정하였다. 미국의 이와 같은 움직임은 부패방지 노력이 국제적으로 확산되는데 영향을 미쳤으며, 1990년대에는 기업의 윤리경영을 강화하는 정책을 추구하여 경쟁력을 확보할 수 있게 되었다.

그러나 미국의 기업윤리 경쟁력 확보를 위한 노력과는 반대로, 해외부패방지법은 미국 기업이 개발도상국 시장에 진출할 때 걸림돌로 작용하

---

221   김성수. 1999. 한국기업의 비윤리적 행위에 관한 조사 연구. 기업윤리연구 1: 221-240.

였다. 개발도상국 정부의 부패 수준이 높아 미국기업이 기업 활동을 하는 데 어려움을 겪게 된 것이다. 이에 따라 미국은 자국의 반부패 기준을 다른 나라에도 적용하기 위해 적극적으로 활동을 펼쳤으며, 그 결과 UN, OECD, WTO 등과 같은 국제기구에서 세계적인 수준의 규제 논의가 진행되어 1999년 OECD의 '해외공무원에 대한 뇌물방지협약'이 발표되면서 반부패라운드가 본격적으로 출범하였다.[222]

결과적으로 기업의 사회적 책임(corporate social responsibility, CSR)에 대한 세계적 관심이 높아졌고, 국제표준화기구(ISO)에서 2010년 9월 CSR에 관한 국제표준(ISO 26000 guidance on social responsibility)을 마련하였으며, 우리나라도 2012년 8월 30일 KSA ISO26000을 고시하였다.[223] 만약 한국 기업이 CSR의 국제표준을 외면한다면 수출 의존도가 큰 한국 경제에 좋지 않은 영향을 끼칠 수 있다.[224]

CSR은 기업의 단순한 자선 활동이 아니라, 지속가능 경영을 위한 기업성장의 새로운 패러다임이다. 하지만 CSR이 새로운 유형의 무역장벽으로 작용할 가능성도 있다. 이에 따라 전국경제인연합회(전경련)는 CSR이 경제발전 및 사회통합의 중요한 요인임을 강조하면서, 사회공헌백서를 통해 기업의 사회공헌 현황을 발표하고 있다.[225]

CSR은 경제적, 법적, 윤리적, 자선적 활동의 네 가지 차원의 책임[225]이다. 경제적 책임은 기업이 사회의 기본단위로서 재화와 서비스를 생산할

---

222   국민권익위원회. 2012. 기업윤리 반부패라운드의 역사와 동향. 기업윤리 브리프스. 2012-6호. http://www.acrc.go.kr/acrc/briefs/201206/4.html (2015년 10월 14일 검색)

223   국민권익위원회. 2012. 산업별 기업 윤리경영 모델. pp.3-8.

224   손석춘. 2013. 한국 기업의 '사회적 책임'과 소통5. 경제와 사회. pp.92-121.

225   김선화, 이계원. 2013. 기업의 사회적 책임활동(CSR) 관련 연구들에 대한 검토 및 향후 연구 방향3. 대한경영학회지. 26(9): 2397-2425.

책임을 갖는다는 의미이며, 법적 책임은 기업이 법적 요구사항의 범위 안에서 경제적 임무를 수행하는 것을 의미한다. 윤리적 책임은 법으로 규정되지는 않았지만 기업이 사회일원으로서 수행하도록 기대되는 행동과 활동을 의미하며, 자선적 활동 책임은 기업의 개별적 판단이나 선택에 맡겨져 있는 부분으로서, 사회적 기부행위, 각종 사회복지시설 운영 등 자발적인 활동을 의미한다. 한편 CSR을 3P, 즉 적절한 이익(profit) 창출의 경제적 책임, 친환경 경영으로 지구(planet)를 보호할 책임, 사람(people)의 삶의 질을 향상시킬 사회적 책임으로 구분하기도 한다.[226]

5) 음식윤리에의 적용

2007년 한 해 동안 지속 가능성 보고서를 발간한 32개 기업을 대상으로 소비자와 관련된 역할 수행을 조사한 결과,[227] CSR 활동은 주로 기업의 필요에 의해 진행되고 있으며, 소비자의 안전성 확보나 표시·광고 등에 대한 소비자의 요구에는 능동적으로 부응하지 못하고 있다. 또한 기업은 소비자의 8대 기본권리 가운데 피해보상을 받을 권리와 안전할 권리에 대한 요구도가 높은 점에 유의하여, 사회적 약자에 대한 사회공헌 책임뿐만 아니라 고객의 절대다수를 차지하는 소비자들을 위한 활동을 많이 해야 한다.[228] 특히 소비자는 외식기업의 CSR 활동에 대해 만족도가 낮은 것으로 나타났다.[229]

---

226 이종영. 2005. 기업윤리-윤리경영의 이론과 실제. 삼영사. 서울. pp.109-145.

227 황은애, 송순영. 2008. 사업자의 소비자관련 사회적 책임활동 현황분석 : 국내 지속 가능성 보고서 내용검토를 중심으로. 소비자학연구. 19(4): 109-133.

228 김혜연, 김시월. 2011. 소비자의 8대 기본권리 실현을 위한 기업의 책임 수행에 대한 소비자의 인식 및 요구: 기업의 사회적 책임에 대한 논의를 중심으로. 소비자학연구. 22(3): 1-23.

229 김동진, 김영자. 2012. 외식기업의 사회적 책임 활동에 대한 소비자의 인식에 관한 연구. 한국조리학회지. 18(1): 259-271.

식품기업 중에서는 A사가 2015년 KRCA(대한민국 지속 가능성보고서 상)[230]에서 6년 연속 종합식품부문 1위로 선정되었다.[231] 그러나 이와 대조적으로 식품기업의 비윤리적 경영 사례[232]는 대단히 많은 것으로 나타났다. 2014년 1분기에만 식품위생법 등을 위반한 6,871개 불량식품업체를 적발하였고, 4,481명을 검거했다고 한다. 식품위생법을 어긴 업체 3곳 중 1곳이 원산지 거짓표시 등 표시 기준을 위반했으며, 유통기한이 지난 제품을 판매하거나 유통하다가 적발된 사례도 전체의 20%에 달했다. 노인 등을 상대로 식품이 질병치료에 효과가 있는 것처럼 허위 · 과대광고를 한 판매업체 28곳도 적발되었고, 시가 38억 원 상당의 중국산 참깨를 국내산 포대에 옮겨 담는 수법으로 원산지를 둔갑시켜 판매한 업체도 검거되었다. 어떤 식품업체는 조류독감 발생에 따른 달걀 폐기로 가격이 급등하자 파손되거나 곰팡이가 핀 달걀로 빵 반죽을 만든 뒤 이를 다른 업체에 공급해 온 것으로 드러났다. 이런 비윤리적인 사건들을 볼 때 식품업체의 경우 이상적인 기업윤리로 가는 길은 아직 멀었다고 볼 수 있다.

230 한국표준협회. 2015. 2015년 KRCA(대한민국지속 가능성보고서상) 조사 결과 공시. http://ksi.ksasma.or.kr/ksi/customer/news/view.asp?seq=59 (2015년 10월 16일 검색).

231 브레이크뉴스. http://www.breaknews.com/sub_read.html?uid=395305&section=sc3 (2015년 10월 16일 검색).

232 국민권익위원회. 2014. 기업윤리 브리프스. 2014-7호. pp.2-5. http://www.acrc.go.kr/acrc/board.do?command=searchDetail&menuId=05060107&method=searchDetailViewInc&boardNum=45637&currPageNo=2&confId=85&conConfId=85&conTabId=0&conSearchCol=BOARD_TITLE (2015년 10월 14일 검색)

4부

음식윤리의
실용적 접근방법

1장

실용적 접근방법의 선정 근거

앞의 1부 '음식과 음식윤리'에서는 음식과 생명의 관계, 음식과 공동체의 관계, 음식윤리란 무엇인가 등에 대해 살펴보았다. 2부 '음식윤리에 대한 다양한 원리적 접근'에서는 결과주의 윤리인 이기주의와 공리주의, 비결과주의 윤리인 자연법 윤리와 인간존중의 윤리, 최근의 윤리로서 정의론, 생명존중의 윤리, 그리고 덕의 윤리에 대하여 살펴보았다. 그리고 3부 '다른 응용윤리와 음식윤리의 관련성'에서는 의료윤리, 생명윤리, 환경윤리, 소비윤리, 기업윤리와 음식윤리의 관련성을 검토하였다. 여기서는 1부·2부·3부의 내용을 토대로 음식윤리에 대한 실용적 접근방법을 선정하고자 한다. 단, 실용적 접근방법은 누구나 이해하기 쉽고 간단하며 명료해야 할 것이다.

음식윤리의 실용적인 접근방법으로는 다섯 가지를 생각해볼 수 있다. ① 최적 이론 접근법은 여섯 윤리 이론(이기주의, 공리주의, 자연법 윤리, 인간존중의 윤리, 정의론, 생명존중의 윤리) 가운데 윤리적 이슈에 가장 적합한 이론을 선정하여 윤리적 평가를 하는 방법이다. ② 윤리 매트릭스(Ethical Matrix) 접근법은 세 윤리원칙(복지, 자율성, 정의)을 기준으로 네 집단(생산자, 소비자, 대상 생명체, 생물군)의 관심이익을 수치화하여 윤리적 평가를 하는 방법이다. ③ 핵심 원리 접근법은 음식윤리의 핵심 원리로 간주할 수 있는 여섯 원리(생명존중, 정의, 환경보전, 안전성 최우선, 동적 평형, 소비자 최우선) 가운데, 윤리적 이슈의 평가에 적절한 1개 이상의 원리를 적용하여 윤리적 평가를 하는 방법이다. ④ 결의론 접근법은 전형적인 음식윤리 사례를 기준으로 윤리적 이슈를 비교하여 윤리적 평가를 하는 방법이다. ⑤ 덕 윤리 접근법은 사주덕(정의, 지혜, 용기, 절제) 가운데 윤리적 이슈에 가장 적합한 덕목을 선정하여 윤리적 평가를 하는 방법이다. 어느 접근방법이든 앞에서 설명한 일관성, 신빙성(이미 가지고 있는 윤리적 신념과의 일치), 유용성(도덕적 딜레마를 해결하는 능력), 정당성의 네 가지 기준[72]을 통과해야 한다.

이 가운데 덕 윤리 접근은, 도덕적으로 바람직한 공동체와 인간상을 상정할 경우, 어느 윤리 이론을 선정하더라도 윤리 이론의 도덕적 실천에 도움이 될 것이다. 김완구(2014)[156]는 환경 덕이 환경윤리의 행위 원칙에 맞추어 행위하도록 돕는 경향을 준다고 하면서, 덕 윤리가 환경윤리뿐 아니라 음식윤리에도 적절하게 활용될 여지가 많다고 하였다. 윤리 이론과 덕 윤리를 함께 적용하는 방법으로는, 선정된 윤리 이론에 덕 윤리를 별도로 부가하는 방법과, 덕 윤리를 윤리 이론에 병합하여 적용하는 방법이 있다.

한편 윤리적 이슈를 보는 관점(개인윤리 vs 사회윤리)에 따라 실용적 접근방법의 선택이 달라질 수 있다. 비만 이슈를 개인윤리의 관점에서 본다면, 비만은 개인문제에 머물기 때문에, 사회적 이슈로서의 비만문제를 해결할 수 없게 된다. 따라서 비만에 대한 음식윤리는 사회윤리의 관점에서 공리주의로 접근하는 것이 바람직하다. 개인윤리 이슈면서 사회윤리의 관점에서도 의미가 깊다면 개인윤리적 성격이 강한 이슈(예: 절제)도 사회윤리적 관점에서 받아들일 수 있다. 여기서는 사회윤리 위주로 음식윤리 접근법을 구상할 것이다.

기존윤리는 소집단 중심의 미시윤리(micro-ethics)나 국가 중심의 중형윤리(meso-ethics)에 머무는 반면, 현대의 윤리는 지구적이면서 미래까지 포함하는 거시윤리(macro-ethics)[233]의 특성을 보인다. 거시윤리는 도덕 판단의 범위를 전 지구와 미래로, 도덕 판단의 기준을 결과와 책임으로, 도덕적 주체와 객체의 범위를 개인을 넘어서 집단과 생태로 확대한다. 음식윤리에 대한 접근도 거시윤리의 관점에서 이루어져야 한다. 기존윤리는 인간관계의 도덕질서나 인간 상호작용의 일상적 영역 안에서만 의미가 있기 때문에, 과학기술로 인해 발생한 대부분의 윤리적 문제에 대하여 개인은 책임이 없거나 책임의 공동화 현상이 생긴다. 과학기술과 산업의 발달로 인해 발생하는 새롭고 다양한 윤리적 이슈(예: 3D-printed food나 insect food)도 거시윤리적 분석이 효과적일 것이다.

변순용(2015)[234]은 음식윤리 관련문제를 음식의 생산(만드는 행위), 유

---

233   이경희. 2008. 거시윤리학을 말하다-테크노폴리 시대의 거시윤리학의 실천가능성. 정신문화연구. 31(1): 391-401.

234   변순용. 2015. 음식윤리의 내용체계 연구. 초등도덕교육. 47: 141-162. 음식의 생산 관점에서의 문제로 농작물 재배, GMO의 생태적 폐해, 지속가능한 농업, 육류의 생산 및 가공, 동물의 고통, 양식 어류의 사료문제, 항생제 사용, 농민이나 노동자의 차별과 불평등, 먹을거리의 안전성, 로컬 푸드, 식량주권의 문제를, 음식의 유통 및 분배 관점에서의 문제로 글로벌 푸드 시스템, 대량 유통 시스템, 푸드 마일리지, 환경오염, 공정무역, 신선한 먹거리 접근권의 제한의 문제를, 음식의 소비 관점에서의 문제로 윤리적 소비, 지속가능한 식사, 새로운 먹거리 공동체, 음식권과 음식복지, 로컬 푸드, 슬로우 푸드, 탐식, 폭식과 거식의 문제, 비만과

통 및 분배(파는 행위), 그리고 소비(먹는 행위)의 세 관점으로 구분하였다. 여기서도 음식윤리의 대상을 음식을 만드는 사람, 음식을 파는 사람, 음식을 먹는 사람으로 구분하는데, 이 세 집단은 한 집단(먹는 사람)으로 환원된다. 즉, 만드는 사람이든 파는 사람이든 결국 먹는 사람이 될 수밖에 없는 것이다. 의료윤리에서는 의사가 환자의 입장이 될 수 없지만, 음식윤리에서는 만드는 사람과 파는 사람이 먹는 사람이 되는 비대칭적인 관계를 보인다. 따라서 음식윤리에서는 음식을 먹는 사람이 윤리 주체의 중심에 놓인다.

다이어트, 음식 격차(Food Gap), 미식의 윤리성, 채식과 육식의 윤리성, 음식문화와 음식스타일, 섭식장애의 문제를 들었다.

2장

실용적 접근방법의 대표적 예

　음식윤리의 실용적 접근방법의 대표적인 예로는 최적 이론 접근법, 윤리 매트릭스(Ethical Matrix) 접근법, 핵심 원리 접근법, 결의론 접근법, 덕 윤리 접근법이 있다. 이 가운데 핵심 원리 접근법이 누구나 이해하기 쉽고 간단하며 명료한 방법이라고 생각되어, 이 책의 5부 이후부터의 음식윤리 평가에서는 핵심 원리 접근법을 적용할 것이다.

1) 최적 이론 접근법

　최적 이론 접근법은 음식윤리를 위배한 사건이나 사안에 대하여, 이기주의, 공리주의, 자연법 윤리, 인간존중의 윤리, 정의론, 생명존중의 윤리의 여섯 가지 윤리 이론을 차례로 적용해보면서, 최적이라고 판단되는 이론을 선택하여, 윤리적 판단을 내리는 방법이다. 이 경우 여섯 가지 윤리 이론 사이에 중요도에 차이가 있거나 우선순위가 있는 것은 아니다.

이기주의로 설명이 가능한 윤리적 이슈는, 미시윤리 차원에서만 평가해도 괜찮은 경우라면, 굳이 공리주의나 다른 윤리 이론을 적용할 필요는 없다. 미시윤리의 차원을 넘어 거시윤리로 확대된 윤리적 이슈라면 공리주의 등의 다른 이론을 선택하는 것이 바람직하다. 인간의 본성이나 생명의 관점이 두드러진 이슈에는 자연법 윤리를 적용해볼 수 있으며, 자연법 윤리로 윤리적 딜레마를 해결하기 어려우면 인간존중의 윤리를 적용해볼 수 있다. 정의롭지 않은 사회제도에서 비롯된 윤리 이슈라면 정의론의 적용이 바람직하고, 인간 중심의 윤리로 설명하기 어려운 이슈에는 생명존중의 윤리를 적용해볼 수 있다.

〈음식윤리 사례-1〉에서 먼저 온 손님이 남긴 반찬을 다음 손님에게 제공하는 행위는 이기주의 가운데 윤리적 이기주의로 충분히 설명이 가능하고, 〈음식윤리 사례-5〉의 비만의 사회경제적 비용은 최대 다수의 최대 행복의 결과를 중요시하는 공리주의로 설명할 수 있다. 〈음식윤리 사례-6〉의 부정·불량식품이나 〈음식윤리 사례-7〉의 표시위반식품은 자연법 윤리의 제2계명인 생명존중과 바른 지식의 추구를 위배하는 것으로 판단할 수 있다. 한 걸음 더 나아가 〈음식윤리 사례-8〉의 불량 다대기와 같이 저질 식재료를 수입하거나 사용하는 업체의 경우 인간존중의 윤리를 적용하여 비판하는 것이 명쾌한 윤리적 판단이다. 이 경우는 '사람을 목적으로 대하라.'라는 칸트의 정언명령을 위배하였음은 물론, "참되고 품질이 우수한 음식을 만들고, 팔고, 먹어라." 또는 "가짜 음식이나 품질이 열악한 음식을 만들거나, 팔거나, 먹지 마라."의 음식윤리의 정언명령도 위배한 것이다. 〈표 4〉의 피자 분배 사례의 경우, 효용의 전체 합의 극대화를 추구하는 공리주의로는 딜레마를 해결할 수 없으므로, 정의론을 적용하여 제도적 정의를 강조하는 편이 낫다. 〈음식윤리 사례-9〉의 멜라민 파동은 인간의 생명을 존중하지 않는 사례인 반면, 〈음식윤리 사례-10〉의 젖소의 BST 허용의 경우, 스스로 삶의 주체인 젖소의 생명을 존중하지 않는 사례이다.

어느 윤리 이론을 선정하든 이론으로서의 일관성, 신빙성(이미 가지고 있는 윤리적 신념과의 일치), 유용성(도덕적 딜레마를 해결하는 능력), 정당성의 네 가지 기준[72]을 통과해야 하는 것은 물론, 해당 사례의 딜레마 해결에 최적인 윤리 이론이라야 한다.

2) 윤리 매트릭스(Ethical Matrix) 접근법

Mepham이 제안한 윤리 매트릭스(ethical matrix) 접근법[235]은 서로 다른 네 집단에 세 가지 윤리 원칙을 적용하여 관심이익(interests)을 비교함으로써 윤리적 판단을 내리는 방법이다. 윤리 매트릭스 접근법은 복지(wellbeing)에 대한 존중, 자율성(autonomy)에 대한 존중, 정의에 대한 존중의 세 가지 원칙을 기준으로 삼는다. 이 접근법에서는 의료윤리의 '명백한 원칙(prima facie principle)'인 선행의 원칙, 악행 금지의 원칙, 자율성 존중의 원칙, 정의의 원칙 중에서 선행의 원칙과 악행 금지의 원칙을 복지에 대한 존중으로 통합하였다. 이 세 가지 원칙은 세 가지 윤리 이론을 대표하는데, 복지에 대한 존중은 벤담의 공리주의를, 자율성에 대한 존중은 칸트의 인간존중의 윤리를, 정의에 대한 존중은 롤스의 정의론을 각각 대표한다. 또한 의료윤리가 환자 또는 의사의 관심이익을 고려하는 반면, 윤리 매트릭스 접근법은 생산자, 소비자, 대상 생명체, 생물군의 네 집단의 관심이익을 고려한다. 이에 따라 3열, 4행의 윤리 매트릭스가 생긴다.

---

235   Mepham, B. 1996. Food Ethics. Routledge. London. UK. pp.101-119.

이 윤리 매트릭스 접근법은 낙농업에서 젖소의 BST[158], 식품 공급 체인[236], 유전자 변형 옥수수[237], 수산물 양식[238] 등 음식윤리 이슈의 분석에 적용되었고, 공학 분야[239]의 윤리적 분석에도 활용되었다. 이 가운데 대표적 사례는 〈음식윤리 사례-10〉에서 설명한 젖소에 대한 BST 사용 여부인데, 이에 대한 윤리 매트릭스는 〈표 8〉과 같다. 이때 관심이익이 매우 긍정적일 경우부터 매우 부정적인 경우까지 '+2, +1, 0, -1, -2'로 점수를 매길 수 있다.

표 8. 젖소의 BST 사용에 대한 윤리 매트릭스[158]

집단	복지에 대한 존중	자율성에 대한 존중	정의에 대한 존중
낙농업자	만족스러운 수입과 노동조건	행위의 경영적 자유	정당한 가격과 공정거래
소비자	식품의 안전성과 삶의 질	정보가 주어진 식품의 민주적 선택	가격이 알맞은 식품의 구입 가능성
젖소	동물 복지	행동의 자유	내재적 가치
생물군	보호와 보존	생물 다양성	지속 가능성

〈표 8〉에서 각 집단의 관심이익[158]을 자세히 살펴보자. 첫째, 낙농업자의 관심이익은, 복지 측면에서는 농장주와 농장 노동자의 만족스러운 수

---

236   Manning, L., Baines, R.N., Chadd, S.A. 2006. Ethical modelling of the food supply chain, British Food Journal. 108(5): 358-370.

237   Mepham, B. 2000. A framework for the ethical analysis of novel foods: the ethical matrix. Journal of Agricultural and Environmental Ethics. 12(2): 165-173.

238   Grigorakis, K. 2010. Ethical issues in aquaculture production. Journal of Agricultural and Environmental Ethics. 23: 345-370.

239   한경희, 허준행, 윤일구, 이강택, 강호정. 2012. 공학 분야의 윤리적 문제해결방법-매트릭스 가이드. 공학교육연구. 15(1): 61-71.

입과 노동조건이고, 자율성 측면에서는 농장주의 경영적 결정(예를 들어 농장 시스템 선택)의 자유이며, 정의 측면에서는 농장주와 농장 노동자가 노동과 생산물에 대해 정당한 가격을 받는 것과 거래 행위에서 공정하게 취급받는 것이다. 둘째, 소비자의 관심이익은, 복지 측면에서는 식품 위해로부터의 안전성 보장과 시민으로서 즐길 수 있는 삶의 질이고, 자율성 측면에서는 적절한 정보가 적절하게 표시되어 있는 식품의 민주적인 선택이며, 정의 측면에서는 가난해도 사먹을 수 있도록 가격이 알맞은 식품의 적절한 공급과 구입 가능성이다. 셋째, 젖소의 관심이익은, 복지 측면에서는 고통의 예방과 건강 증진의 동물 복지이고, 자율성 측면에서는 방목과 짝짓기와 같은 정상적인 본성적 행동의 보장이며, 정의 측면에서는 도구적 소유물이 아니라 내재적 가치를 지닌 존재로 존중받는 것이다. 넷째, 생물군의 관심이익은, 복지 측면에서는 유해한 것으로부터 야생동물의 보호와 보존이고, 자율성 측면에서는 생물다양성 유지와 멸종 위기종이나 희귀종의 보존이며, 정의 측면에서는 온실가스 방출을 줄여 토양이나 물과 같은 생명유지 시스템의 지속 가능성을 보장하는 것이다.

윤리 매트릭스 접근법에서는 이론적인 윤리 원칙에 중점을 두되, 덕의 윤리는 고려하지 않는다. 또한 윤리 매트릭스를 적용하여 분석하는 사람들은 윤리 원칙이나 집단에 서로 다른 가중치를 적용할 수 있다. 이런 까닭에 BST 사용에 찬성하는 사람이든 반대하는 사람이든, 윤리 매트릭스 접근법을 활용하여 자신의 의견을 정당화할 수도 있다. 실제로 미국은 BST 사용을 승인한 반면, 유럽연합은 금지하고 있는데, 미국은 낙농업자의 자율성에, 유럽연합은 소비자의 자율성에 가중치를 두기 때문일지도 모른다. 그러므로 윤리 매트릭스 접근법은 윤리적 결정 자체를 위한 것이라기보다, 논리적 정당성을 제공함으로써 윤리적 판단을 쉽게 할 수 있도록 도와주는 역할을 하는 것이라고 볼 수 있다.

3) 핵심 원리 접근법

핵심 원리 접근법은 생명존중의 원리, 정의의 원리, 환경보전의 원리, 안전성 최우선의 원리, 동적 평형의 원리, 소비자 최우선의 원리의 여섯 가지 원리를 중심으로 음식윤리에 접근하는 방법이다. 김석신과 신승환 (2011)[240]은 여섯 가지 원리 가운데 생명존중의 원리, 정의의 원리, 환경보전의 원리, 안전성 최우선의 원리의 네 가지 원리를 음식윤리의 주요 원리로 제안하면서, 이를 불량만두소 사건[241]이나 미니컵 젤리 사건[242, 243]에 적용하는 한편, 한국 음식 속담[244]에 활용하기도 하였다. 그 후 한국 음식 신어에 대한 윤리적 분석[245]에서는 동적 평형의 원리를 추가하여 다섯 가지 원리를 기준으로 삼았는데, 본 저술에서는 소비자 최우선의 원리를 추가하여 여섯 가지 원리를 기준으로 윤리적 접근을 시도하고자 한다.

먼저 생명존중의 원리를 살펴보자. 김석신과 신승환(2011)[240]에 따르면 생명은 그 자체로 가치가 충만한 것이고, 생명은 생명을 먹으며 생명을 유지한다. 생명을 유지하기 위해 필요한 음식이 바로 다른 생명체이기에, 응당 생명을 존중하는 것이 바람직하다. 따라서 음식윤리의 가장 기본적

---

240 김석신, 신승환. 2011. 잃어버린 밥상, 잊어버린 윤리. 북마루지. 서울. pp.94 97.

241 김석신. 2011. 불량만두소 사건에 대한 음식윤리적 접근. 한국식생활문화학회지. 26(5): 437-444.

242 김석신. 2014. 미니컵 젤리 사건의 국가배상판결에 대한 음식윤리 관점에서의 분석. 법과사회. 46: 175-199.

243 Kim, S.S. 2014. The mini-cup jelly court cases: A comparative analysis from a food ethics perspective. Journal of Agricultural and Environmental Ethics. 27(5): 735-748.

244 김석신. 2012. 한국 음식 속담에 대한 음식윤리적 접근. 한국식생활문화학회지. 27(2): 157-171.

245 김석신. 2012. 1994-2005년 한국 음식 신어에 대한 음식윤리적 접근. 한국식생활문화학회지. 27(5): 445-448.

인 원리는 생명존중이며, 만일 음식이 생명존중의 원리를 지키지 않고 생명에 위해를 준다면 그 음식은 존재할 이유조차 없다.

앞의 1부 '음식과 음식윤리'의 2장 '음식과 생명의 관계'에서도 우리가 먹는 음식이 바로 이웃하는 생명체의 생명임을 잘 인지하고 자각하는 것이, "남에게 대접을 받고자 하는 대로 남을 대접하라."는 황금률이라고 하였다. 여기서 말하는 생명이란 인간의 생명과 다른 생명체의 생명을 망라하는 것으로서, 모든 생명을 존중해야 한다는 것을 뜻한다. 인간의 생명을 존중한다는 것은 인간존중이 중요하다는 것을 함축하고 있으며, 다른 생명체의 생명을 존중한다는 것은 다른 생명체에 대한 책임이 인간에게 있다는 것을 의미한다. 3부 '다른 응용윤리와 음식윤리의 관련성'의 2장 '생명윤리와의 관련성'에서 언급한 것처럼, 음식은 인류 최고의 의무인 생명의 지속과 인류의 실존에 도움을 주어야 하므로, 반드시 생명존중의 음식이어야 한다.

이번에는 정의의 원리[240]를 살펴보자. 정의는 공정한 분배와 진위(眞僞)의 두 가지 차원을 지닌다. 1부 3장 '음식과 공동체의 관계'에서 음식의 '나눔'은 공동체 윤리의 핵심이고, 나눔이 공정성의 '정의'와 관련된다고 하였다. 음식이 각 개인의 생명 유지를 위해 필요한 것이라면, 적어도 음식을 사먹을 재화가 없어 생명을 잃는 일은 없어야 한다. 같은 사회 안에서 한 쪽은 지나치게 풍족하게 먹어 비만이나 만성질환에 걸리는 반면, 다른 쪽은 영양 섭취 부족으로 건강을 잃고 죽어간다면 결코 정의로운 사회라 할 수 없다. 원산지에서 노동의 대가치고는 너무 적은 금액에 거래된 커피 원두나 코코아 원두가, 최고급 커피나 초콜릿으로 둔갑해 엄청난 가격에 버젓이 팔리는 상황인데도, 전혀 모른다든가 관심조차 없다면, 이 또한 정의로운 사회가 아니다.

한편 '표시'의 진위의 관점에서, 가짜 꿀을 진짜 꿀로 또는 중국산을 국산으로 속여 팔거나, 헐값으로 산 열악한 품질의 재료로 만든 음식을 비싼 값에 속여 팔거나, 손님이 남긴 음식을 재탕하여 내 놓거나, 농약을 잔뜩 뿌린 채소에 친환경 마크를 붙여 판매하는 행위 등은 모두 정의로운 행위가 아니다. 3부 '다른 응용윤리와 음식윤리의 관련성'의 1장 '의료윤리와의 관련성'에서는 자율성 존중의 원칙을 엄격한 '표시'의 윤리적 근거로 제시하였다. 3부 5장 '기업윤리와의 관련성'에서는 식품기업의 비윤리적 경영 사례로서, 원산지 거짓 표시 등 표시 위반과, 유통기한이 지난 식품의 판매, 식품이 질병치료에 효과가 있다고 속이는 허위·과대광고 등을 들었다. 다시 말해 음식윤리의 또 다른 원리가 바로 정의이며, 만일 음식이 정의의 원리를 지키지 않는다면 그 음식은 신뢰를 잃을 것이고 사회에서 퇴출되어야 마땅할 것이다.

이처럼 음식윤리의 원리는 생명존중의 원리와 정의의 원리가 근간이 되고 있다. 여기에 생명존중 원리의 구체적인 형태로서 환경보전의 원리와 안전성 최우선의 원리를 덧붙일 수 있다.[240]

흔히 지속가능한 발전이라고 표현하는 환경보전은 음식윤리와 불가분의 관계에 있다. 환경에서 재배하고 사육한 것을 음식의 재료로 사용하며, 남은 음식은 다시 환경으로 보내기 때문이다. 대량 생산만을 목표로 농약과 비료가 넘쳐나는 환경에서 재배한 음식 재료는, 부메랑처럼 우리의 생명과 건강에 위해를 끼치고 있다. 따라서 유기재배나 유기축산과 같은 친환경농업에 적극적으로 동참하는 것이 음식을 통한 환경보전의 길이다. 3부 '다른 응용윤리와 음식윤리의 관련성'의 3장 '환경윤리와의 관련성'에서 인간은 자연과의 공생적 평형관계를 지속시킬 책임이 있는데, 이것이 바로 음식윤리에서 환경보전이 중요한 이유이며, 상위의 생명존중의 원리에 부합하는 길이다.

한편 안전성 최우선의 원리는 건강이나 생명에 위험한지 아닌지 현재의 지식으로 판단할 수 없는 경우에 적용하는 원리이다. 3부 '다른 응용윤리와 음식윤리의 관련성'의 1장 '의료윤리와의 관련성'에서 악행 금지의 원칙은 음식의 안전성을 최우선으로 해야 할 윤리적 근거를 제공한다. DDT가 개발되어 선풍적인 인기를 끌었을 때, 아무도 그 농약의 해로움을 몰랐고, 결국 수많은 사람이 해악을 입고 나서야, 사용금지 처분을 받았다. 이를 교훈으로 삼아, 위험성을 판단하기 어려울 때는, 경제성이나 효율성보다 안전성을 최우선으로 삼아, 섭취하지 않도록 하는 것이 상위의 생명존중의 원리에 부합하는 길이다.

이 네 가지 원리는 음식을 먹는 소비자보다 음식을 만들거나 파는 생산자나 판매자가 우선적으로 염두에 두어야 할 원리이다. 이에 반해 음식을 먹는 소비자가 우선적으로 지켜야 할 원리로서 동적 평형(dynamic equilibrium)의 원리를 들 수 있다. 이 원리는 사람의 신체도 물질이나 에너지가 끊임없이 출입하며 동적 평형을 이루는 하나의 계(system)라는 사실에서 출발한다. 물질이나 에너지의 섭취량과 소모량이 일치하면 동적 평형이 이루어져 일정한 체중을 유지하지만, 섭취량이 소모량보다 많을 때는 여분의 에너지가 지방 형태로 축적되어 체중이 증가하고 비만을 초래한다. 이것은 변하지 않는 정적 평형이 아니라, 성별, 연령, 활동정도 등에 따라 매일 매일 달라지는 동적 평형이다.[246] 동적 평형의 원리를 음식윤리의 원리로 채택하는 이유는 음식 섭취량이 소모량보다 큰 경우 이로 인해 비만

246   최혜미, 김정희, 김초일, 송경희, 장경자, 민혜선, 임경숙, 변기원, 송은승, 송지현, 강순아, 여의주, 이홍미, 김경원, 김희선, 김창임, 남기선, 윤은영, 김현아. 2005. 21세기 영양학. 교문사. 서울. pp.167-184.

해지고 건강과 생명을 해치기 때문이다.

20세기에는 영양부족이 문제였으나, 21세기에는 아이러니하게 영양 과잉이 해결해야 할 당면과제로 등장하였다. 특히 선진국에서는 에너지, 포화지방, 소금 등의 과잉섭취로 인해 여러 가지 영양 문제가 발생하고 있는데, 우리나라의 경우도 소득의 증가와 맞물린 외식의 활성화로 인해 동적 평형이 쉽게 무너지고 있다. 몇몇 선진국에서는 비만을 유발하는 패스트푸드나 탄산음료의 소비를 억제하기 위해 비만세를 도입하고 있다. 이것은 비만이 흡연 다음으로 중요한 공중보건 상의 문제인데다가, 의료비 등의 사회적 비용을 심각할 정도로 증가시키고 있기 때문이다.[247] 비만세 도입이 법률에 의한 타율적인 통제인데 반해, 동적 평형의 원리는 비만을 예방할 수 있는 자율적인 음식윤리의 원리이다. 동적 평형의 원리는 미시윤리의 '절제'가 중형윤리나 거시윤리 규모로 확대된 개념이다.

마지막 여섯 번째 원리는 소비자 최우선의 원리이다. 이 원리는 음식을 만드는 생산자나 음식을 파는 판매자조차 음식을 먹는 소비자라는 사실을 각인시킴으로써, 생명존중, 인간존중, 정의, 안전성, 환경보전, 절제, 표시(영양, 안전성, 진위) 등의 모든 분야에서 소비자를 최우선으로 고려해야한다는 원리이다. 이 원리는 소비자의 권리를 일차적으로 보장하지만, 권리에 상응하는 의무나 책임도 동시에 강조한다. 후자의 예로 블랙 컨슈머와 같은 비윤리적 소비자를 들 수 있다.

3부 '다른 응용윤리와 음식윤리의 관련성'의 4장 '소비윤리와의 관련성'에서 살펴본 음식윤리적 실천행동은 특히 절제와 정의를 필요로 한다. 절제와 관련된 행동으로는 음식 절제하기, 채식하기, 동물성식품 절제하

---

247   Park, S.J., Sun, E.J. 2011. Fat tax and its implication to Korea. Taxation and Accounting Journal., 12(4):69-101.

기, 패스트푸드 안 먹기, 하우스 농산물 가급적 이용하지 않기를 예로 들 수 있고, 정의와 관련된 행동에는 친환경농산물 이용하기, 음식물쓰레기 거름으로 재활용하기, 공정무역 커피나 공정무역 초콜릿 이용하기, 로컬음식 구매하기, 안전한 먹거리 모임 운영하기 등이 있다.

4) 결의론 접근법

결의론(決疑論, casuistry) 접근법은 의료윤리에서 윤리적 판단을 할 때 사용하는 방법 중 하나이다.[182] 결의(決疑)는 원래 의혹을 푼다는 뜻으로, 개개의 도덕문제를 법률조문 식으로 해결하는 방법이다. 이것은 도덕의 덕목주의(德目主義)에 해당하는데, 덕목에 위배되지 않는 한 문제없는 것으로 간주할 수 있어, 오히려 부도덕을 간과할 수 있고, 덕목에 얽매이는 등의 부작용도 있을 수 있다.

의료윤리에서는 이전의 사례로부터 도덕적 패러다임(전형적인 양식)을 정하고, 이를 바탕으로 개별적인 사례와의 공통점과 차이점을 비교함으로써 윤리적 해결책을 찾는다. 그러나 이것은 법의 판례 적용과 크게 다르지 않은데다가, 음식의 경우 식품위생법 등 다양한 법규범[248]으로 규제하고 있기 때문에, 굳이 결의론을 음식윤리에 적용할 필요는 없다고 본다. 김석신과 신승환(2011)[249]도 윤리적 문제에 낱낱의 규칙을 적용하는

---

248 음식과 관련된 법규로는 식품안전기본법, 식품위생법, 건강기능식품에 관한 법률, 어린이 식생활안전관리 특별법, 보건범죄단속에 관한 특별조치법, 학교급식법, 농수산물품질관리법, 축산물위생관리법, 유전자변형생물체의 국가간 이동 등에 관한 법률, 전염병예방법, 국민건강증진법, 국민영양관리법, 식품산업진흥법, 가축전염병예방법, 축산법, 사료관리법, 농약관리법, 약사법, 비료관리법, 인삼산업법, 양곡관리법, 친환경농업육성법, 학교보건법, 수도법, 먹는물관리법, 소금산업 진흥법, 주세법, 대외무역법, 산업표준화법 등이 있다.

249 김석신, 신승환. 2011. 잃어버린 밥상 잊어버린 윤리. 북마루지. 서울. pp.56-60. 윤리학은 결의론의 관점에 머물러서는 안 된다. 결의론은 지켜야할 보편적인 규칙과 규범을 설정한 뒤, 그것을 개별적 사례에 적용시키는 윤리학의 한 가지 견해이다. 그래서 개별적인 윤리적 문

것보다 윤리적 규범을 성찰하는 것이 더 중요하다고 보았다.

다만 식품위생법 위배 사례에 결의론을 적용하여 음식윤리의 패러다임으로 삼을 수도 있으며, 얻어진 윤리적 판단을 근거로 음식 관련 법안의 제정이나 수정을 역으로 제안할 수도 있다. 파프리카 색소를 다대기에 사용하지 못하도록 금지하는 식품위생법 보강 사례[250]를 예로 들 수 있다.

5) 덕 윤리 접근법

과거나 현재, 심지어 미래에도 음식을 만들고, 팔고, 먹는 주체는 사람이다. 설령 기계가 만든다고 해도, 배후에는 이를 주관하는 사람이 있는 법이다. 따라서 흔히 덕이라고 부르는 윤리적 마인드가 음식에 반영될 수밖에 없다. 덕이 몸에 배어 있는 사람은 아주 빠르게 그리고 습관적으로 윤리적 판단을 내린다. 덕의 윤리는 반복적인 훈련을 통해 덕이 몸에 배어들게 하여, 습관처럼 윤리적 판단과 행위를 하게 한다. 이것이 덕의 윤리가 음식윤리의 실천을 위해 필요한 이유다.

바람직한 윤리적 행위는 우리 자신이나 조직은 물론 세상에도 좋은 결과를 준다. 물론 비윤리적인 행위가 때때로, 특히 단기적으로, 결실을 맺기도 하지만, 많은 경우, 특히 장기적으로 볼 때, 나쁜 결과를 초래하는 경우

제에 그에 맞는 규칙을 낱낱이 제시하는 것이다. 오히려 후기 근대를 사는 우리에게 필요한 윤리학은 인간과 존재에 대한 근본적 사유에 입각하여 개인의 덕목과 사회적 관계에서 요구되는 윤리적 규범을 성찰하는 작업이어야 할 것이다. 그러기에 그것은 결코 도덕 규칙과 도덕적 기준에 관한 것이 아니다. 오히려 윤리학은 그러한 도덕 규칙이 자리하는 인간의 총체적 지평에 대한 진지한 사유를 의미한다.

250 식품위생법 시행규칙(2014. 12. 26.). 제57조(식품접객영업자 등의 준수사항 등). 법 제44조 제1항에 따라 식품접객영업자 등이 지켜야 할 준수사항은 별표 17과 같다. [별표 17] 식품 접객업영업자 등의 준수사항(제57조 관련). 6. 식품접객영업자(위탁급식영업자는 제외한다)의 준수사항. 러. 식품접객영업자는 손님이 먹고 남은 음식물을 다시 사용하거나 조리하거나 또는 보관(폐기용이라는 표시를 명확하게 하여 보관하는 경우는 제외한다)하여서는 아니 된다.

가 자주 있다. 미국에서 발생한 살모넬라에 오염된 땅콩버터 사건이 좋은 예이다. 특히 음식을 만들거나 파는 사람은 사회 전반에 영향을 주는 중대한 결정을 내리게 되므로 공적 신뢰라는 무거운 윤리적 짐도 지게 된다.

음식윤리 사례-11

살모넬라 땅콩버터[251]

살모넬라에 오염된 땅콩버터를 만든 기업인이 남은 평생을 감옥에서 보내게 됐다. 2015년 9월 21일 조지아 주 알바니 연방법원은 A회사의 B 전 회장에게 징역 28년을 선고했다. 또 동생인 C에게는 징역 20년, 품질관리 총책임자인 D에게 징역 5년을 선고했다.

연방질병통제예방센터(CDC)는 2008년 조지아 주 A회사의 공장에서 생산된 땅콩버터에서 살모넬라균이 검출됐으며, 이로 인해 46개 주에서 714명이 감염되고 9명이 사망했다고 밝혔다. CDC는 살모넬라균 오염사태로 인한 재산손실액이 1억 4400만 달러에 달한다고 추산했다. A회사는 2009년 자사 제품의 리콜을 결정했는데, 리콜 한 달 만에 파산했다.

B측 변호인단은 "본인과 가족들도 해당 땅콩버터를 먹었고 누구에게도 피해를 끼칠 의도가 없었다."며 "CDC 발표는 믿을 수 없으며, 법정에도 의사의 증언 없이 피해자 1명만 나왔다."고 주장했다. 그러나 검찰은 "B, C 형제가 살모넬라 오염 문제를 알면서도 제품이 안전하다는 허위인증서를 발급했다."고 맞섰다.

---

251   미주 중앙일보. 2015. 불량식품 제조사 대표에 '철퇴'. 2015. 9. 22. http://www.koreadaily.com/news/read.asp?art_id=3696958 (2015년 11월 4일 검색).

사람의 마음은 오감을 통해 들어오는 외부세계의 데이터를 엮어(com-pile) 논리적으로 지각한다.[173] 마음의 세 성분은 이성, 감정, 의지이다. 이성은 논리(logic)와 기억(memory) 기능을 지닌 컴퓨터에 상응한다. 이성은 추상적인 개념을 분류하고 논리 법칙에 따라 활용한다. 윤리적 결정을 할 때 이성은 감각에서 오는 데이터를 과거의 기억과 통합하여 미래에 무엇이 일어날 것인지 예측한다. 감정은 감각에서 오는 데이터와 다양한 종류의 내부에서 작동하는 신경화학(아픔, 호르몬 주기, 향정신성약물 등등) 반응에 의해 생기는 심리적 표현이다. 감정은 발한이나 홍조와 같은 육체적 반응을 일으킨다. 흔히 감정에 의해 영향을 받은 이성에 힘입어 의지가 최종적으로 해결 방안을 선택하고 결정한다.

바람직한 덕으로는 정의, 지혜, 용기, 절제가 있는데, 정의는 의지와, 지혜는 이성과, 용기와 절제는 감정과 연결된다.[173] 결국 의지, 이성, 감정이 통합적으로 윤리적 판단을 내리는데, 이 판단은 거의 생각 없이 습관적으로 일어난다. 별로 힘들이지 않고도 의지, 이성, 감정이 윤리적 행동을 조정하는 것이다. 어떤 의미에서 덕은 윤리적 선을 향한 마음의 습관적 방향이라고 생각할 수 있다. 단순한 상황에서는 덕이 스스로 힘들이지 않고 좋은 윤리적 행위를 결정하고, 복잡한 상황에서도 더 선한 결정을 내리도록 덕이 우리에게 분별력을 준다. 특히 덕 윤리는 행위자의 삶에 덕을 각인시키고, 삶의 현장에서 덕을 구체적으로 실천하도록 동기를 부여한다.

그렇지만 덕 윤리적 접근은 정책이나 제도 등 사회적 차원의 결정이 어렵고, 덕 사이의 갈등도 있을 수 있으며, 아직 덕을 키우지 못한 사람들이 따르기가 어렵다는 한계점이 있다.[169] 따라서 의무 윤리나 규칙 윤리의 접근을 기본으로 하고, 이것을 덕 윤리의 접근으로 보완하는 것이 효과적이다. 음식윤리의 경우 음식인이 지닌 윤리적 마인드가 음식의 윤리적 모습을 결정하기 때문에, 음식인의 덕 윤리가 어느 분야 못지않게 중요하다. 김석신과 신승환(2011)[240]도 음식인이 갖추어야 할 도덕적 성품으로 지혜, 정직, 성실, 용기, 절제, 청렴을 들었다.

5부

음식윤리의
핵심 원리 위배 사례

1장

생명존중 위배 사례

'미니컵 젤리(mini-cup jelly)'는 곤약을 함유한 단단한 젤리로서 반강성(半剛性) 작은 컵에 개별 포장되어 한 입에 먹을 수 있는 식품인데, 이것이 몇 나라에서 어린이 질식 사망사고의 원인이 되었다.[252]

음식은 생명 유지를 위해 꼭 필요하며, 특히 어린이에게는 성장과 발육을 위해 필수적이다. 그런 음식이 간혹 기도를 막는 질식 사고를 일으키기도 하는데, 미국이나 유럽에서는 핫도그가, 한국이나 일본 등 아시아 국가에서는 떡이, 질식 사고를 가장 잘 일으킨다.[253] 떡이나 핫도그만큼

---

252 Kim, S.S. 2014. The mini-cup jelly court cases: A comparative analysis from a food ethics perspective. Journal of Agricultural and Environmental Ethics. 27(5): 735-748. "Mini-cup jelly" is defined as a firm jelly containing konjac and individually prepackaged in a small, semi-rigid cup that can be ingested in a single bite by pushing the jelly out of the container directly into the mouth. Unfortunately, this product has been associated with accidental choking deaths of children in a few countries.

253 Food Safety Commission of Japan. 2013. Risk Assessment Report: Choking Accidents Caused by

전통적이지 않고 친근하지도 않은 음식이 질식 사고를 일으킬 수 있다. 몇 년 전 새롭게 등장한 미니컵 젤리를 먹은 어린이 가운데 일부가 기도가 막혀 사망하였다. 미니컵 젤리에 의한 질식 사고는 일본에서 떡 다음으로 자주 발생하였다.[253]

떡이나 핫도그처럼 경험적으로 질식 가능성을 아는 음식과 달리, 미니컵 젤리는 익숙하지 않은 가공식품인데다가 먹는 방법도 독특하여 어린이의 질식 위험이 크다는 사실을 잘 몰랐다. 떡의 경우 경험으로 목이 멜수 있다는 것을 알기 때문에 은연중에 이를 예방하면서 먹지만, 미니컵 젤리에 대해서는 그런 경험이 없기 때문에 질식 가능성을 전혀 예상하지 않고 먹게 된다. 게다가 떡은 남녀노소 누구나 먹지만 미니컵 젤리는 질식에 대한 예방이나 대처 능력이 부족한 어린이가 주로 먹지 않는가.

음식윤리 사례-12

미니컵 젤리 사건

미니컵 젤리는 단단한 물성의 젤리 캔디로서 반강직성의 반구형 미니컵에 담겨 있는데, 젤리를 입으로 빨아들이는 방법 또는 미니컵을 눌러서 젤리를 입에 넣는 방법으로 먹기 때문에, 질식 사고의 개연성이 높다. 미니컵 젤리를 입으로 흡입하는 경우 젤리가 입안으로 급하게 들어오면서 후두 덮개가 미처 후두 입구를 닫기 전에 젤리가 기도로 들어가서 기도 폐쇄를 일으켜 사고가 나게 되며, 제품의 특성상 일부만 기도를 막게 되어도 생명을 잃을 수 있다.[252]

미니컵 젤리를 먹다가 질식하여 사망한 어린이는 한국 3명(2001-2007년), 미

Foods. pp.43, 88-89. https://www.fsc.go.jp/english/topics/choking_accidents_caused_by_foods.pdf (2015년 11월 4일 검색).

국 6명(1999-2002년), 일본 9명(1995-2008년), 타이완 3명(1999-2002년), 오스트레일리아 1명(2000년), 캐나다 1명(2000년)으로 집계되었다.[252] 이 가운데 한국, 미국, 일본에서 사망한 어린이의 부모들이 미니컵 젤리의 제조업자나 수입업자를 상대로 소송을 제기하였다. 한국과 미국의 법정은 미니컵 젤리가 결함이 있기 때문에 제조업자나 수입업자에게 손해배상 책임이 있다고 판결한 반면, 일본 법정은 정반대의 판결을 하여 논란이 되었다.[252]

세계화 시대에 각국의 법의 차이나 판결의 차이는 법의 한계를 보여준다. 법도 중요하지만 음식을 만들거나 파는 사람의 윤리적 마인드가 우선되어야 법의 효력을 극대화할 수 있으므로, 생명존중의 음식윤리를 적용하는 것이 중요하다. Kim(2014)[252]은 미니컵 젤리 사건에 생명존중의 음식윤리를 적용해야 하는 이유로, 첫째, 법과 윤리의 상호 관련성이 크기 때문이고, 둘째, 이 사망사건이 어른이 아닌 어린이에게 발생했기 때문이며, 셋째, 음식에서 기인된 질식 사망은 드물지만 대단히 충격적이기 때문이라는 세 가지를 지적하였다.

미니컵 젤리는 영양, 안전성, 기능성은 거의 없는 반면, 맛이 달고 색깔이 예쁘고 텍스처가 쫄깃하여 어린이가 좋아하는데, 쫄깃한 텍스처를 부여하는 겔화제로 인해 질식이 유발된다. 음식을 먹을 수 있는 것과 먹을 수 없는 것, 먹어야 하는 것과 안 먹어도 되는 것, 먹어도 되는 것과 먹으면 안 되는 것으로 나눈다면, 미니컵 젤리는 먹을 수 있는 것, 안 먹어도 되는 것, (질식이 걱정되니) 먹으면 안 되는 것이다. 미니컵 젤리는 음식윤리의 생명존중에 위배된다. 또한 젤리를 입으로 빨아들이거나 미니컵을 눌러서 먹는 동작으로 인해 질식이 일어날 수 있기 때문에, 미니컵 젤리를 먹는 행위 또한 바람직하지 않다. 따라서 미니컵 젤리를 만들거나 파는 행위도 바람직하지 않다.

김석신(2014)[242]은 1974년에서 2009년 사이에 지방법원 및 고등법원에서 식품위생법 위반으로 판결한 민·형사 판례(종합법률정보 2013)[254] 가운데 대표적인 사례 20가지를 발췌하여 음식윤리의 원리의 관점에서 평가하였다. 그 결과 정의의 원리 위반 사례가 10건(50%)으로 1위, 안전성 최우선 원리 위반 사례가 9건(45%)으로 2위, 그밖에 생명존중의 원리 위반이 1건(5%)으로 나타났다.

또한 1975년에서 2011년 사이에 대법원에서 식품위생법 위반으로 판결한 민·형사 판례(종합법률정보 2013)[254] 가운데 대표적인 사례 51가지를 발췌하여 음식윤리의 원리의 관점에서 평가한 결과, 정의의 원리 위반 사례가 37건(72%)으로 1위, 안전성 최우선 원리 위반 사례가 11건(22%)으로 2위, 그밖에 생명존중의 원리 위반이 3건(6%)으로 나타났다.

두 경우를 종합해 볼 때 생명존중의 원리를 위반한 사례가 가장 적게 발생한다는 것을 알 수 있었는데, 이로부터 미니컵 젤리 사건은 가장 적게 위배되는 생명존중의 원리에 우선적으로 위배되는 드문 사례임을 알 수 있다.

한편 김 등(2011)[255]에 따르면 우리나라 식중독 사망자는 1995년 이후 10명에 불과하였으며, 2001년 이후에는 한 명도 없었다. 물론 미니컵 젤리 사건이 일어난 2004년에도 단 한 명의 식중독 사망자가 없었다. 이렇게 식중독 사망자 수가 감소한 주요 이유는 교통 발달과 신속한 병원 이송, 그리고 높은 수준의 의료기술 때문이라고 생각된다. 하지만 미니컵 젤리에 의한 질식사는 식중독 사고와 달리 그야말로 '급사(急死)'에 해당

---

254   종합법률정보. 2013. http://glaw.scourt.go.kr/wsjo/intesrch/sjo022.do (2014년 1월 25일 검색).

255   김덕웅, 정수현, 염동민, 신성균, 여생규, 조원대. 2011. 21C 식품위생학. 수학사. 서울. pp.65-71.

하기 때문에 교통수단과 의료기술이 발달해도 회생시키기 어렵다. 이처럼 미니컵 젤리 사건은 드물면서도 두드러진 경우이다. 음식윤리의 관점에서 볼 때 미니컵 젤리 사건의 핵심은 제조업자나 수입업자가 생명존중의 원리를 경시한 것 때문에 발생했다고 볼 수 있지 않을까?

2장

정의 위배 사례

정의 위배의 대표적인 사례는 '고름우유 사건'이다. 원유의 체세포(somatic cell)는 상피세포(60%)와 백혈구(40%)로 이루어진다. 상피세포는 정상적으로 탈락 및 재생을 반복하는 세포로서 원유를 분비하는 유선조직에서 유래하므로 상피세포 없는 우유는 있을 수 없다. 또한 혈액에서 유선을 통해 이행되는 백혈구는 질병에 대항하고 손상된 조직의 재생을 돕는 역할을 한다.[256] 체세포는 정상적인 원유에도 20~40만 개/ml 정도 포함되어 있다. 우유의 체세포 수가 더 많아질 때 상피세포보다 백혈구의 수와 비율이 증가하는데, 이는 유방에 염증이 있음을 나타낸다. 1995년 11월 3일 보건복지부가 경기도 지역소재 13개 목장의 원유를 검사한 결과 원유의 체세포 수는 54,000~492,000개/ml로서 2등급 이내의 수준인

---

256   노상호. 1999. 체세포 수와 우유의 품질. 낙농 · 육우. 19(6): 109-111.

것으로 나타났다.[257]

유방염 초기단계인 준임상형의 경우 젖소는 유방염균을 보균하되 균은 잠복된 상태이다. 이때 원유의 체세포 수가 75만 개/ml 이상으로 증가할 수는 있으나, 소비자들이 인식하는 형태의 고름은 나오지 않는다. 반면에 임상형 유방염으로 진행되어 고름이 나올 정도가 되면, 원유가 거의 분비되지 않고, 유방의 통증으로 정상적인 착유를 할 수 없을 뿐만 아니라, 치료를 위하여 젖소를 별도로 관리하기 때문에 원유에 고름이 들어갈 수 없다.

따라서 원유 속의 체세포는 고름과 전혀 다르며, 체세포 중의 죽은 백혈구는 그냥 백혈구가 죽은 것 그 자체이지 고름이 아니다.[257] 고름은 백혈구가 세균과 함께 죽은 점액상의 덩어리가 육안으로 보일 때를 가리키며, 소량의 고름은 우유의 자정 작용에 의해 자연 소멸된다. 설령 고름이 원유에 들어 있다 하더라도 원유를 여과, 정제, 살균하는 과정을 통해 제거되기 때문에 위생적으로 안전한 우유가 만들어진다.[258]

음식윤리 사례-13

고름우유 사건

1995년 10월 22일 〈MBC 뉴스〉 '카메라 출동'은 '고름우유' 보도를 통해 "일부 유가공 업체들이 유방염을 앓고 있는 젖소에서 짜낸 원유로 우유를 만들고 있다"며 업체의 '부도덕'과 당국의 허술한 관리를 널리 알렸다. 이 보도는 유방염에

---

257   공정거래위원회. 1995. (사)한국유가공협회의 부당한 광고행위에 대한 건. http://www.ftc.go.kr/fileupload/data/hwp/case/의결95-284.txt (2015년 11월 5일 검색)

258   이철호, 맹영선. 1997. 식품위생사건백서. 고려대학교 출판부. 서울. pp.146-150.

272 · 5부 음식윤리의 핵심 원리 위배 사례

걸려 항생제를 투여한 젖소의 원유에는 인체에 해로운 젖소의 체세포가 기준치 이상으로 섞여 있어 당연히 건강에도 해롭다는 설명을 덧붙였다.

이 보도에 충격을 받은 소비자들은 시판 우유에 고름이 섞인 것으로 오해하여 집에 사 놓은 우유까지 버릴 정도였다. 충격의 여파가 계속 확산되면서 우유 소비량이 10~20% 감소하기 시작했고, 소비자 단체도 들고 일어났다. 건강을 위한 영양의 보고라는 우유에 고름이 섞여 있다니, 어떻게 고름우유를 먹을 수 있겠는가? 젖소를 기르는 사람도 '체세포'에 대해 정확하게 이해하지 못하는 사람이 많은데, '체세포'에 문외한인 소비자가 보기에 기절초풍할 일이 아닐 수 없었다.[258]

MBC는 이 보도에서 관련 유가공 업체의 이름을 구체적으로 밝히지 않았는데, 이로 인해 유가공업체간의 '공방'으로 사건이 확대되어 더 큰 문제가 되었다. 1995년 10월 24일과 27일 A회사는 신문광고를 통해 "우리는 고름우유를 팔지 않습니다."라고 발 빠르게 대응을 했고, 여기에 다른 유가공업체들이 반격에 나서 상호 비방함으로써 파문이 확산됐던 것이다.[259]

A회사는 고름우유를 절대 팔지 않는 회사라는 광고를 일간지에 5회에 걸쳐 게재하였다. 공정거래위원회는 이 광고가 마치 시중에 고름이 섞여 있는 우유가 판매되고 있거나, 타 경쟁사는 고름우유를 제조 판매하고 있는 것처럼, 사실과 다르게 소비자가 오인하도록 할 우려가 있는 부당한 광고행위라고 판단하여 시정명령 처분을 내렸다. A회사는 이 처분에 불복하여 서울고등법원에 시정명령 처분취소 소송을 제기하였지만 기각되었고, 다시 대법원에 상고를 제기하였는데, 대법원은 1998년 3월 27일 상고를 기각하는 최종 판결을 내렸다.[260]

---

259   미디어오늘. 1995. MBC 고름우유 보도 유가공업체 파문. 1995년 11월 8일. http://www.
       mediatoday.co.kr/news/articleView.html?idxno=9196 (2015년 11월 5일 검색)

260   공정거래위원회. 1998. 파스퇴르유업(주)의 고름우유 광고건 공정거래위원회 대법원 승소
       판결. http://ftc.go.kr/news/ftc/reportView.jsp?report_data_no=12&tribu_type_cd=&report_
       data_div_cd=&currpage=509&searchKey=&searchVal=&stdate=&enddate= (2015년 11월 5일

A회사는 "우리는 고름우유를 절대 팔지 않습니다. 체세포 검사는 유방염을 알아내는 가장 좋은 방법의 하나입니다."라고 신문에 광고하였다. 이 광고에 대해 공정거래위원회는 독점규제 및 공정거래에 관한 법률(공정거래법) 제23조 제1항 제6호[261] 위반으로 과징금 납부 명령을 내렸으나, A회사는 이 명령에 대해 이의 신청을 제기하였다. A회사는 이의 신청을 통해 광고에서 고름우유라고 표현했지만, 소비자는 고름이 섞여 있는 우유가 아니라, 고름이 든 원유를 가공 처리하여 만든 우유로 인식할 것이라고 주장하였다.[262]

이에 대해 공정거래위원회는 고름우유라는 표현에 대해 소비자가 어떻게 느끼는지가 문제의 핵심이라고 지적하였다. 실제로 소비자 317명은 고름우유라는 표현이 우유에 대해 혐오감과 불안감을 주었을 뿐만 아니라, 우유의 안전성과 품질에 대한 우려를 초래하여 마음 놓고 우유를 마시지 못하는 피해를 입었다고, 1995년 11월 27일 서울지방법원에 손해배상 청구소송을 제기하였다(1997년 8월 12일 원고 일부승소).[263] 또한 고름우유 광고 이후 우유 소비량이 현저히 감소(1995년 10월 24일~11월 10일 기간 중에 15.7% 감소)하였다. 공정거래위원회는 이러한 사실로부터 소비자는 고름우유를 고름이 섞인 채 시판되는 우유로 인식하는 것이라고

검색)

261 독점규제 및 공정거래에 관한 법률. 제23조(불공정거래행위의 금지). ① 사업자는 다음 각 호의 1에 해당하는 행위로서 공정한 거래를 저해할 우려가 있는 행위(이하 "불공정거래행위"라 한다)를 하거나, 계열회사 또는 다른 사업자로 하여금 이를 행하도록 하여서는 아니 된다. 6. 사업자, 상품 또는 용역에 관하여 허위 또는 소비자를 기만하거나 오인시킬 우려가 있는 표시·광고(상호의 사용을 포함한다)를 하는 행위.

262 공정거래위원회. 1996. 파스퇴르유업(주)의 이의신청에 대한 건. http://www.ftc.go.kr/fileupload/data/hwp/case/재결96-17.txt (2015년 11월 5일 검색).

263 연합뉴스. 1997. 고름우유 공방, 양당사자 소비자에 배상책임. http://news.naver.com/main/read.nhn?mode=LSD&mid=sec&sid1=102&oid=001&aid=0004184916 (2015년 11월 6일 검색)

반박하였다.[262]

또한 A회사는 "우리는 고름우유를 절대 팔지 않습니다. MBC에서 그렇지 않은 회사도 있다는 말은 바로 그런 뜻입니다."라는 광고 표현이 경쟁 사업자인 다른 우유회사들이 고름우유를 판매하고 있다는 표현이라고 보는 것은 부당하다고 이의 제기를 하였다. 이에 대해 공정거래위원회는 설령 경쟁 사업자의 우유가 고름우유임을 나타내고자 하는 의도가 없었다고 하더라도, 소비자가 그렇게 오인할 우려가 있다면, 경쟁회사의 우유를 고름우유라고 비방하는 부당 광고에 해당한다고 지적하였다. 실제로 고름우유 광고가 나간 이후 경쟁 사업자의 우유 판매량이 현저히 감소한 점과, 고름우유 광고 이후 우유에 대한 불안감이 확산된 점에 비추어 볼 때, 소비자로 하여금 경쟁 사업자의 우유를 고름우유로 오인하도록 했다고 볼 수 있다는 것이다.[262]

고름우유 사건을 종합해볼 때, 공정거래위원회는 A회사의 '고름우유' 부당 광고행위에 대해 시정명령을 내렸으나, A회사는 이 처분에 불복하여, 서울고등법원에 처분취소 소송을 제기하였지만 기각되었고, 다시 대법원에 상고하였으나, 대법원마저 상고를 기각하였다. 대법원 최종 판결의 윤리적 의의는 건강이나 위생에 직결되는 중요한 사항에 대하여, 객관적으로 검증된 바 없는 내용을 마치 사실인 것처럼 광고하여, 소비자를 기만하거나 경쟁사를 근거 없이 비방함으로써, 업계 사이의 공정한 거래를 저해하는 행위는 정의롭지 않다는 인식을 심어주고, 비슷한 유형의 부당한 광고행위가 재발하는 것을 방지하는 데 있다.[260]

3장

환경보전 위배 사례

환경보전은 대기오염, 토양오염, 수질오염, 해양오염 등의 환경오염의 예방에서부터 시작된다. 흔히 농약 과용에 기인한 토양오염을 환경보전의 대표적인 위배 사례로 떠올리지만, 요즘은 해양오염에 의한 환경보전 위배 문제가 더욱 심각해지고 있으며, 특히 기르는 어업인 양식업에 의한 해양오염이 점점 더 주목받고 있다. 오늘날 수산업의 세계적인 추세는 '책임 있는 어업(responsible fisheries)'이며, 그 중심에 해양오염의 방지를 통한 환경보전이 있다.

해조류는 우리나라 양식수산물의 60% 정도이고, 해조류의 50%가 미역이며, 김은 40% 수준으로, 미역과 김이 해조류의 90% 이상을 차지한다. 김 양식 방식[264]에는 지주식과 부류식이 있는데, 1970년대 이전에는

---

[264] 홍성걸, 강종호, 마임영. 1999. 김 양식어업 발전을 위한 정책방향. 한국해양수산개발연구원 연구보고서. pp.1-88.

지주식 김 양식 위주였으나, 1970년대 이후부터는 부류식 김 양식이 개발되고 다수확 품종이 도입되면서, 양식 김의 대량 생산체제에 들어갔다.

지주식 양식은 수중의 지주에 그물망을 고정하고 여기에 김을 부착하여 양식하는 것으로, 수심 7m 이내의 얕은 연안에서 기르는 방식이다. 김은 조간대(潮間帶, intertidal zone)[265]에 서식하므로 썰물 때 해수면 위에 노출되어야 한다고 생각했는데, 굳이 노출되지 않더라도 생육한다는 것이 밝혀졌다. 이에 따라 김발에 포자를 밀집시켜 해수면 밑에 떠있게 하는 부류식 양식이 개발된 것이다.

농작물을 재배할 때 잡초와 병충해로 피해를 입는 것처럼, 김을 양식할 때에도 잡해조류나 질병으로 손실을 겪게 된다. 그래서 농작물을 재배할 때 농약을 뿌리듯 김을 양식할 때 산 처리를 한다. 물론 농약을 뿌리지 않는 친환경 재배법이 있듯이, 김 양식에도 산 처리를 하지 않는 무산(無酸) 양식법이 있다.

대표적인 잡해조류로 부착성 규조류가 있다. 규조류는 김보다 먼저 영양분을 섭취하여 김의 성장을 방해하고, 제품의 색깔이나 품질을 저하시킨다. 또한 파래도 김의 성장기에 많이 발생하는데, 김보다 빨리 성장하여 김의 생육을 저해하는 것이다. 그리고 김의 대표적인 질병인 갯병의 병원균도 감염력이 강하고 감염 속도가 빨라, 하룻밤 사이에 어장 전체로 확산될 수 있으며, 김 품질의 저하는 물론, 김 전체를 폐사시키기도 한다. 김 양식에서 산 처리는 잡해조류 방제나 질병 확산 방지, 그리고 김의 색택 향상에 효과적이다.[262]

산 처리제는 구연산, 사과산 등의 유기산을 주성분으로 하며, 100배 희

---

[265] 만조 때의 해안선과 간조 때의 해안선 사이의 부분으로 해조류와 패류가 많이 서식한다.

석 용액의 pH는 2~3 정도이다. 산 처리제는 증류수에 희석할 때보다 바닷물에 희석할 때 pH가 상승하는데, 그 이유는 바닷물이 pH 8 정도의 약알칼리성인데다가 pH 완충작용을 갖고 있기 때문이다. 산 처리제를 바닷물에 투입할 경우, 투입 직후 pH 2~3 정도이지만, 30초 후 pH 6, 2분 후 pH 7, 5분 후 pH 8이 된다. 산 처리제의 확산(diffusion)[266]과 바닷물의 완충작용으로 바닷물의 pH는 빠르게 회복된다. 하지만 짧은 시간이라도 pH 2~3에 노출되면 김을 제외한 규조류, 파래, 갯병균 등은 빠르게 죽는다.[264]

음식윤리 사례-14

김 양식의 폐염산 처리

일부 김 양식어민들은 유기산 처리제 대신에 염산과 같은 무기산을 사용하는데, 특히 공장에서 사용한 후의 폐기물인 폐염산[267]을 선호한다. 무기산은 유기산보다 해리가 잘 되어 적은 양을 쓰더라도 처리 효과가 빠르고, 작업시간이 단축되며, 값도 싸다. 특히 폐염산은 아주 저렴하다. 무기산 처리, 특히 폐염산 사용은 엄연히 불법인데도, 점조직으로 거래되거나 휴업기인 여름에 구입·저장해두기 때문에 단속이 어려운 실정이다. 염산과 같은 무기산은 맹독성으로 인해

---

266   물질을 이루는 입자들이 농도(밀도)가 높은 쪽에서 농도(밀도)가 낮은 쪽으로 액체나 기체 속으로 퍼져 나가는 현상. 여기서는 산 처리제가 농도가 높은 쪽에서 농도가 낮은 쪽으로 바닷물 속으로 퍼져 나가면서 희석된다.

267   네이버 지식백과. 폐산. 두산백과. http://terms.naver.com/entry.nhn?docId=1173025&cid=40942&categoryId=32411 (2015년 11월 7일 접근). 폐산(waste acid, 廢酸)은 지정 폐기물의 일종으로 공장에서 산업 활동의 결과로 생긴 모든 종류의 산성 폐액으로서, pH 2.0 이하인 것을 말하는데, 사업장 폐기물이면서 주변 환경을 오염시킬 수 있는 유해한 물질이다. 폐염산은 폐산 중의 한 가지이다.

사용할 때 실명, 피부손상 등 사고 발생 가능성이 늘 있고, 염산 사용은 해양오염 방지법 위반이므로 국제사회에서 문제가 될 수 있다.[264]

폐염산은 식품 공업에서 사용하는 순도 높은 염산이 아니며, 주성분인 염화수소의 함량도 훨씬 적고, 불순물은 꽤 많은 것으로 밝혀졌다.[268] 그리고 산 처리한 바닷물의 화학적 산소요구량(chemical oxygen demand, COD)과 가용성 고형물(soluble solid, SS)을 측정한 결과 둘 다 증가하는 것으로 나타나, 바닷물을 산 처리하면 그만큼 유기물이 더 많이 용해되므로, 수질 면에서도 불리하다.[269]

염산과 같은 무기산을 대량 사용하면 해양 생태계에 다음과 같은 악영향을 초래할 수 있다. 첫째, 염산에 의해 양식장 주변의 플랑크톤이 죽고, 플랑크톤을 먹는 어패류가 연쇄적으로 폐사할 수 있으며, 먹이사슬의 파괴로 인해 생태계 전반에 좋지 않은 영향을 끼치게 된다. 둘째, 희석되지 않은 염산이 일시적으로 연안의 생명체를 죽임으로써 해당 지역의 생태계를 파괴할 수 있다. 셋째, 폐염산을 사용할 경우 폐염산의 불순물이 먹이 연쇄를 통해 사람에게까지 영향을 줄 수 있다. 폐염산에는 중금속 등 불순물이 많이 함유되어 있는데, 이들 유해물질이 어류, 패류, 해조류의 수산생물에 축적되면, 먹이 사슬의 상부에 있는 사람에게 위해를 끼치거나 어장 가치의 상실도 초래할 수 있다.[264]

김 양식에서 산 처리제, 특히 무기산을 사용할 경우, 양식어장의 생태계 파괴 및 교란은 물론, 김이 지닌 천연 음식이라는 이미지도 훼손될 것

---

268   한국소비자원 보도자료. 1998. 김 양식에 사용되는 염산 및 김 시험결과. http://m.kca.go.kr/brd/m_20/view.do?seq=11&srchFr=&srchTo=&srchWord=&srchTp=&itm_seq_1=0&itm_seq_2=0&multi_itm_seq=0&company_cd=&company_nm= (2015년 11월 6일 검색).

269   김우항, 김도희, 최민선. 2000. 김양식장에서 산처리가 해양환경에 미치는 영향. 한국해양환경 · 에너지학회 학술대회논문집. pp.89-94.

이다. 따라서 김 양식의 유기농이라 할 수 있는 지주식으로 되돌아가거나, 부류식을 하면서도 주기적으로 김발을 뒤집어 해수면 위에 노출시키는 방식을 적용하는 것이 김의 품질과 환경보전에 바람직할 것이다. 정부가 이런 양식어민에게 인센티브를 주거나 소비자들이 무산김을 합당한 값에 사준다면 양식업도 살고 환경보전도 잘 될 것이다. 이런 방식의 김 양식이야말로 해양오염을 막아 환경보전을 하는 길이자, 국제무역시대에 양질의 김을 수출할 수 있는 길이기도 하다.[270]

---

270   이경헌. 2006. 김 양식 산업의 현황과 발전방안. 목포대학교 대학원. 석사학위논문. pp.26-27.

3장 환경보전 위배 사례 · 281

4장

안전성 최우선 위배 사례

안전성 최우선 위배 사례는 안전성을 우선순위 1위로 두지 않고 2위나 그보다 아래 순위로 두기 때문에 발생한다. 음식이라면 응당 갖추어야 할 세 요소 중의 하나가 안전성인 만큼, 음식윤리는 안전성을 최우선으로 고려해야 한다. 안전성이 효율성이나 경제성보다 우선이어야 하는 이유는 생명이나 건강이 효율성이나 경제성보다 훨씬 더 중요하기 때문이다.

안전(安全, safety)이란 '위험이 생기거나 사고가 날 염려가 없음 또는 그런 상태'를 말한다. 여기서 '안(安)'은 '집 속에 여자가 고요히 앉아 있는 모양'으로 평안함을 나타내며, '전(全)'은 '많이 모은 구슬 중에서 가장 빼어나고 예쁜 구슬' 즉 온전함을 가리킨다. 따라서 안전한 음식은 마음이 편할 정도로 온전한 음식을 의미한다. 안전한 음식은 걱정하지 않고 마음 편히, 즉 안심(安心)하고 먹을 수 있게 해주는 반면, 불안전한 음식은 불안한 마음을 줄 뿐이다.[271]

테니스 시합을 할 때 공이 라인을 포함한 코트 안에 닿아야 "safe!"라고 판정하듯, 안전성도 어떤 정량적 값을 기준치로 세우고 기준치 이내인지 아닌지로 판정하는 경우가 많다. 대부분의 경우 동물실험에서 얻어지는 데이터를 환산한 기준치를 사람에게 적용하게 되는데, 기준치는 국가에 따라 또는 시대에 따라 엄격해지기도 하고 느슨해지기도 한다. 테니스 시합에서는 라인에 닿았는지 아닌지 비디오 판독이라도 해서 밝히면 되지만, 음식에서는 문제가 되는 성분이 기준치에 있을 때 그 음식이 사람에게 안전한지 아닌지 판단하기는 쉽지 않다. 특히 음식 재료의 생물학적 특성상 실험 데이터의 편차가 있기 마련이라 더욱 그렇다. 그렇다면 음식을 가장 안심하고 먹을 수 있는 최선의 길은 무엇일까? 그것은 문제가 되는 성분이 기준치보다 훨씬 적게 들어 있도록 미리미리 관리하는 것이다.

음식윤리 사례-15

벤조피렌 함유 라면스프 사건

2012년에 법적 규제치 이상의 벤조피렌(benzopyrene)이 들어 있는 가쓰오부시를 재료로 사용한 라면스프가 문제 되었다. 벤조피렌은 화석연료 등이 불완전하게 연소할 때 생성되는 다환 방향족 탄화수소(polycyclic aromatic hydrocarbon, PAH)로서 숯불구이, 담배 연기, 자동차 배기가스, 쓰레기 소각장 연기 등에 포함되어 있다. 벤조피렌은 세계보건기구(WHO) 산하 국제암연구소(International Agency for Research on Cancer, IARC)에서 Group I에 속하는 발암물질로 설정한 물질이다.

---

271   김석신. 2012. 안심하고 먹을 수 있는 착한 음식. 에쎈 12월호.

먼저 벤조피렌이 과량 함유된 것으로 밝혀진 가쓰오부시부터 살펴보자. 식품의약품안전처는 A회사가 제조한 가쓰오부시 제품에서, 기준치인 10.0μg/kg (10 ppb)을 초과한, 11~28μg/kg (11~28 ppb)의 벤조피렌이 검출됨에 따라, 해당 제품을 판매 금지하고 회수 조치한다고 밝혔다.[272] 여기까지는 아무 문제가 없었는데, 일부 식품업체에서 해당 가쓰오부시를 구입하여 라면스프를 만든 것이 문제가 되었고, 이 사실이 뉴스로 보도되었다.

이에 따라 식품의약품안전처는 A회사의 가쓰오부시로 제조·유통한 라면스프 등 30개 제품의 벤조피렌 함량을 검사한 결과 불검출~4.7ppb 수준으로 나타났으며, 이는 우리나라 훈제건조어육 기준(10ppb 이하)보다 낮고 안전한 수준이라고 발표했다. 또한 벤조피렌은 원료에 대한 기준을 설정하여 관리하며, 라면스프와 같은 가공식품에 별도의 벤조피렌 기준을 정한 나라는 없다고 말했다. 게다가 해당 제품 섭취로 인한 벤조피렌 노출량은 하루 평균 0.000005μg 수준으로, 조리육류의 벤조피렌 노출량(하루 평균 0.08μg)보다 16,000배 낮은 정도의 안전한 수준이라고 밝혔다.[273]

위와 같은 식품의약품안전처의 설명이 결코 틀린 것은 아니지만, 안심하고 먹을 수 있기만을 바라는 소비자의 입장에서는 받아들이기 어려웠다. 소비자의 요구는 간단했다. 단지 안심하고 먹고 싶을 뿐이라는 것이다. 소비자의 불안이 일파만파 확산되자 뒤늦게 식품의약품안전처는 식품위생법 제7조 제4항의 규정[274]을 적용하여, 라면스프 제조에 '부적합한' 원료를 사용했다고 지적하고, 이에 대

---

272   식품의약품안전처 보도자료. 2012. 기준·규격 부적합 "가쓰오부시"제품 등 유통판매 금지 및 회수조치. 2012년 6월 29일.

273   식품의약품안전처 설명자료. 2012. MBC가 10월 23일 9시 뉴스데스크에서 보도한 '라면스프에 1급 발암물질 검출' 내용과 관련하여 다음과 같이 설명합니다. 2012년 10월 23일.

274   식품위생법 제7조 제4항. 기준과 규격에 맞지 아니하는 식품 또는 식품첨가물은 판매하거나 판매할 목적으로 제조·수입·가공·사용·조리·저장·소분·운반·보존 또는 진열하여서는 아니 된다.

한 시정과 당해 제품의 회수를 명령하였다. 아울러 식품의약품안전처는 이번 후속 조치로 인한 혼란에 사과하였으며, 앞으로 더욱 식품안전 관리에 만전을 기해 신뢰받는 기관으로 거듭나겠다고 밝혔다.[275]

이 사태에 대해 한 신문은 사설을 통해 다음과 같이 비판했다.[276] "발암물질인 벤조피렌이 검출된 라면을 '평생 매 끼니 먹어도 인체에 해롭지 않다.'고 했던 식품의약품안전처가 여론의 뭇매를 맞고서야 정신을 차린 것은 유감이다. 식품의약품안전처가 발암물질 검출 라면에 대한 국민의 불안감을 해소시켜 주기는커녕, 극미량이라는 이유로 벤조피렌이 검출된 라면을 먹어도 괜찮다는 식으로 안이하게 발표하는 바람에 여론의 질타가 쏟아졌다. 보기에 따라서는 식품의약품안전처가 5천만 국민의 식품 안전을 위한 파수꾼 역할보다 라면 업계의 입장을 더 배려하는 것이 아니냐는 불신을 받은 꼴이 됐다. 발암물질 검출 라면에 대한 불신이 깊어지자 식품의약품안전처는 뒤늦게 회수를 결정했다."

이렇게 식품의약품안전처가 "인체에 영향이 없다."던 당초 입장을 바꿔, 발암물질 벤조피렌이 검출된 4개사 9개 제품에 대해 회수 조처를 내리자, 소비자의 혼란은 오히려 가중되었다. 식품의약품안전처가 스스로 내놓은 전문가적 분석과 상반되는 이러한 조처는 오히려 국민들의 불안만 확대시켰던 것이다. 전문가들은 "당장 인체에 무해하더라도 식품에

275   식품의약품안전처 보도자료. 2012. 식약처, 벤조피렌 검출 관련 후속 조치 발표 - 4개사 9개 제품 회수, 폐기. 2012년 10월 25일.
276   매일신문. 2012. 발암물질 검출 라면 회수 결정. 2012년 10월 27일 사설.

대해서는 안전을 최우선으로 한 기준을 마련해야 한다."고 지적했다.[277] 바로 안전성 최우선의 원칙이 서있어야 한다는 것이다. 식품의약품안전처는 소비자가 안심하고 먹을 수 있도록 안전성 최우선의 원칙을 확실하게 세우면 되고, 식품업체는 그 원칙을 성실하게 따르면 된다.

---

277   서울신문 2012. '무해 발암라면' 회수 조치에 시민들 먹어? 말아? 식약청 국감서 질타 받고 결정, 혼란만 키워. 2012. 10. 27.

5장

동적 평형 위배 사례

앞에서 동적 평형의 원리는 비만을 예방할 수 있는 자율적인 윤리 원리이며, 덕 윤리의 '절제'로도 접근할 수 있다고 언급하였다. 이 원리는 '균형 있는 음식 섭취(balanced diet)'로 알기 쉽게 설명할 수도 있다. 그런데도 굳이 이해하기 쉽지 않은 '동적 평형'이라는 용어를 사용하는 이유가 있다. 균형 있는 음식 섭취라는 용어는 윤리 원리로 보기에는 지나치게 좁고 구체적이며, 절제 역시 윤리 원리보다 개인의 덕목에 치우치기 쉽기 때문이다. 비만이나 음식물 쓰레기와 같은 이슈는 음식 섭취만의 문제도 아니고 개인의 덕목에 그치는 것도 아니다. 이것은 사회적인 문제면서 국가나 지구라는 공동체의 문제이기도 하다. 이런 이유로 공동체의 변화하는 평형상태라는 뜻을 강조하기 위해 동적 평형이라고 정의하였다.

동적 평형이 깨진 사례로서 비만이나 음식물 쓰레기 문제를 들 수 있다. 비만이 공동체의 생명이나 건강과 관련된 문제인데 반해, 음식물 쓰레기는 지나친 소비나 환경오염과 관련된 사회적 문제이며, 지속 가능성과도 관련이 깊다. 여기서는 비만보다 음식물 쓰레기 문제에 초점을 맞추기로 하자. 김석신과 신승환(2011)[278]은 음식물 쓰레기의 주요 발생 요인으로 우리나라의 음식문화를 지목했다. 즉 우리 음식은 준비하는 과정에서도 음식물 쓰레기가 많이 나오고, 음식을 먹고 난 다음에도 음식물 쓰레기가 많이 나오는 치명적인 약점이 있다는 것이다.

환경부(2014)[279]에 따르면, 음식물 쓰레기란 생산 · 유통 · 가공 · 조리 과정에서 발생하는 농 · 수 · 축산물 쓰레기와, 먹고 남은 음식찌꺼기의 두 가지를 가리킨다. 음식물 쓰레기는 푸짐한 상차림과 국물 음식으로 특정 지어지는 우리의 음식문화와, 인구의 증가, 생활여건의 향상, 식생활의 고급화 등 음식물 낭비요인의 증가로 인해 발생한다. 음식물 쓰레기는 전체 쓰레기의 27% 이상을 차지하고 매년 3% 가량 증가하고 있다.[280]

2005년을 기준으로 음식물 쓰레기의 총 경제적 가치는 연간 19조 2074억 원이다. 만일 음식물 쓰레기 발생량을 5% 줄이면 9600억 원을, 20% 줄이면 3조 8073억 원을 매년 절감할 수 있다.[281] 음식물 쓰레기를 줄이는 만큼, 식량의 수입을 줄이고 국내자원의 이용률을 높이게 되므로,

---

278　김석신, 신승환. 2011. 잃어버린 밥상 잊어버린 윤리. 북마루지. 서울. pp.69-73. 미각이 뛰어나고 음식문화가 발달한 것은 삶의 풍성함과 기쁨을 느낄 수 있는 문화적 토양이 된다. 뛰어난 음식문화는 삶과 인간의 존재 자체에 크게 기여한다. 이러한 장점에도 불구하고 우리 음식문화는 서양 음식문화에 비해 커다란 약점이 있는 것도 사실이다. 음식을 준비하기까지의 어려움은 거론하지 않더라도 그 과정에서 생기는 많은 쓰레기와 풍성한 식탁에서 나오는 남은 음식물의 문제가 그것이다. 남은 음식물의 경우 위생과 청결 문제 때문에 거의 대부분 쓰레기로 배출된다. 음식물 쓰레기야말로 우리 음식문화의 치명적인 약점이라 할 수있다. 우리 음식문화는 만든 음식의 4분 1 가까이 쓰레기로 배출될 정도로 높은 양이다.

279　환경부. 2014. 음식물쓰레기 줄이기 우수사례집. p.2.

280　환경부. 2013. 음식물 쓰레기 줄이기. p.5.

281　수도권매립지관리공사. 2007. 음식물 쓰레기로 버려지는 식량자원의 경제적 가치 산정에 관한 연구. pp.103-105.

우리나라 식량자급률의 제고와 식량안전보장을 위해서도 필요하다.[282]

과도한 음식문화와 음식물 쓰레기

음식윤리의 관점에서 김석신(2014)[283]은 동적 평형을 무너뜨리는 과도한 음식문화가 음식 신어에 반영되어 있다고 보았다. 예를 들어 '먹자촌', '갈비촌', '곱창마차'의 신어는 지나친 육류 위주의 외식 선호를, '맛짱'(최고로 맛있는 음식), '맛캉스'(맛있는 음식을 먹으며 보내는 휴가), '먹짱'(잘 먹는 사람), '먹토'(먹는 토요일)의 신어는 음식에 대한 과도한 집착을 보여준다. 술의 경우 '우주족'(雨酒族, 비오는 날마다 술을 즐겨 먹는 무리)이라든가, '금테주' 등 25가지의 폭탄주의 신어, '닭어주' 등 다섯 가지 작업명칭주의 신어로부터 우리 사회의 지나친 음주 문화를 짐작할 수 있다.

동적 평형이 무너진 우리의 음식문화와 음식물 쓰레기 발생은 밀접한 관계가 있다. 2013년 기준 평균 음식물 쓰레기 발생량은 매일 12,700톤, 매년 460만 톤에 달한다. 우리나라 인구를 5000만이라고 할 때 1인당 음식물 쓰레기 발생량은 매일 250g, 매년 90kg이다. 무게로만 따진다면 달걀 한 개가 50g, 라면 1봉지가 125g 정도이므로, 한 사람이 매일 달걀 5개씩, 라면 2개씩 버리는 셈이 되고, 1년으로 환산하면 한 사람이 달걀 1,800개, 라면 730개씩 버리는 것이다. 달걀 1판이 30개라면 60판을, 라면 1세트가 5개라면 140세트를 버리는 셈이다.

음식물 쓰레기 발생의 외적 요소는 우리 음식문화와 사회적 낭비요인 증가

---

282   수도권매립지관리공사. 2007. 음식물 쓰레기로 버려지는 식량자원의 경제적 가치 산정에 관한 연구. 부록. 식량자급을 위한 방향과 대책. pp.14-16.

283   김석신. 2014. 음식 신어(新語)를 통해 본 현대인의 음식윤리. 에쎈 6월호.

의 두 가지이다. 하지만 이런 외적 요소가 곧 음식물 쓰레기 발생과 직결되는 것은 아니다. 윤리적 마인드에 따라 한식 음식점 중에도 음식물 쓰레기를 적게 배출하는 곳이 있고, 값비싼 음식을 먹는 집도 음식물 쓰레기는 많지 않을 수 있다. 배부르면 남기고 버려도 된다는 오늘날의 음식 관습이 풍요에서만 비롯되는 것은 아니다.

무엇보다도 음식을 만들고, 팔고, 먹는 음식인의 윤리적 마인드와 실천의지가 중요한 것이다. 만약 음식물 쓰레기 절감을 위한 정부와 지자체의 노력(종량제 도입, 교육, 홍보, 캠페인 등)에 지나치게 무관심하다면 큰 틀에서 결코 윤리적이라고 볼 수 없다. 한 사회라는 배가 낭비와 과소비와 무관심의 방향으로 계속 간다면 평형을 잃고 침몰할 수 있다.

한 사회를 구성하는 우리 모두는 연령, 지역, 소득, 계층에 관계없이 동적 평형의 윤리 원리를 공유해야 한다. 문제는 윤리적 실천이다. 마음이 움직이지 않는 사람에게 음식물 쓰레기의 양이나 경제적 손실을 아무리 외쳐봐야 마이동풍(馬耳東風)일 것이다. 그런데도 101가지에 달하는 실천방법[284]에 들어 있는 윤리적 방안으로는 겨우 '감사하는 마음으로 먹기'와 '밥상머리 교육 실시'의 두 가지뿐이다. 현대인의 식생활에서 가장 중요한 것은 동적 평형의 원리, 즉 절제와 균형의 윤리이다. 우리

---

[284] 음식문화개선 범국민운동본부. 2011. 음식물 쓰레기 줄이기 101가지 실천방법. 환경부. pp.80-81. 감사하는 마음으로 먹기: 농업인이 88번 허리를 굽혀야 쌀 한 톨이 만들어진다고 합니다. 이처럼 음식은 생산, 유통, 조리 과정을 거치며 많은 분들의 정성과 노력으로 밥상에 오릅니다. 소중한 음식을 고맙게 생각하고 먹을거리를 만든 사람에게 감사하는 마음으로 식사합니다. 밥상머리 교육 실시: 음식물쓰레기 줄이기가 생활화되기 위해서는 가정에서의 교육이 우선적으로 이루어져야 합니다. 세계적으로 약 10억 명이 기아에 허덕이고 있다는 사실과 지구 환경을 위해 음식을 남기지 않는 밥상머리 교육을 실시합니다.

는 각자 자신의 동적 평형을 잘 유지하면서 살아야 할 의무가 있다. 바로 상위의 생명존중의 의무 때문이다. 또한 개인으로 구성된 사회도 동적 평형을 이루어야 한다. 사회도 생명이 있고 이 생명을 유지해야 하기 때문이다. 한마디로 말한다면 과식과 낭비를 줄이고, 절제하고 자제함으로써, 우리 사회의 음식물 쓰레기를 줄여야 할 것이다.

6장

소비자 최우선 위배 사례

음식을 만드는 사람도 파는 사람도 결국 먹는 사람이기에 음식윤리에서는 소비자를 최우선으로 고려할 수밖에 없다. 내가 만들거나 파는 음식을 나도 먹을 수 있고 내 가족도 먹을 수 있기 때문에, 먹는 사람의 입장을 충분히 반영해야 하는 것이다. 그래서 음식에 머리카락이나 돌 또는 벌레 같은 이물이 들어 있어서는 안 된다. 음식 값을 지불하고 먹는 소비자이기에 더욱 그렇다. 하지만 현실은 그렇지 않다.

병 음료 속 유리 이물[285]

병 음료에 유리 이물이 혼입된 사례는 2013년까지 4년간 129건으로, 매년 평균 30여 건이 접수되었다. A는 유리병에 든 커피를 마시다가 작은 알갱이를 느꼈다. 확인해 보니 유리조각이었다. 병 안쪽이 일부분 깨졌고 바닥에 유리가루가 보였다. B는 과일음료를 잔에 따르는데 음료 병에서 유리 조각이 딸려 나왔다. 병째로 마셨다면 사고로 이어질 수 있었다. C는 유아용 주스 음료를 컵에 따라 아이에게 빨대로 먹였다. 그런데 다 먹은 컵에 유리 파편이 있었다.

섭취 전에 유리 이물을 발견한 경우는 129건 중 38건(29.5%)에 불과했다. 음료와 함께 유리 이물을 삼킨 경우가 91건(70.5%)으로 오히려 더 많았다. 유리 이물 섭취로 엑스선 촬영, 내시경 검사 등의 병원 치료를 받은 경우가 34건이었고, 유리에 베이거나 찔리거나 유리가 박혀 자가 치료를 한 경우도 17건이었으며, 유아가 유리 조각을 삼켜 응급실을 방문한 경우도 있었다.

주목할 점은 유리병의 내부에서 균열 또는 파손이 발생한 '내부 파손'이 113건으로 매우 높다는 사실이다. 내부 파손의 경우 소비자가 식별하기 어려워 음료와 함께 섭취할 위험성이 높다. 유리병 음료 세트 70개 제품 가운데 무려 50개 제품(70%)이 병과 병 사이에 충격을 완화할 수 있는 간지(divider)나 바닥 충전재를 사용하지 않았다. 그만큼 유통 중 유리병의 파손 가능성이 높을 텐데, 이런 경우 소비자는 최우선으로 고려되고 있는 것일까?

---

285   김민지. 2014. 병 음료 속 유리이물 조심하세요! 소비자시대. 4월호: 26-27.

1) 소비자의 권리 측면

식품위생법 제46조에 의거하여 해당 영업자는 식품 등의 이물을 발견하면 식품의약품안전처장 등 관할기관에게 보고하여야 한다. 식품의약품안전처 고시(보고 대상 이물의 범위와 조사·절차 등에 관한 규정)에 따르면 '이물(異物)'이란 식품 등의 제조·가공·조리·유통 과정에서 정상적으로 사용된 원료 또는 재료가 아닌 것으로서, 섭취할 때 위생상 위해가 발생할 우려가 있거나, 섭취하기에 부적합한 물질을 말한다. 보고대상은 육안으로 식별 가능하고, 인체에 위해나 손상, 혐오감을 주거나, 건강을 해칠 우려가 있거나, 섭취하기에 부적합한 재질과 크기에 해당하는 이물이며, 일부 특정 이물의 경우에는 보고대상에서 제외된다.

식품 이물의 판정은 단계별로 이루어진다. 소비단계는 소비자의 보관·취급·조리 과정에서 이물이 혼입된 경우이고, 유통단계는 유통 중 진열·보관·보존 과정에서 이물이 혼입된 경우이며, 제조단계는 원재료나 제조·포장과정에서 이물이 혼입된 경우이다. 판정불가는 증거 불충분, 원인 판단 불가능, 소비자의 조사 거부, 이물 증거물 분실 등으로 조사가 불가능한 경우나 혼입 단계를 판정하기 어려운 경우이며, 기타는 소비자 오인신고, 자진 취하 등이다.[286]

2008년~2010년의 식품 이물 발생은 판정불가의 경우가 가장 많았고, 그 다음 소비단계, 유통단계, 제조단계 발생의 순이었다. 제조·유통·소비 단계의 이물 발생 비율은 연도별로 감소하는 추세를 보인 반면, 판정불가는 2배 이상으로 증가하였다. 이물의 종류별로 볼 때, 벌레의 경우 판정불가가 가장 많았는데 소비단계에서 많이 발생하였으며, 금속, 플라

286　김정선. 2011. 우리나라 식품 이물 관리현황과 이물보고 분류체계의 개선방향. 보건복지포럼. 180: 54-67.

스틱, 유리 등의 이물도 소비단계 발생으로 판정된 경우가 많았다.[286]

식품 이물은 종류별로 벌레(37.7%), 금속(10.2%), 플라스틱(6.6%), 곰팡이(5.0%)의 순으로 많이 발생했는데, 벌레는 제조공정에서 방충이 미비하면 발생할 수 있으며, 일부 해충은 포장을 뚫는 천공(穿孔)능력을 가지고 있어 유통 및 보관 과정에서도 발생할 수 있다.[287] 곰팡이는 유통 중의 식품 취급 부주의로, 용기·포장이 파손 또는 훼손되어 발생하며, 용기의 밀봉이 불량하여 발생되기도 한다. 금속과 플라스틱 등은 거름망, 볼트, 철수세미, 원재료 보관상자 등 제조업체의 제조시설·기구나 소비자가 사용하는 조리기구의 일부가 떨어져 나와 그 조각이 혼입되는 것으로 나타났다.[288]

식품 이물(1,727건)의 발생 원인을 분석한 결과, 원료 유래(425건, 24.6%), 공정관리 미흡(848건, 49.1%), 종사자 부주의(389건, 22.5%), 운송·유통과정 중 혼입(65건, 3.8%)의 4가지로 나타났는데, 이 가운데 공정관리 불량으로 인한 이물 혼입이 거의 절반을 차지했다.[289]

이물 발생을 HACCP 지정 전·후로 구분하여 비교 분석한 결과, HACCP 지정 후, 유리, 플라스틱, 사기 또는 금속이 34.8% 감소했고, 곰팡이류, 고무류, 나무 및 뼛조각이 30.8% 감소한 것으로 나타났다. 이는 HACCP 지정과 운영을 위한 작업장 구획, 이물관리 계획 수립, 여과망 및 방충망 설치, 제조시설·설비 관리 및 금속검출기 설치 등으로 인해 이물 발생이 감소한 것으로 판단된다.[290] 하지만 HACCP 지정업체도 이

---

287   한국소비자원 소비자안전센터. 2010. 식품의 이물 실태조사. pp.206-215.

288   식품의약품안전처 보도자료. 2011. 식품에서 나온 이물 때문에 당황한 적 있나요? 2011년 4월 27일.

289   정기혜. 2009. 우리나라 식품 이물 혼입 현황 및 개선을 위한 정책방향. 보건복지포럼. 151: 67-78.

물 발생 'zero'를 달성하기는 어려운 것이 현실이다.

선진국에서도 우주식이 아닌 일반 식품의 이물 'zero'를 달성하지 못하고 있기 때문에, 인체에 위해하지 않은 천연유래의 이물이나 도저히 관리할 수 없는 일부 이물은 혼입을 인정하고 있다. 따라서 식품업체도 이물 혼입 저감화 노력을 하겠지만, 소비자도 일정 부분 이물 혼입 'zero'달성의 어려움을 이해하는 인식의 전환도 필요하다.[289] 미국 FDA는 천연유래 등에 기인한 120개 품목, 20여 종의 이물별 혼입 허용치를 정량화한 DALs(Defects Action Levels)를 만들어 이물관리에 적용하고 있고, 이 규정에 언급되지 않은 이물이 검출되었을 때는 전문가의 과학적 판단에 근거하여 관리하고 있다.[291]

우리나라 소비자의 식품 안전 욕구는 위생적 차원을 초과한 수준으로서, 건강상 위해와 상관없는 단순 이물에도 불쾌해하고 민감하게 반응한다.[286] 소비자는 법적 보고대상에서 제외하는 머리카락, 종이류 등에 대해서도 41%가 '혐오감'을 준다고 응답하였으며, 이밖에 '섭취 부적합', '위해 또는 손상', '건강 해침'의 의견도 보였다. 더욱이 대다수의 소비자는 식품 이물의 발생 자체에 대해 실망한다. 이 실망이 식품의 선택과 구매에 부정적으로 작용함으로써 해당 업체의 정상적인 식품에까지 불리한 결과를 초래한다.[292]

2008년의 '생쥐머리'스낵 사건은 소비자에게 큰 충격을 주었다. 이 상품의 매출은 1년 반이 지나서야 사고 이전 수준을 회복하였으나, 시장 점

290   원창수. 2013. HACCP 지정업소와 미지정업소간 이물질 발생빈도에 관한 비교 연구. 중앙대학교 대학원. 석사학위논문. pp.36-42.
291   정기혜. 2012. 식품이물관리 적정화를 위한 규제 개선. 보건복지포럼. 190: 6-20
292   양성범, 양승룡. 2013. 식품 이물에 대한 소비자 인지와 구매행동에 대한 연구. 한국식품영양학회지. 26(3): 470-475.

유율은 약 4년이 흘러도 사고 이전의 수준에 이르지 못하였다. 이와 달리 참치캔의 '칼날' 발생으로 인한 매출 감소와 시장점유율 감소는 사고 발생 두 달 만에 사고 이전의 수준으로 회복되었다. 두 사고의 매출 회복의 차이는 이물마다 소비자가 받는 충격 수준이 달랐기 때문이다. 먹을 때 '혐오감'을 줄 수 있는 이물(생쥐머리)이 인체에 직접적인 '위해'를 줄 수 있는 이물(칼날)보다 더 큰 충격을 주었던 것이다.[293]

식품의 안전성에 대한 소비자의 기대 수준은 매우 높다. 식품의 이물로 인해 상해를 입었을 경우 '과실' 여부의 판단은, 이물이 이질적 물질이냐 자연적 물질이냐를 기준으로 할 것이 아니라, 소비자의 '합리적' 기대를 기준으로 판단해야 한다. 무엇이 합리적인 기대인가에 대해서는 제품의 크기, 제조과정, 스타일, 품질, 양, 나아가 우리 고유 음식문화까지도 함께 검토하여야 할 것이다. 비록 혼입된 이물이 자연적 물질일지라도 소비자가 합리적으로 기대하기 어려운 물질이라면 과실을 인정하여야 한다. 그러나 과실과 인과관계는 상당히 신중하게 판단하여야 한다. 식품에는 결함이 없는 데 소비자의 체질에 기인한 경우도 있고, 악의적인 소비자(black consumer)의 문제제기일 수도 있기 때문이다.[294] 종합적으로 볼 때, 식품의 이물 혼입에는 '이중 결과의 원리'를 적용하기 어렵기 때문에, 소비자의 권리 중심으로 소비자 최우선 원리를 적용하는 것이 바람직하다.

2) 소비자의 책무 측면

소비자기본법에는 제4조의 여덟 가지 권리와 더불어, 제5조에 소비자

---

293   양성범, 양승룡. 2013. 식품이물관리의 비용편익분석. 식품유통연구. 30(3): 73-92

294   김민동. 2008. 식품에 혼입된 이물(異物)에 대한 제조자의 과실 및 제품결함의 판단기준과 제조상 결함. 소비자문제연구. 34: 1-18

의 세 가지 책무를 언급하고 있는데, 그 가운데 소비자 권리의 '정당한' 행사가 식품 이물의 경우 대단히 중요하다. 소비자는 권리는 많이 주장하면서 책임은 그만큼 받아들이려 하지 않는다. 더욱이 윤리의식이 낮은 소비자가 '부당한' 권리 행사를 하는 경우가 자주 있다. 이들은 폭언이나 난동, 과도한 경제적 보상요구, 근거 없는 비방과 억지 주장, 사기나 공갈 등의 '불량 불평행동(abnormal consumer complaints)'을 하는 소위 악의적인 소비자이다.[208] 이것이 바로 소비자 최우선의 원리를 역으로 위배하는 가장 바람직하지 않은 사례이다.

악의적인 소비자에 대해서는 곽성희(2014)[295]의 연구 결과를 중심으로 다음과 같이 살펴본다. 2013년 대한상공회의소에서 203개 중소기업을 대상으로 조사한 결과, 84%인 170개 업체가 악성 민원을 그대로 수용한다고 밝혔으며, 그 가운데 90%의 기업이 이미지 훼손을 염려하여 어쩔 수 없이 감수한다고 응답하였다. 결국 악의적인 소비자는 정상적인 소비자와 기업의 관계를 무너뜨리면서, 부당이득을 취하는데, 그 보상비용은 결국 제품 원가에 반영되어 정상적인 소비자의 피해로 되돌아온다.

음식윤리 사례-18

지렁이 단팥빵 사건과 개구리 분유 사건[295]

2008년 지렁이 단팥빵 사건이 터졌다. A회사는 언론에 보도될 경우의 막대한 손실을 피하기 위해 빵을 산 B에게 접촉하였다. B는 5000만 원의 거액을 요구하였다. A회사는 생산을 멈추고 제품을 전량 회수하였고, 경찰에도 수사를 의뢰하

---

295 곽성희. 2014. 블랙컨슈머의 악성적 행동에 관한 사례분석: 식품과 공산품을 중심으로. 성신여자대학교 대학원. 석사학위논문. pp.1-20.

였다. 국립과학수사연구소의 감식 결과 지렁이가 생산과정 중에 빵에 들어간 것이 아니라는 사실이 밝혀졌으며, 그 결과 B는 법원에서 집행유예를 선고받았다.

2013년 분유를 산 C가 분유 통 안에서 개구리가 나왔다고 신고하면서, 개구리 분유 사건이 온 사회에 파문을 일으켰다. 해당 관청은 자동화되어 있는 분유 제조시설 전반에 걸쳐 조사하였으며, 조사 결과 분유의 제조 단계에서 개구리가 혼입되지 않았음이 밝혀졌다. 또 다른 대학교수도 동일한 의견을 발표했다. 이렇게 개구리 분유 사건은 제조회사의 책임 없음으로 귀결됐지만, 이 결과가 나오기까지 오랜 시간 인력과 자금을 허비했던 해당업체의 손실은 무척 컸다.

악의적인 소비자는 인터넷이나 언론에 유포하겠다고 기업을 협박하고, 폭언이나 폭행까지 일삼으며, 과대한 피해 보상을 요구하여, 불의한 이익을 취하는 비윤리적인 소비자이다. 대부분의 기업은 회사의 입지 관리를 위하여 비공개적으로 과도한 보상을 해주며, 이는 또 다른 유사 사건이 생기게 하는 악순환을 불러일으킨다. 정부는 분쟁해결을 위해 법적인 통제를 엄격히 행하고, 기업은 윤리적인 경영체제를 통해 문제를 투명하게 해결하며, 소비자도 진위 여부를 알기도 전에 비난을 하는 것보다 책임 있는 소비의식을 쌓아가는 것이 중요하다.

6부

음식윤리의
대표적 문제 연구

1장

관행농업 및 유기농업과
관련한 음식윤리의 문제

우리나라의 식량 사정은 다른 개발도상국과 마찬가지로 심각할 정도로 부족한 수준이었다. 이른바 보릿고개[296]라고 일컫는 절대 빈곤은 일제 강점기는 물론 8·15광복과 한국전쟁 이후 1960년대 초까지 이어졌다. 가족 중심의 생계형 재래식 농업(traditional agriculture)으로는 보릿고개를 넘을 수 없었다. 제2차 세계대전 후 대부분의 개발도상국은 인구의 폭발적인 증가로 식량이 턱없이 모자랐는데, 이것이 경제발전과 공업화의 걸림돌이었다. 이때 녹색혁명(green revolution)[297]이 등장하여 식량문제를 해결했다.

---

[296] 햇보리가 나올 때까지의 넘기 힘든 고개라는 뜻으로, 묵은 곡식은 거의 떨어지고 보리는 아직 여물지 아니하여 농촌의 식량 사정이 가장 어려운 때를 비유적으로 이르는 말.

[297] 네이버 지식백과. 녹색혁명(綠色革命, green revolution). 한국민족문화대백과. http://terms. naver.com/entry.nhn?docId=2457075&cid=46637&categoryId=46637 (2015년 11월 14일 검색).

녹색혁명은 재래식 농업과 달리 과학기술을 농업에 적극 활용하여, 품종을 개량하고, 화학비료를 투입하고, 살충제와 제초제를 사용함으로써 획기적인 식량 증산을 이루어냈다. 여러 개발도상국은 이 녹색혁명을 통해 인구증가로 부족해진 식량문제를 해결할 수 있었다. 우리나라도 1970년대 초에 통일벼 계통의 신품종 육성에 성공하여 미곡증산에 커다란 실적을 올렸다. 선진국은 물론 우리나라와 같은 개발도상국의 농업은 산업적 규모의 관행농업(慣行農業, conventional agriculture)으로 바뀌어 갔다.

최대생산과 최대이익 창출을 목표로 하는 관행농업의 특징으로는, 집약적 재배, 단작(monoculture: 동일 작물의 계속 재배), 유전자변형 종자의 파종, 화학비료와 농약의 남용, 과도한 지하수 관개 등을 들 수 있다. 결과적으로 관행농업은 토양 유실, 수자원 낭비, 수질 및 토양 오염, 화석연료 고갈, 유전적 다양성 파괴, 식량생산의 불균형, 식품 위해 증가 등의 문제점을 드러냈다. 이에 따라 환경, 에너지, 식량자급, 식품안전성 면에서의 위협이 새롭게 등장했는데, 특히 소비자는 농산물에 과다하게 함유된 농약이 건강과 생명을 위협할 것으로 인식하였다.[298]

국내 농약 사용량은 1990년대 중반 1,205kg/km²로, OECD 회원국 중 일본에 이어 2위이고, OECD 평균 사용량(263kg)의 4.6배, 농약 최소 사용국인 뉴질랜드(25kg)의 48배이다. 농약 과다 사용으로 인해 생태계 파괴, 지하수 오염, 농작물에의 농약 잔류, 해충의 농약 내성 등 심각한 문제가 발생했다. 2000년대 이후 친환경농업에 대한 관심과 정책적인 노력으로 농약의 사용량은 점점 줄어들고 있는 추세이지만, 아직도 농약 사용이 계속되고 있어, 농작물을 음식으로 섭취하는 소비자에게 잔류농약은 큰

---

298 김석신, 신승환. 2011. 잃어버린 밥상 잊어버린 윤리. 북마루지. 서울. pp.119-122.

걱정거리이다.[299]

OECD 회원국의 단위 면적당 농약 사용량은 연평균 3.83kg/ha이고, 우리나라는 12.28kg/ha로 OECD 평균의 3배 정도 사용한다. OECD 회원국의 단위 면적당 비료 사용량은 연평균 84.65kg/ha이며, 우리나라는 253kg/ha로 OECD 평균의 3배 정도 사용한다. 농약 사용량과 비료 사용량이 증가하면 생산량도 증가하지만, 최대 생산량을 보인 다음에는 농약과 비료 사용량을 늘려도, 생산량이 오히려 감소한다고 한다.[300]

1980년대 중반 환경오염이 심각한 사회문제로 등장하면서, 생명, 건강, 안전성에 대한 소비자의 관심이 높아졌고, 농약에 오염된 식품의 안전성 문제가 제기되었다. OECD도 1989년 관행농업이 환경을 악화시키는 결과를 가져왔다고 평가하면서, 생산성을 과도하게 추구하면 그야말로 걷잡을 수 없게 환경이 파괴될 것이라고 경고하였다. 이에 따라 환경보전과 양립할 수 있는 농업이 필요하게 되었다.[299]

관행농업의 문제점을 해소하기 위한 대체농업(alternative agriculture)으로 등장한 것이 지속농업(sustainable agriculture)이고, 그 중심에 유기농업(organic agriculture)이 있다. 유기농업이란 화학비료, 합성농약(농약, 생장조절제, 제초제), 가축사료첨가제 등 일체의 합성화학물질을 사용하지 않는 농법이다.[298]

유기농업이 잘 이루어지고 있는 나라는 쿠바이다. 쿠바는 다른 나라들과의 통상 금지로 농업의 위기를 겪게 되었는데, 오히려 그로 인해 자연스럽게 유기농업이 발달하게 되었다. 유기농업으로 현대 국가를 유지할

---

299 김주진. 2014. 관행농업, 유기농업, 자연농업으로 재배된 배추 및 김치의 성분분석 및 기능성 연구. 건국대학교 대학원. 박사학위논문. pp.1-3.

300 김기룡. 2006. 친환경농업의 경제성분석. 강원대학교 대학원. 석사학위논문. pp.77-79.

수 있다는 것을 아이러니하게 쿠바가 입증한 것이다.[299] 우리나라도 정부
가 친환경농업의 육성을 농정의 주요정책으로 추진하기 시작한 뒤부터
유기농업이 빠르게 성장하였다. 정부는 '국민의 건강한 삶과 생명환경농
업 실현'을 친환경농업 육성 정책의 비전으로 삼아서 추진하고 있다.[299]
'친환경농어업'이란 합성농약, 화학비료 및 항생제·항균제 등 화학자
재를 사용하지 아니하거나, 그 사용을 최소화하고, 농업·수산업·축산
업·임업(이하 '농어업'이라 한다) 부산물의 재활용 등을 통하여 생태계와
환경을 유지·보전하면서 안전한 농산물·수산물·축산물·임산물(이
하 '농수산물'이라 한다)을 생산하는 산업을 말한다.[301]

디딤돌-19

친환경농업

친환경농업으로 인한 농약 및 화학비료 감축량은 2008년 기준으로 농약은
1,208톤, 화학비료는 25,236톤으로 추정되었다. 관행농업에서 유기농업으로 전
환할 때 비용이 들지만, 농약이나 화학비료로 투입되는 비용이 줄어들고, 관행농
업보다 비싼 값으로 생산품을 판매할 수 있기 때문에, 결과적으로는 관행농업에
비해 더 큰 소득을 올릴 수 있다.[299]

2003년부터 2004년까지 시설 재배 채소 9종에 대한 농약 사용실태를 조사한
결과, 관행 농가에서 3.30kg ai/ha, 친환경인증 농가에서 0.47kg ai/ha로 나타났
다.[302] 농약을 사용한 친환경인증 농가는 '유기농'이나 '무농약인증 농가가 아니

---

301   친환경농어업 육성 및 유기식품 등의 관리·지원에 관한 법률(2015년 3월 27일).
302   농약성분(active ingredient, ai)별 사용량으로 환산하였다.

라 '저농약'인증 농가였다.[303]

국제표준화기구(ISO)의 환경성평가 도구인 전과정평가(life cycle assessment) 방법으로, 쌀 생산에서 인간 건강 중심의 환경영향과 외부비용을 평가하였다. 그 결과, 유기농 쌀의 환경영향은 관행농 쌀의 4.5% 수준에 불과했다. 유기농 쌀의 외부비용(4.04원/kg)은 관행농 쌀의 외부비용(89.52원/kg)보다 85.48원/kg만큼 적은 것으로 나타났다.

단위면적(1 ha)을 기준으로 볼 때, 관행농 쌀의 경우 4,781.4kg/hr 생산에 외부비용이 428,019원/ha인 반면, 유기농 쌀의 경우 4,111.4kg/hr 생산에 외부비용이 16,593원/ha에 불과했다. 두 농법 간 외부비용의 차액은 411,426원/ha인데, 이것은 현재 지급 중인 유기농전환 보조금 392,000원/ha에 가까운 금액이다.[304]

우리나라는 2001년부터 저농약, 무농약, 유기농의 3종류에 대해 의무인증제를 시행했으나, 2010년부터 저농약 신규인증을 중단했고, 2016년부터는 저농약 인증을 폐지하기로 했다.[299] 저농약 인증제도 폐지의 영향으로 2010년 이후 저농약 인증면적이 크게 감소하였고, 인증관리 강화의 영향으로 2013년 이후 유기 농산물과 무농약 농산물의 인증면적도 감소하였다. 친환경농산물 인증실적의 감소로 시장규모도 줄어들어, 2014년은 전년보다 10% 정도 줄어든 약 2조 4221억 원이 될 것으로 추정된다.

303　이미경, 황재문, 이서래. 2005. 남부지역 시설채소 재배 농가의 농약 사용실태. 농약과학회지. 9(4): 391-400.

304　임송택, 이춘수, 양승룡. 2010. 전과정평가(Life Cycle Assessment)를 이용한 관행농과 유기농 쌀의 환경성 및 외부비용 분석. 한국유기농업학회지. 18(1): 1-19.

그러나 감소 추세는 2017년 이후부터 증가세로 돌아서, 2024년에는 4조 371억 원의 규모가 될 것으로 전망하고 있다.[305]

최선의 농업으로 생각했던 유기농업에도 한계가 있다. 농약이나 화학비료를 사용하지 않는 대신 사용하는 퇴비에 항생제, 성장 촉진제 등의 성분이 포함되는 경우도 있고, 과량으로 사용하는 퇴비로 인해 농작물의 질산염 함량이 증가하기도 한다. 이러한 유기농업의 문제점을 보완하면서 오염 환경을 복구하는 역할도 가능한 것이 자연농업(natural agriculture)이다.

디딤돌-20

자연농업

자연농업은 유기농업에서 허용하는 퇴비 사용도 최대한 제한하면서, 토지가 지닌 본래의 생산성을 이용하여 작물을 재배하는 것이다. 자연농업은 있는 그대로의 자연을 최대한 존중하는 것을 근본으로 삼는 지속가능한 농업으로, 농약, 제초제, 화학비료, 기계에 의해 왜곡된 토양 생태계를 복원하는 데 중점을 둔다. 또한 사람의 개입과 강압에 의해 높은 생산성을 추구하는 것을 배격하며, 자연의 힘을 활용할 때 오히려 더 좋은 생산성을 낼 수 있다고 주장한다.[299]

자연농업은 네 가지 원칙으로 이루어지는 농업방식이다. 흙을 갈지 않는 무경운(無耕耘)[306], 잡초를 제거하지 않고 땅에다 직접 파종하는 무제초 · 직파, 농약

---

305 김창길, 정학균, 문동현. 2015. 2015 국내외 친환경농산물 생산실태 및 시장전망(108호). 한국농촌경제연구원. pp.1-18.

306 네이버 지식백과. 경운(耕耘, tillage). 토양사전. http://terms.naver.com/entry.nhn?docId=2699006&cid=51610&categoryId=51610 (2015년 11월 14일 검색). 경운은 작물의 재배에 적합하도록, 작물을 재배하기 전에, 토양을 교반 또는 반전하여 부드럽게 하고, 흙덩이를 작게 부

을 사용하지 않는 무농약, 화학비료를 사용하지 않는 무비료의 원칙이다. 즉, 흙에 처음부터 함유되어 있지 않은 소재는 일체 사용하지 않는 농법을 자연농업이라고 할 수 있다. 자연농업은 가장 자연에 친화적인 농법으로 유기 농업에서 한 단계 더 나아간 농법이라고 할 수 있다. 그러나 자연농업에 적합한 토양을 조성하는데 많은 노력과 시간이 필요하기 때문에 현재의 농업환경을 고려할 때 쉽지 않은 농법이라고 할 수 있다.[299]

음식윤리의 관점에서 관행농업은 생명존중, 환경보전, 안전성 최우선의 세 가지 원리를 지키지 않는다. 우선 생명존중 원리의 관점에서 자기 생명만을 중시하는 인간은 자기목적성을 지닌 생태계의 곤충을 해충(害蟲)이니 익충(益蟲)이니 자의적으로 차별한다. 관행농업은 작물 재배에 도움이 되지 않는 다른 모든 생명체를 농약으로 퇴치함으로써, 모든 생명을 존중하라는 원칙을 지키지 않는다. 관행농업에서 유기농업으로 전환한 경작지에서 메뚜기, 개구리, 미꾸라지 등의 생명체를 다시 보는 것이 이를 입증한다. 관행농업이 환경보전 원리를 지키지 않는 것은 그 대안이 바로 친환경농업(environmentally-friendly agriculture)이라는 사실로부터 확연히 알 수 있다. 친환경농업은 환경도 보전하면서 농사도 짓자는 것 아니겠는가?[301] 그리고 관행농업이 안전성 최우선 원리를 지키지 않는 것은, 소비자가 관행 농산물보다 유기 농산물을 선호하는 이유가, 유기농산물이 더 안전하기 때문이라는 사실로부터 쉽게 알 수 있다. 이처럼 생명·환경·안전성을 고려하지 않는 관행농업의 대안이 유기농업이고, 또 유기농업의 대안

수머, 지표면을 평평하게 하는 작업을 말한다.

이 자연농업이 될 수 있다. 유기농업은 생명존중과 환경보전은 물론 안전한 식품 공급으로 소비자의 요구를 충족시키고 있다. 따라서 유기농업은 음식윤리의 관점에서 아주 바람직한 농법이고, 자연농업은 더 바람직하다.

2장

광우병과 관련한
음식윤리의 문제

 2008년 미국산 쇠고기 수입 문제로 인해 발생한 광우병 파동은, 우리 나라 근현대사의 연표에 한 획을 긋는 큰 이슈였으며, 이로 인한 사회적 갈등과 정치적 혼란, 그리고 경제적 손실 또한 막대하였다.[307] 광우병 파 동은 당시 광우병에 대한 전문지식 부족과, 쇠고기 안전성에 대한 소비자 의 불안감, 그리고 한미 FTA 체결 등의 정치적 상황이 맞물려 발생하였 다. 음식윤리의 관점에서 볼 때 안전성 최우선 원리의 준수 여부가 파동 의 핵심이었다.

 광우병 위험 지위[308, 309]의 관점에서 볼 때, 우리나라는 광우병 발생국

---

307 한세현. 2014. 광우병의 병리학적 측면에서 언론보도 및 시민 인식에 대한 연구. 경북대학교 대학원. 박사학위논문. pp.2-3.

308 OIE. 2014. List of Bovine Spongiform Encephalopathy Risk Status of Member Countries. http://www.oie.int/en/animal-health-in-the-world/official-disease-status/bse/list-of-bse-risk-status/ (2015년 11월 16일 검색).

이 아닌데도 불구하고 '위험 미결정국(undetermined risk country)'으로 분류되어 오다가, 2010년 '위험 통제국(controlled risk country)'의 지위로 격상되었다. 2008년 사료관리법을 개정하여 반추동물(되새김질 하는 동물로서소, 양 등)에게 동물성 유래 단백질을 함유한 사료를 금지한 것이 지위 격상에 도움이 되었다. 드디어 2014년 '위험 무시국(negligible risk country)'의최고지위에 올랐다. 아이러니하게 광우병 파동이 우리나라가 광우병 위험관리의 최고지위에 오르는 단초를 제공했다고도 볼 수 있다.

광우병, 즉 소해면상뇌증(bovine spongiform encephalopathy, BSE)은 단백질인 프리온(prion)이 발병 원인으로, 소의 뇌가 스펀지처럼 변형되어 급격한 체온의 변화, 신경 및 자세의 불안정, 우유 양의 감소, 그리고 전반적인 체력 감소 등의 증상이 나타나는 만성 신경성 질병인데, 잠복기간은보통 2년에서 8년이며, 치료는 사실상 불가능하여 이 병에 걸린 소는 결국 죽게 된다.[310]

디딤돌-21

광우병과 프리온[311]

광우병(bovine spongiform encephalopathy, BSE)은 1986년 영국에서 처음 발생한 전염성 해면상 뇌증(transmissible spongiform encephalopathy, TSE)의 일종이다. 미생물이 아닌 변형 프리온(prion) 단백질에 의해 유발되는 신경친화성 질병

309 농림수산식품부 보도자료. 2014. 구제역, 소해면상뇌증 등 청정국 지위 획득. 2014. 5. 28.

310 김석신, 신승환. 2011. 잃어버린 밥상 잊어버린 윤리. 북마루지. 서울. pp.122-125.

311 한세현. 2014. 광우병의 병리학적 측면에서 언론보도 및 시민 인식에 대한 연구. 경북대학교대학원. 박사학위논문. pp.12-22

이며, 소의 뇌에 구멍이 생겨 미친 듯이 포악해지고 행동장애 증상을 보인다.

광우병 병원체인 프리온은 사람과 동물이 가지고 있는 정상적인 '내인성 단백질'이다. 그러나 특정 원인으로 단백질 구조에 변형이 생기면, 동물이나 인간의 뇌 속에 비정상 프리온이 쌓이고, 비정상 프리온은 세포를 파괴해 조직에 스펀지 모양의 구멍을 형성한다. 프리온은 단백질임에도 감염성을 가지고 증가하며, 종(種)간 벽도 넘나들 수 있다.

정상 프리온 단백질과 변형 프리온 단백질은 아미노산 배열순서는 동일하나, 3차원 구조에 따라 기능과 특성이 완전히 달라진다. 단백질의 3차원 구조에서, 꽈배기처럼 꼬인 형태를 알파-나선구조(α-helix structure), 접히는 경우를 베타-병풍구조(β-sheet structure)라고 한다. 정상 프리온 단백질은 세 개의 알파-나선구조와 두 개의 매우 짧은 베타-병풍구조가 포함되어 있다. 비율로 따지면 알파-나선구조가 42%, 베타-병풍구조가 30% 정도가 된다. 그러나 정상 프리온 단백질에 변형이 생기면 이 비율이 반대로 바뀌게 되어, 알파-나선구조는 21~30%로 감소하고, 반대로 베타-병풍구조는 43~54%까지 증가한다.

정상 프리온 단백질은 친수성을 나타내지만, 변형 프리온 단백질은 베타-병풍구조가 증가하면서 물에 녹지 않는 소수성으로 바뀌게 되는데, 이것이 단백질 분해효소(protease)에 저항하는 성질을 제공한다. 결과적으로 단백질 분해효소에 의해 당연히 분해돼야할 프리온 단백질이 체내에서 분해되지 않고 남게 된다. 여기서 그치지 않고 단백질의 베타-병풍구조가 옆에 있는 다른 단백질을 반복적으로 잡아당기면서 자신과 같은 소수성 성격으로 바꾸게 된다. 이런 방식으로 변형 프리온이 증가하면서 감염성이 높아지게 된다.

즉, 정상 프리온이 변형 프리온과 접촉하면, 정상 프리온도 변형 프리온 구조로 바뀌게 되며, 시간이 경과함에 따라 축적되는 변형 프리온 단백질은 기하급수적으로 증가하게 된다. 세균이나 바이러스가 자신과 동일한 개체를 새로 만들어서 증식하는 것과 달리, 변형 프리온은 도미노 현상처럼 정상 프리온을 변형 프리온으로 바꿔나간다. 그 결과 마치 변형 프리온이 스스로 복제하는 것처럼 수가 늘어나는 것이다.

더 큰 문제는 이런 변형 프리온이 서로 쉽게 뭉칠 수 있다는 점이다. 프리온은 뇌와 척수 등 신경계통에 풍부하게 있는데, 이런 조직에서 변형 프리온이 서로 뭉치면서 독성이 강해지면 정상 조직을 파괴하게 되는 것이다. 실제로 변형 CJD에 걸린 사람의 뇌를 관찰해보면 변형된 프리온 단백질 덩어리들이 섬유 형태로 얽힌 있는 것을 확인할 수 있다. 이렇게 뇌와 척수 등 신경조직에 축적된 변형 프리온은 뇌 신경세포에 산화성 스트레스(oxidative stress)를 가해 조직을 손상시키는 것으로 추정된다.

광우병은 1985년 영국에서 처음 발견된 이래 급격한 발병 증가 추세를 보였다. 1996년 3월 영국 정부가 사람의 크로츠펠트-야콥병(Creutzfeldt-Jacob disease, CJD)과 광우병의 연관성을 발표하자 광우병에 대한 공포심은 더욱 커지게 되었다. 대략 177명이 속칭 인간광우병, 즉 변종 CJD(vaiant CJD, vCJD)에 걸린 것으로 집계되었는데, 대부분이 광우병에 걸린 쇠고기를 먹고 감염된 것으로 밝혀졌다. 광우병에 대한 소비자의 공포는 유럽뿐 아니라 쇠고기 수입국으로도 확산되었고, 그중 몇 나라는 유럽으로부터의 쇠고기 수입을 전면 금지하였다.[310] 2001년 1월 유엔식량농업기구(FAO)는 광우병이 전 세계로 전파될 수 있음을 경고했고, 동물성 사료의 사용을 금지하였으며, 등뼈가 들어 있는 쇠고기 판매도 금지하였다.[312]

2001년 1월 일본에서도 광우병에 걸린 소가 발견되었고, 한국 등 수입국은 일본 쇠고기 수입금지 조치를 내렸다. 이때 한국에서는 쇠고기 대신 돼지고기의 소비가 급증하였다. 2003년 5월 캐나다에서 처음 광우병이 발생하였을 때, 미국의 국경 봉쇄로 미국 수출길이 막힌 캐나다산 쇠고기 가격이 크게 하락했다.[313] 2003년 11월 미국에서 광우병 감염소로 추정되는 소가 발견됨에 따라, 미국산 쇠고기 최대 수입국인 한국에서 광우병이 사회적 이슈로 전면에 등장하였다. 시민들의 민감한 반응에 우리나라 정부는 미국산 쇠고기 수입 중단으로 대응하여 사회적 공포의 확산을 막았다. 2003년부터 수입이 금지된 미국산 쇠고기는 그 후 2007년부터 수입이 재개되었다.[312]

2008년 4월 18일 우리나라 정부는 미국과의 쇠고기 협상에서, 그동안 30개월령 미만 소의 뼈 없는 살코기에 한정했던 수입 규제 조건을, 미국의 요구대로 뼈 있는 쇠고기와 30개월령 이상 소의 고기 수입으로 완화하는 안에 합의했다. 이를 계기로 광우병에 대한 공포가 빠르게 확산되면서, 쇠고기 재협상을 요구하는 집단적 행위가 이른바 광우병 파동을 일으켰다.[312]

---

312   한세현. 2014. 광우병의 병리학적 측면에서 언론보도 및 시민 인식에 대한 연구. 경북대학교 대학원. 박사학위논문. pp.10-11.

313   진현정. 2006. 광우병 발생에 대한 대중매체의 보도와 국내육류소비에 대한 소비자의 반응. Safe Food. 1(2): 39-45.

미국산 쇠고기 수입 재개 문제[314]

미국산 쇠고기 수입 재개 문제와 관련된 국가기록원의 기록(일부 발췌)은 다음과 같다.

1. 2008년 4월 합의 내용.

농림수산식품부는 2008년 4월 11일부터 18일까지 개최된 미국산 쇠고기 수입위생조건 개정을 위한 한·미 양국 간 고위급 협의에서 미국산 쇠고기의 단계적인 수입확대 방안에 합의하였다.

미국산 쇠고기 수입 허용 월령은, 1단계로 30개월 미만 소에서 생산된 갈비 등 뼈 포함 쇠고기(특정위험물질 등 제외) 수입을 허용하고, 2단계로 미국이 '강화된 사료금지조치'를 공포할 경우, 30개월 이상 소에서 생산된 쇠고기도 수입을 허용한다.

수입허용 부위는 기본적으로 OIE 기준에 의한 특정위험물질(SRM) 및 특정위험물질에 오염이 우려되는 기계적 회수육(mechanically recovered meat, MRM) 등을 제외한 모든 부위를 가리킨다.

수출검역증명서상의 도축소 월령 표시는 협정 발효 후 180일 동안에는 T-bone 스테이크 등에 한해 30개월령 미만임을 표시하되, 180일 이후 계속 표시여부에 대해서는 협의키로 한다.

미국 내에서 추가로 BSE가 발생할 경우 조치사항은, 우선 미국 측이 역학조사를 실시한 후, 결과를 한국정부에 통보하고 상호 협의한다. 조사결과가 OIE의

---

314   국가기록원. 미국산 쇠고기 수입 재개 문제. http://www.archives.go.kr/next/search/listSubjectDescription.do?id=009024 (2015년 11월 16일 검색).

'광우병 위험 통제국'지위에 반하는 상황일 경우 한국정부는 쇠고기 및 쇠고기 제품 수입을 전면 중단한다.

2. 2008년 6월 추가 합의 내용.

미국과의 합의 결과에 대해 국민들이 촛불집회를 개최하는 등 강하게 반발하자, 한국정부는 2008년 6월 13일~19일 워싱턴에서 미국과 추가협상을 실시하여 다음과 같은 내용에 합의하여 수입위생조건 부칙에 명시하였다.

미 정부가 보증하는 '한국수출용 30개월령 미만 증명 프로그램'(Less than 30 Month Age-Verification Quality System Assessment(QSA) Program for Korea, 약칭 한국QSA)을 실시한다.

2회 이상 식품안전위해가 발견되면 한국정부는 미국정부에 해당 작업장의 수출작업 중단 요청이 가능하다.

뇌, 눈, 척수, 머리뼈의 4개 부위는 수입을 금지한다.

광우병 파동의 핵심 쟁점은 ① 퇴행성 뇌질병과 변형 CJD의 관련성, ② 인간 대상의 변형 CJD의 발병률, ③ 30개월령 쇠고기의 변형 CJD 위험성, ④ 특정위험물질(specified risk material, SRM)의 범위, ⑤ 한국인에게 변형 CJD 발병 취약성의 다섯 가지이다.[315] 광우병 파동 당시 ③ 30개월령 쇠고기의 변형 CJD 위험성과 ④ 특정위험물질(SRM)의 범위의 두 가지가 가장 첨예한 이슈였다. 이것은 두 차례에 걸친 한미 간 협상의 주요 의제이기도 했다.[314]

---

315 한세현. 2014. 광우병의 병리학적 측면에서 언론보도 및 시민 인식에 대한 연구. 경북대학교 대학원. 박사학위논문. pp.150-158.

광우병 파동과 두 차례의 협상 결과, 30개월 미만의 소에서 뇌, 척수, 머리뼈 등 특정위험부위(SRM)를 제거한 후 수입[316]하고 있기 때문에 ③ 30개월 쇠고기의 변형 CJD 위험성에 대한 논의는 줄었지만, ④ 특정위험 물질(SRM)의 범위는 여전히 논란이 될 수 있다. 시민단체는 미국산 소의 내장 수입 허용으로 한국 국민이 즐겨 먹는 곱창이 변형 CJD 위험에 직면하게 된다고 비판하면서, 국내 검역과정에서 회장 원위부 제거 여부를 판별해내기 어렵기 때문에, 유럽연합처럼 십이지장부터 직장까지 내장 전체를 SRM으로 지정해야 한다고 주장했다.[315]

디딤돌-22

광우병 파동의 다섯 가지 핵심 쟁점[315]

한세현(2014)[315]은 광우병 파동의 다섯 가지 핵심 쟁점에 대해 문헌을 통해 병리학적 측면에서 고찰하였는데, 그 결과를 요약하면 다음과 같다.

① 퇴행성 뇌질병과 변형 CJD의 관련성:

퇴행성 뇌질병과 변형 CJD는 뇌에 비정상 단백질이 측적되어 신경세포의 위축과 소실을 유발하는 공통성이 있지만, 명확히 구분되는 질병이며, 상호 연관성도 낮다. 퇴행성 뇌질병은 뇌 조직의 기능 저하와 퇴화에 기인한 것으로, 파킨슨병, 알츠하이머병, 크로이츠펠트-야코프병(CJD) 등이 여기에 속한다. 퇴행성 뇌질병은 체내에서 발병하는 내인성 질환으로, 주로 60대 이상 고령자가 걸린다. 이와 달리 변형 CJD는 광우병에 감염된 쇠고기의 섭취로 발병하는 외인성 질환

---

316   농림수산식품부. BSE(일명 광우병)란 무엇인가? http://www.mafra.go.kr/BSE_main.htm
        (2015년 11월 15일 검색).

이며, 20대와 같은 젊은 층이 주로 걸리는데, 광우병 소의 변형 프리온이 회장 부위에서 미주신경을 타고 올라가서, 대뇌부위에 도달해야 하기 때문에 증세가 늦게 나타난다.

② 인간 대상의 변형 CJD의 발병률:

변형 CJD는 발병률이 매우 낮은 희귀병이며, 한국에서의 발병률은 더욱 낮다. 그러나 치료가 불가능할 정도로 위험하므로 철저히 대비해야 한다. 예를 들어 다우너 소의 도축 금지, SRM의 제거 등과 같은 조치를 취해 완벽하게 예방하는 것이 중요하다. 경우에 따라 다람쥐, 사슴 등 야생동물을 잡아먹을 때, 특히 뇌를 섭취한 경우, 집단으로 CJD가 발병한 사례가 보고되었다. 한국의 경우에도 사슴에서 만성소모성질병이 확인되었다.

③ 30개월령 쇠고기의 변형 CJD 위험성:

소의 소장에서 흡수된 변형 프리온이 뇌·척수에 도달하는 시점이 30개월 이후이기 때문에, 광우병 증상은 대부분 30개월령 이상의 소에서 나타난다. 영국에서 1996년 6월 이후 30개월령 이하의 소에서 광우병이 발병한 사례가 없다. 이것은 30개월령 이하의 소가 광우병에 걸릴 위험성이 적다는 것을 나타낸다. 30개월령 이하에서도 뇌·척수에서 변형 프리온이 검출된 경우가 드물게 있었으나, 타 개체에의 감염력이 입증되지 않아, 30개월령 이하 쇠고기의 변형 CJD 위험성은 낮은 것으로 인정하고 있다.

④ 특정위험물질(SRM)의 범위:

특정위험물질(SRM)은 소의 장기 가운데 광우병 유발 원인체를 말하며, 소 도축 과정에서 SRM의 제거가 가장 중요한 감시체계이다. 2008년 미국산 쇠고기 수입 협상에서 SRM의 수입 허용범위로 소의 연령과 관계없이 편도와 회장 원위부를 지정했고, 추가협상 후 뇌, 눈, 척수, 머리뼈의 4개 부위를 추가로 지정했다. 대부분의 국가에서 SRM으로 간주하는 대표적인 부위는 뇌·척수·편도·회장·눈 등이다. OIE는 생후 30개월 이상 소의 경우, 뇌·두개골·눈·혀·편도·척수·회장 원위부 등 7개 부위를 주요 SRM으로, 척추·장간막·비장·내장·우족 등을 기타 SRM으로 지정한다. 그러나 나라마다 SRM 규정기준은 다르다.

⑤ 한국인에게 변형 CJD 발병 취약성:

M/M형 유전자가 M/V형이나 V/V형에 비해 상대적으로 변형 CJD의 감염 위험성이 높고, 감염될 경우 잠복기가 짧다는 것은 학계에서 수용하고 있다. M/M형이 대부분인 한국·중국·일본의 변형 CJD 발병률이, 상대적으로 M/M형이 적은 유럽·미국보다 당연히 높아야 할 텐데, 이를 뒷받침할 만한 한국·중국·일본의 변형 CJD 발병 사례는 없다. 변형 CJD는 변형 프리온에의 노출 횟수와 양, 연령 등 다양한 요인들이 복합적으로 작용하여 발병하므로, 유전자만으로 발병에 취약하다고 단정할 수 없다.

〈표 9〉[317]에 나와 있듯이, 수입재개 이후 미국산 쇠고기 수입량이 증가하고는 있으나 광우병 파동 후 3년이 지난 2011년에도 미국산 쇠고기 수입량은 수입량이 정점을 이루었던 2003년의 절반정도에 불과하다. 반면 더 높은 가격에도 불구하고 청정우로 인식되는 호주산 쇠고기 수입량은

---

317   한국육류유통수출협회. 2015. 미국산 쇠고기 수입 현황. 참고문헌.

크게 늘었다. 실제로 소비행동 차원에서 미국산 쇠고기에 대한 회피현상이 분명하게 나타나고 있는 것이다. 이러한 현상은 단지 개인의 취향이나 소득수준으로 설명하기 어렵다. 따라서 광우병 파동이 마무리되었지만, 광우병 위험에 대한 우려가 일반시민의 마음에 여전히 남아 있다고 보아야 할 것이다.[318]

2003년 1인당 연간 쇠고기 소비량이 8.1kg이던 것이 2004년에는 16% 감소한 6.8kg을 나타냈고, 2009년에야 8.1kg을 보임에 따라 쇠고기 소비량을 회복하는 데 6년이 걸렸다. 반면에 1인당 연간 돼지고기와 닭고기 소비량은 2003년 17.3kg과 7.9kg에서 2009년에는 19.1kg과 9.6kg으로 각각 10%와 22% 증가하였다. 이와 같은 소비량의 변화는 미국산 쇠고기의 광우병 파동으로 인해 쇠고기 전체에 대한 소비자들의 선호가 떨어졌다는 것을 의미한다. 따라서 미국산 쇠고기로 인해 국내산 쇠고기가 영향 받지 않도록 국내산 쇠고기에 대한 소비자의 신뢰를 강화할 필요가 있다.[319]

표 9. 미국산 쇠고기 연도별 수입현황

연도	수입물량(톤)	연도	수입물량(톤)
1999	97,703	2007	14,616
2000	131,505	2008	53,293
2001	95.671	2009	49,973
2002	186,630	2010	90,569
2003	199,409	2011	107,202
2004	0	2012	99,929
2005	0	2013	89,239
2006	0	2014	104,953

---

318   박희제. 2012. 한국인의 광우병 위험인식과 위험회피행동. 농촌사회. 22(1): 311-341.
319   사공용. 2014. 광우병이 국내 육류 선호변화에 미친 영향. 농업경제연구. 55(2): 51-70.

광우병 파동의 핵심은 음식윤리의 여섯 가지 원리 가운데 안전성 최우선의 원리를 간과한 데에 있다. 이것이 표면상으로는 서로 상반된 의견과 인식의 충돌로 나타났던 것이다. 박희제(2013)[320]의 지적처럼 현대사회의 다양한 리스크(risk) 가운데 먹을거리의 안전 여부는 특히 일반시민의 관심과 우려가 큰 분야이다. 그런데 먹을거리의 안전성과 관련된 사회적 논쟁들은, 광우병 파동의 경우처럼, 안전을 강조하는 전문가와 위험성을 우려하는 일반시민의 서로 다른 인식이 충돌하는 모습으로 흔히 나타난다. 정부는 전문가의 지식 중심의 시각에 입각해 갈등을 해결하려는 모습을 흔히 보인다.[320]

소비자들은 광우병을 유전자재조합식품보다 피하기 어렵고, 피해의 결과가 재앙적이며, 기술적으로 통제하기 어려운 위험으로 평가했다. 전문가와 정책담당자, 기업 등이 소비자의 위험인식을 일시적이고 비이성적인 감정적 행동으로 평가하여 문제의 심각성을 간과할 때, 소비자들은 이들을 불신하게 되고 불신은 곧 소통의 문제로 이어지게 된다.[321] 하물며 전문가들과 일반시민들의 광우병 인식의 차이가 전문성·과학지식 수준의 차이라기보다 많은 부분 두 집단의 인구사회학적 특성의 차이에서 비롯된다면 상황 인식을 달리 해야 한다.[320] 따라서 안전성 최우선의 원리를 바탕으로 하여 민주적으로 소통할 필요성이 제기되는 것이다.

이러한 위험 주장(risk argument)은 정의 주장(justice argument)이나 도덕성 주장(morality argument) 등과 연계되기 쉬운데, 광우병 파동에서 우리

---

320 박희제. 2013. 전문성은 광우병 위험 인식의 결정요인이었나?: 전문가와 일반시민의 광우병 인식 차이 비교. 농촌사회. 23(2): 301-341.

321 사지연, 여정성. 2013. 식품의 기술적 위험에 대한 소비자의 인식수준 비교분석: 유전자재조합식품, 식품첨가물, 광우병을 대상으로, 소비자정책교육연구. 9(4): 1-28.

정부의 비밀스런 일방주의와 미국의 공공연한 압력은 이런 연계성을 더욱 강화시켰다. 다시 말해, 정의 주장(은밀하게 힘으로 수입조건 완화를 강요하고 있다)을 거쳐 위험 주장(위험하지 않다면 그렇게 감추거나 힘으로 강요할 필요가 없을 것이다)이 정당화되었던 것이다.[322] 한편 광우병과 관련된 리스크 논의는 불확실성과 무지의 상황 속에서 진행되고, 그 논의가 불확실한 지식의 토대에 근거하고 있지만, 그것으로부터 도출되는 결론의 근거가 비합리적인 것은 아니다. 그 무지로 인한 피해가 막대할 수 있기 때문에, 언제라도 '중지'(moratorium)를 선언할 수 있어야 한다.[323]

우리나라의 경우 공동체에서 합의가 이루어진 윤리규범이나 관습규범이 없는 상태에서, FTA와 맞물려 쇠고기 광우병과 관련한 법규범이 만들어졌다. 조병희(2009)의 조사 결과 우리나라 사람들은 미국산 쇠고기의 안전성에 대하여 73%가 동의하지 않았고, 광우병에 대해서도 69%가 불안감을 나타냈다.[324] 특히 우리나라 사람들은 소의 뇌, 간, 천엽을 날로 먹기도 하고, 쇠고기를 육회로 먹기도 하며, 선지를 해장국으로, 또 소뼈를 고아 설렁탕으로 먹는 음식문화가 있기 때문에 광우병에 노출될 가능성이 높다고 볼 수 있다.[325] 이러한 상황을 고려할 때 광우병의 경우 안전성 최우선의 고려와 상호간의 신뢰가 중요할 것으로 보인다. 소비자가 위험을 받아들이기 위해서는 과학적 추정치보다는 위험 수준(acceptable risk level)에 대한 정보의 교환과 합의가 중요하고, 정부의 위험관리시스템에

322 하대청. 2014. '위로부터의 지구화'와 위험담론의 역사적 구성. 환경사회학연구. ECO 18(1): 235-278.

323 최훈. 2012. 광우병과 관련된 리스크 분석과 논리적 대응. 환경철학 14: 119-143.

324 조병희. 2009. 광우병 사례를 통해 본 한국인의 질병인식. 보건과 사회과학. 25: 129-152.

325 김용선. 2001. 광우병과 nvCJD. 대한내과학회지 60(5): 411-413.

대한 신뢰도 중요하다.[326]

광우병은 발생원인, 감염경로 등이 아직 명확하게 밝혀지지 않았고, 광우병의 발병과정 뿐만 아니라 사람에게 전염되는 과정도 분명하지 않다. 따라서 광우병의 위험관리는 기술적 위험이 불확실한 상황에서 이루어지는데, 광우병을 직접 경험한 유럽은 예방적 접근 차원에서 대응하는 반면, 미국은 경제적 논리와 시행착오 중심으로 대응하는 것으로 나타났다. 우리나라는 후발국가의 전형적인 위험관리 특성을 보이고 있다.[310] 이 모든 대응방안의 차이도 근원적으로는 안전성 최우선의 윤리 마인드에 따른 차이라고 볼 수 있다.

다시 말해 유럽은 안전이 확인되지 않은 상황이므로, 치료보다 예방이 낫다는 사전예방적 접근(precautionary approach)으로 위험 관리와 규제를 하고 있다. 이에 반해 미국은 위험이 확인되지 않은 상황이므로, 실질적 동등성의 개념을 적용하고 경제성 등의 편익을 우선으로 하는 사후적 위험관리와 규제를 선호한다. 우리나라의 경우 광우병에 대한 지식 축적이 부족할 뿐만 아니라 광우병을 둘러싼 갈등 관리도 미흡한 실정이다. 광우병에 대한 위험 여부를 일반대중에게 투명하게 공개하지 않으며, 국민 건강보다는 국익과 경제발전 위주로 정책을 진행하고 있다. 갈등 관리 전략 또한 문제를 회피하거나 정부가 일방적으로 강행하는 모습을 보이고 있으며, 소비자도 제도화된 형태가 아닌 기자회견, 반대집회 등으로 치달으면서 서로의 협력이 잘 이루어지지 않고 있다.[310]

광우병으로 인한 유럽연합의 경제적 피해액은 126조 원에 달했다. 영국은 현재 광우병 위험 통제국이 되었지만, 세계적으로 볼 때 광우병 발

---

326   양병우.2008. 식품안전성의 위기: 미국산 쇠고기 파동의 본질. GS&J 강좌자료. pp.1-17.

생은 아직 진행형이다.[327] 농림축산식품부는 2015년 2월 캐나다 앨버타 주에서 광우병에 감염된 소가 추가로 발견됨에 따라 캐나다산 쇠고기에 대한 검역을 중단한다고 밝혔다.[328] 우리나라는 외국과 달리 아직 국내에서 광우병이 발생한 적은 없다. 따라서 앞으로도 국내에서 광우병이 발생하지 않도록 사전에 보호하는 것은 매우 중요한 일이다. 유럽연합이나 일본의 '모든 농장동물 사료에 농불성 성분 사용 금지'제도처럼, 가까운 미래에 교차오염을 방지하기 위해 제도를 보완하는 것도 중요하다.[327] 그러나 무엇보다 안전성 최우선의 윤리 마인드를 함양하는 일이 소비자, 축산 농민, 행정관료 모두에게 선행되어야 할 것이다.

---

327   한국소비자원. 2009. 식의약 안전분야 조사결과보고서. pp.10-11.
328   농림수산식품부 보도자료. 2015. 농식품부, BSE 발생으로 캐나다산 쇠고기 검역중단. 2015년 2월 13일.

3장

공장식 축산 및 동물복지형 축산과
관련한 음식윤리의 문제

공장식 축산(factory farming)은 세계적으로 많이 행하고 있는 대규모의 밀집식 축산 방식이다. 최근 생명존중과 환경보전의 관점에서 이에 대한 반성으로 등장한 것이 바로 동물복지형 축산(animal-welfare farming) 방식이다. 두 축산방식은 서로 대척점에 위치하고 있는데, 이와 관련한 음식윤리의 문제로는 어떤 것이 있는지 살펴보자.

〈표 10〉에 일곱 나라의 1인 1일당 육류 공급량의 변화[329]를 대략 10년 간격으로 나타냈다. 어느 나라든 육류 공급량은 해마다 증가하였는데, 우리나라의 2011년 육류공급량은 1980년의 4.4배, 중국은 3.9배로 나타났다. 중국 인구가 13억 5000만 명인 점을 감안한다면, 전 세계 축산에 끼치는 중국의 영향을 짐작할 수 있을 것이다. 이렇게 세계적으로 육류 공

---

[329] 한국농촌경제연구원. 2014. 식품수급표 2013. pp.240-254.

급이 증가하게 된 배경에는 냉동기와 증기기관의 발명이 있다. 만약 암모
니아 압축식 냉동기의 발명과 증기선이나 증기기관차의 상용화가 이루
어지지 않았다면, 육류를 냉동하여 아메리카에서 유럽으로 장거리 수송
을 할 수 없었을 것이다.[330] 그렇지만 최근 육류 공급이 급증한 핵심 요인
은 공장식 축산이다. 공장식 축산이 아니었다면 이렇게 많은 육류를 생산
할 수 없었을 것이다.

표 10. 국가별 1인 1일당 육류 공급량의 변화[329]

단위: g

국가	1979-1981년	1989-1991년	2001-2003년	2011년
한국	39	71	136	170
일본	88	113	124	134
중국	41	72	150	158
미국	319	321	339	322
영국	203	205	226	226
브라질	100	135	220	255
오스트레일리아	283	323	327	332

공장식 축산은 최소의 비용으로 최대의 고기 생산량을 얻기 위해, 비
좁은 축사에 동물을 가둬놓고 마치 공산품을 찍어내듯이 사육하는 방식
이다. 사육동물은 자연에서 먹는 풀 대신 산업적 관행농업으로 재배한 옥
수수와 콩을 배합한 인공 사료를 먹는다. 공장식 축산은 이윤과 생산성을
극대화하기 위해 포드주의(Fordism)의 기본 원리대로 모든 과정을 표준

---

330   김석신, 원혜진. 2015. 맛있는 음식이 문화를 만든다고? 비룡소. 서울. pp.73-77.

화한다. 효율성을 추구하는 데 동물이라고 예외일 수 없다. 동물 역시 최대한의 고기 생산을 위해 치밀하게 자동화된 생산 공정의 일부가 된다.[212]

공장식 축산이 널리 퍼지면서 여러 가지 문제가 생기게 되었는데, 이 가운데 중요한 것으로는 환경오염 문제, 가축질병의 문제, 축산식품의 안전성 문제, 그리고 농장동물이 겪는 비윤리성 문제가 있다. 동물복지형 축산은 이런 문제의 발생이 배경이 되어 그 대처방안으로 등장하였다. 이 문제들을 윤창호(2012)[331]와 김명식(2014)[212]의 보고를 중심으로 다음과 같이 정리한다.

첫째, 환경오염 문제이다. 자연자원의 투입량과 폐기물의 배출량 사이에는 일대일의 상응관계가 있는데, 투입량이 많아지면 자원이 고갈되고, 그에 상응하여 배출량도 많아지면서 환경의 자정능력을 초과하게 된다. 2010년 기준으로 우리나라는 쇠고기 1kg을 생산하기 위해 사료 10kg을 투입하는데, 그나마 사료의 대부분(98%)은 수입으로 충당한다.

2010년의 가축분뇨 배출량 하루 92,500톤 가운데, 소의 분뇨가 57%를 차지한다. 축산폐수의 발생량은 전체 수질오염원(생활하수+산업폐수+축산분뇨)의 0.6%에 불과하지만, 생물학적 산소요구량(BOD)과 화학적 산소요구량(COD)이 생활하수에 비해 수백 배 높아, 총 오염 부하량의 25%나 된다.

사육동물은 기후변화에 영향을 미치는 온실가스인 메탄가스 등의 대기 오염물질을 만들어낸다. 축산분뇨를 유기질 비료로 투입하는 자원순환농업만으로는 환경오염을 막을 수 없는 것이 현실이다. 따라서 환경의 자정능력을 고려한 적정 사육두수 유지 방안 중의 하나로서 동물복지형

---

331   윤창호. 2012. 동물복지형 축산의 경제적 타당성에 관한 연구-전남 지역을 중심으로. 목포 대학교 대학원. 박사학위논문. pp.7-18.

축산을 고려할 필요가 있다.

둘째, 가축질병의 문제이다. 최근 전 세계적으로 광우병, 구제역, 조류 인플루엔자 등의 전염병이 빈번하게 발생하고 있다. 우리나라에서도 구제역이 여러 차례 발생하여 문제가 되었다. 2010년 안동의 돼지 농장에서 발생한 구제역이 전국으로 확산되어, 돼지 332만 두, 소 15만 두를 매몰 처분하였다. 이때 부실한 매몰처리로 인한 침출수 유출 가능성과 주변지역의 환경오염 등 2차 오염문제가 제기되기도 하였다.

가축질병이 발생하면 축산식품의 소비량이 급감하여 경제적 손실이 큰데다가, 살처분 비용이나 소독비 등 추가비용도 많이 든다. 게다가 가축질병은 축산농가 뿐만 아니라 사료업체나 동물약품업체, 도축장, 육가공업체 등 축산업 전체에 심각한 영향을 준다. 만약 치명적인 가축질병이 발생한다면 해당 축산업의 존립 기반 자체가 흔들릴 수도 있다.

우리나라 축산농가는 일정지역 내에 밀집되어 있는 경우가 많고, 축사구조도 영세하고 과잉 입식하는 사례도 많아, 가축질병의 발생 우려가 크다. 이런 구조적인 문제를 해결하고 지속가능한 축산업을 육성하기 위해 동물복지형 축산을 도입해야 한다는 의견이 많아지고 있다.

셋째, 축산식품의 안전성 문제이다. 안전성 문제 가운데 사회적으로 논란이 되는 두 가지 문제로는, 인수공통전염병과 같은 가축질병 발생에 따른 안전성 문제와, 가축사육 과정에서 사용한 항생제와 성장 호르몬제가 축산식품에 잔류하여 발생하는 안전성 문제가 있다. 1995년 이후 우리나라에서 일어난 대표적인 축산식품 사건으로, 영국산 쇠고기 광우병 사건(1996), 미국산 쇠고기 병원성 대장균 O-157 발견(1997), 벨기에산 돼지고기 다이옥신 오염(1999), 미국산 쇠고기 광우병 파동(2008) 등을 들 수 있다.

소비자는 이런 축산식품 사건을 경험하면서 식품안전에 대한 두려움과 식품안전정책에 대한 불신감을 갖게 되고, 그 결과 소비가 크게 위축된다. 과다하게 투여한 항생제와 호르몬제가 축산식품 내에 잔류하면 축산식품의 안전성 문제가 더욱 크게 부각된다. 동물복지형 축산은 가축질병에 의한 식품의 안전성 문제나 항생제와 성장호르몬제의 사용에 따른 식품의 안전성 문제를 해결할 수 있는 방안이 될 수 있다.

넷째, 농장동물이 겪는 비윤리성 문제이다. 우선 열악한 사육조건에서 소, 돼지, 닭과 같은 사육동물이 겪는 고통은 극심하다. 가령 선진국인 독일에서도 산란용 닭의 95%는 집단으로 닭장에서 지내고, 4%는 지푸라기를 깐 바닥에서 지내며, 0.9%만이 트인 공간에서 지낸다. 유럽연합의 지침은 닭 한 마리 당 $450cm^2$(A4 용지의 넓이 $500cm^2$)의 공간을 제공하도록 규제하는데, 이마저 실제로는 잘 지켜지지 않는다.

또한 사육동물은 본성대로 사는 것이 아니라, 인간의 이익과 필요에 따른 효율성의 관점에서 사육된다. 가령 돼지는 본래 무리를 지어 살고, 땅파기를 좋아하는 동물이다. 하지만 돼지는 좁은 스톨(stall)에 갇혀 혼자 살기 때문에 사회성을 발휘할 수도 없고, 스톨의 바닥은 시멘트이기 때문에 땅을 파는 행위도 원천적으로 불가능하다. 본성대로 삶을 영위하지 못해서 발생하는 고통은 무척 견디기 힘든 고통이다.

게다가 사육방식은 동물 삶의 온전성(integrity) 관점에서도 문제가 된다. 원래 산란 닭의 원조는 동남아시아의 레드정글 닭이며, 이 닭은 1년에 6~12개의 알을 낳았는데, 1870년에는 80개를, 1950년에는 120개를, 최근에는 300개를 낳는다. 닭은 알을 제공하기 위한 수단일 뿐, 온전한 닭으로서의 존재는 아예 없는 것이다. 고기를 위해 지나치게 비대해진 돼지나, 우유를 위해 젖이 기형적으로 큰 젖소도 마찬가지다.

닭의 수명은 7년이지만 3개월 정도만 살려두고 있고, 4~5년 살고 나서 도살하던 소는 14~16개월이면 도살한다. 소는 풀 대신 옥수수를 먹는다. 먹이도 인간의 필요에 맞추어 제공하는 것이다. 소는 옥수수를 먹으면 빨리 자라지만 병이 들기 쉽다. 소의 반추위는 풀의 소화에는 완벽하지만 옥수수의 소화에는 적당하지 않기 때문이다.[212]

이상에서 살펴본 바와 같이 공장형 축산의 환경오염 문제, 가축질병 문제, 식품안전성의 문제 등이 경제적·사회적으로 자주 이슈화되었다. 음식윤리의 관점에서 볼 때, 인간은 사육동물에 대한 생명존중은 안중에도 없고, 환경보존에도 관심이 없다. 사육동물은 나를 위해 고기를 제공하는 수단일 뿐이고, 환경이 오염되는 것은 내 책임이 아닌 것이다. 최근에 이런 비윤리적 사육관행이 비난받으면서 동물복지형 축산이 윤리적인 대안으로 등장하였다.

디딤돌-23

싱어의 동물해방론

싱어(P. Singer)는 공리주의의 관점에서 동물해방론의 단초를 제공한 인물로서, 동물의 도덕적 지위에 대한 논쟁을 불러일으켰고, 이를 통해 가축이나 실험동물처럼 고통 받는 동물의 삶이 나아질 수 있는 동물복지의 획기적인 전기가 마련되었다.[332]

동물의 복지를 위하여 싱어는 종차별주의(speciesism)를 주장한다. 인종차별(racism)이나 성차별(sexism)이 다른 인종이나 성의 이익을 배척하는 편견 또는

---

332   김성한. 2012. 피터 싱어 윤리 체계의 일관성. 철학논총. 70(4): 229-250.

왜곡을 나타내듯, 종차별주의는 다른 종의 이익을 배척하는 편견 또는 왜곡을 드러낸다. 인간과 인간 사이의 착취와 차별이 결코 정당화될 수 없듯이, 인간과 동물 사이의 착취와 차별도 더 이상 정당화될 수 없다.[333]

고전적 공리주의가 쾌락과 고통을 기준으로 하는 것과 달리, 싱어는 이익(interests)에 대한 선호(욕구)의 충족을 중요한 기준으로 삼는다. 좋은 결과란 선호의 충족을 최대화하거나 선호의 충족을 방해하는 요소를 최소화함으로써, 관련된 모두의 선호를 증진하는 결과를 말한다. 이런 관점에서 싱어의 공리주의를 '선호 공리주의(preference utilitarianism)'라고 한다.[334]

싱어는 동물복지의 입장에서 사람과 동물의 이익을 동등하게 고려하는 원리, 즉 '이익 동등 고려의 원리(the principle of equal consideration of interests)'를 주장한다. 이 원리에 따르면 이익은 이익일 뿐, 그것이 누구의 이익인지, 인간의 이익인지 동물의 이익인지, 중요하지 않다.

싱어는 이익을 도덕 판단의 기준으로 삼으면서, 이익을 가질 수 있는 존재를 도덕적 배려의 대상으로 삼아야 한다고 주장한다. 이런 존재를 유정적 존재 또는 쾌고감수(快苦感受)의 존재(sentient being)라고 부른다.[332] 싱어는 선호 공리주의와 이익 동등 고려의 원리를 기준으로 동물윤리의 원칙과 동물의 도덕적 지위를 확립하려 애쓴다.[332]

이와 같은 입장을 취할 경우 모든 쾌고감수의 존재를 배려해야 하는데, 대다수의 동물이 이러한 존재이므로 응당 도덕적으로 배려해야 한다.[332] 싱어에게 있어서 윤리적 채식주의는 동물의 고통을 최소화하는 데 필요한 수단으로서 중요

---

333   조민환. 2006. 피터 싱어(Peter Singer)의 동물해방론과 전 지구적 윤리. 연세대학교 대학원.
        석사학위논문. pp.5-16.

334   조민환. 2006. 피터 싱어(Peter Singer)의 동물해방론과 전 지구적 윤리. 연세대학교 대학원.
        석사학위논문. pp.17-31.

한 의미를 지닌다. 그것은 인간의 생존을 위한 육식을 반대하는 것이 아니라, 동물을 기계로 간주하여 고기를 대량생산하는 공장식 축산이 중단되어야 한다는 소비자 불매운동과 같은 것이다.[334]

싱어는 '동등하거나 같은 대우(equal or identical treatment)'가 아니라 '동등한 고려(equal consideration)'라고 표현한다. 동물의 욕구를 인간과 같은 수준으로 인식하는 것은 동등한 고려의 범위를 초과하여 동등한 대우에 속하는 일이다. 그것은 싱어가 요구하는 '이익 동등 고려의 원리'의 본래 취지가 아니다. 동물의 이익에 대한 선호(욕구)의 충족을 동물의 수준에서 고려하는 것만으로 충분하다는 것이다.

문제는 인간이 동물의 자연적 본성조차 외면하면서 사육하는 현실이다. 싱어는 이러한 문제에 대한 인간의 반성을 촉구하면서 '동물해방'이라는 슬로건을 내걸었던 것이다.[335] 물론 싱어가 동물의 고통을 최소화하기 위해서 제안하는 채식주의는 실제 현실에서 실천하기 어려운 측면이 많은 것은 사실이다.[334]

싱어의 윤리적 채식주의나 육식 금지는 공리주의에 의해 접근한 결과이다. 공리주의에서는 그 자체로 옳거나 그른 일은 없다. 특정 상황에서는 결과를 고려하여 육식을 허용할 수 있다. 예컨대 고기를 먹지 않으면 굶어 죽게 되는 에스키모 인들의 경우가 그렇다. 그리고 동물을 자연스러운 환경에서 자라게 하고 아무 고통 없이 도살했다는 것이 분명하며 그 동물이 대체가능하다면 그 동물의 고기를 먹는 것도 허용할 수 있을 것이다.[336]

335　허남결. 2005. 동물의 권리에 대한 윤리적 논의의 현황. 불교학보. 43: 173-199.

336　최훈. 2009. 맹주만 교수는 피터 싱어의 윤리적 채식주의를 성공적으로 비판했는가? 철학탐

이익 동등 고려의 원칙에 어긋나지 않는다면 육식도 윤리적으로 문제가 되지 않을 수 있다. 인간이 동물에게서 고기를 얻는 과정에서 동물로부터 빼앗는 주요 이익을 보전해 준다면 육식도 가능하다. 소, 돼지, 닭을 방목하면서 각 동물의 자연적인 본성(닭의 경우 흙을 쪼거나 높은 곳에 올라가는 본성)을 존중해주는 것을 예로 들 수 있다. 그리고 동물이 도살을 예측하여 공포심을 갖지 않도록 배려하고, 어미와 새끼의 자연적인 모자 관계를 존중해 주는 것도 중요하다. 이러한 조건들이 만족된다면 공리주의에서는 육식도 허용가능하다.[337]

그러나 우리가 육식의 대상으로 삼는 가축들은 대부분 천수를 누리지 못하고 때 이른 죽음을 맞이한다. 아무리 고통 없는 죽음을 배려한다고 하더라도, 살아 있었으면 누릴 즐거움을 없앰으로써, 전체 쾌락의 총량을 줄이는 것이 되므로, 공리주의 입장에서는 받아들일 수 없다. 그렇지만 공리주의적으로 윤리적 육식을 허용할 다른 방법이 있다. 그것은 가축의 때 이른 죽음 대신에 그만큼 다른 가축이 태어나게 하는 것이다. 새롭게 태어난 가축이 원래 태어나도록 계획되어 있었다면 쾌락의 총량은 여전히 감소하겠지만, 태어난 가축은 앞선 가축의 때 이른 죽음이 없었다면 태어나지 않았을 것이므로, 전체 쾌락의 총량은 변함이 없을 것이다.

동물에게 고통을 주지 않을 뿐만 아니라 육식의 쾌락이 덧붙여지기까지 하니 완전 채식 때보다 쾌락의 총량은 오히려 늘어난다. 이러한 육식의 합리화를 '대체 가능성 논변(the replaceability argument)'이라고 부른다. 한 동물의 죽음은 다른 동물로 대체되고, 죽은 동물이 살았으면 누렸을

구. 25: 195-214.

337　최훈. 2014. 동물의 도덕적 지위와 동물의 도덕적 지위와 육식은 동시에 옹호 가능한가? 철학탐구. 36: 207-241.

쾌락의 양과 질은 새롭게 태어난 동물의 쾌락과 같으므로, 육식은 공리주의적으로 그르지 않다는 것이다.[337]

싱어의 동물해방론 또는 동물복지론에서 제기할 수 있는 문제는 쾌고감수 능력의 보유 유무를 판정하는 기준이 무엇인가이다. 싱어는 그 판정기준으로 ① 해당 존재의 행위방식, ② 인간과 동물의 신경체계의 유사성을 들고 있다. 이런 기준에 비춰볼 때, 진화단계가 내려감에 따라 쾌고감수 능력의 증거는 약해지는데, 능력의 경계선은 갑각류인 새우와 연체동물인 굴 사이의 어떤 지점이며, 그 경계선은 정확하지는 않다고 한다.[338]

바너(G. Varner)는 대체로 척추동물과 무척추동물(오징어와 낙지 같은 두족류를 제외한)이 쾌고감수 능력의 유무를 가르는 기준이 된다고 말한다. 물론 논란의 여지가 있지만, 이 조건에 따르면 육식의 대상이 되는 동물들은 대부분 고통을 느끼는 범주에 포함된다고 볼 수 있다.[336]

그렇다면 무척추동물에 속하는 곤충류는 쾌고감수 능력이 있나 없나? 곤충류는 육식의 대상인가 아닌가? 왜냐하면 곤충사육은 앞으로 전 세계적으로 중요한 식량자원이기 때문이다.[339]

이야기 속의 이야기-16

미니가축 곤충사육 문제[339]

2015년 현재 세계 인구는 72억 명을 넘었다. 아직은 이 인구가 먹을 만큼의 식량이 있지만, 선진국의 식량은 남아돌고, 후진국의 식량은 부족한 것이 문제다. 전 세계적으로 영양부족이 9억 명, 과체중/비만이 21억 명이라는 데이터가 이런

---

338 김일방. 2012. 채식주의의 윤리학적 근거. 철학논총. 68(2): 147-169.

339 김석신, 원혜진. 2015. 맛있는 음식이 문화를 만든다고? 비룡소. 서울. pp.151-154.

불행한 현실을 뒷받침해주고 있다. 하지만 2050년이 되면 식량 상황이 달라진다고 한다.

세계 인구는 90억 명으로 늘어나고, 이 인구가 먹을 식량이 절대적으로 부족하게 되는데, 특히 고기는 공급이 달려 단백질 부족이 예상된다. 2013년 유엔이 발간한 보고서 「식용 곤충: 식량안보의 미래 전망(Edible Insects: Future Prospects for Food and Feed Security)」에는 전 세계인의 식량문제와 해결방안이 들어 있다. 바로 미니가축(mini-livestock)인 곤충을 사육해 먹자는 것이다.

영화 〈설국열차〉에 나오는 단백질 바(protein bar)는 영화 속에만 존재하는 것이 아니다. 현재 미국에는 귀뚜라미를 원료로 단백질 바를 생산·판매하는 '첩팜스(Chirp Farms)'와 '엑소(Exo)'라는 회사가 있다. 바 1개에 튀겨서 빻은 귀뚜라미 가루 35마리 분량이 들어간다. 징그럽다고? 우리나라를 여행했던 어느 영국인이 번데기를 먹은 소감을 밝혔다. "깨물자 입안에서 탁 터지면서 즙이 튀었다. 약간 자극적이고 쓴 맛이 났지만 애인을 졸라 다시 사먹었을 만큼 맛있었다." 예전에는 우리도 벼메뚜기를 볶아서 먹었다. 농약 사용으로 인해 벼메뚜기가 사라지면서 먹지 않게 되었던 것뿐이다. 전 세계 20억 명의 사람들은 아직도 곤충을 일상 음식으로 먹고 있다.

세계에서 식용 곤충을 멀리하는 곳은, 종교적 이유가 있는 이슬람권을 빼면, 서구가 유일하다. 최근 서구에서도 이런 편견을 극복하려는 움직임이 있다. "곤충과 친척인 새우는 잘 먹지 않느냐. 피가 뚝뚝 떨어지는 스테이크, 날생선과 생굴은 잘 먹으면서 곤충을 기피할 게 뭐냐?"는 목소리가 높아지고 있다고 한다.

유럽연합 가운데 네덜란드는 곤충 음식 연구에 상당한 투자를 하고 있다. 곤충 요리의 레시피 연구는 물론, 곤충의 영양성분을 파악하고, 단백질을 추출하여 식품으로 가공하는 다방면의 연구를 한다. 곤충은 단백질, 지방, 비타민, 미네랄, 섬유질 함량이 높은 우수한 식량자원이다. 다만 안전성 보장을 위해 곤충 음식의 가공과 저장은 전통적인 위생기준에 따라야 한다. 따라서 미생물 안전성, 독성, 무기물, 알레르기 등에 대한 연구도 아울러 필요하다.

곤충은 선사시대부터 인류가 먹어온 음식이다. 성경에도 '메뚜기, 방아깨비, 누리, 귀뚜라미는 먹을 수 있다.'고 적혀 있다. 불에 구운 곤충의 아삭거리는 맛은 아직도 인류의 뇌에 기억되어 있다. 우리나라의 곤충산업은 이제 시작 단계이다. 메뚜기, 번데기, 누에가 식용으로 허가됐고, 얼마 전 갈색거저리(딱정벌레 유충)도 임시로 식용 허가를 받았다. 정부는 2013년 '곤충산업의 육성 및 지원에 관한 법률'을 제정했고, 2020년엔 곤충 식품산업 시장 규모를 연 2,000억 원 이상으로 키우겠다고 한다.

이제 음식인은 곤충 요리의 레시피를 개발하고, 곤충의 영양성분과 안전성을 밝히며, 단백질 바와 같은 곤충 가공식품을 개발하는 일에 몰두해야 한다. 곤충 음식이 우리 식탁에 오를 날이 멀지않았으니까.

그런데 곤충도 동물이 아닌가? 곤충의 생명은 존중하지 않아도 되는가? 음식 윤리의 관점에서 곤충을 미니가축처럼 대량 사육하여 먹어도 되는 것일까?

한편 레건(T. Regan)의 동물권리론은 이론적인 면에서 싱어의 동물해방론보다 훨씬 더 급진적이다. 여기서는 레건의 동물권리론과 윤리적 채식주의의 문제점을 분석한 맹주만(2009)[340]의 논문에서 동물권리론 부분을 발췌하여 다음과 같이 정리한다.

---

340   맹주만. 2009. 톰 레건과 윤리적 채식주의. 근대철학. 4(1): 44-65.

레건의 동물권리론

레건(T. Regan)은 "인간만이 생명에 대해 천부의 평등한 권리를 소유한다."는 관념에 의문을 품고, 그것이 과연 어떤 토대 위에서 제기된 주장인지를 물으면서 동물의 권리를 주장한다. 레건은 인간 중심적 권리론의 유력한 근거를 "개개의 모든 인간의 생명은 '본래적 가치(intrinsic worth)'를 갖는다."는 주장에 있는 것으로 해석한다. 그러면서 본래적 가치라는 개념의 두 가지 문제점을 지적한다. 첫째는 칸트의 용어인 목적 자체로서의 인격적 존재를 나타내는 "본래적 가치"라는 말이 무엇을 의미하는지 명시적이지 않다는 것이고, 둘째는 이 말을 인간에게 적용해야 하는 근거가 어디에 있느냐 하는 것이다.

레건은 "모든 인간 그리고 인간만이 목적 자체로서 존재한다."라고 말할 때 근거로 추정할 수 있는 두 가지를 제시한다. 첫째, 모든 인간은 욕구, 목표, 희망 등의 다양한 적극적인 관심이익(interests)을 가지며, 이것의 만족이나 실현을 통해 본래적 가치를 구현한다. 둘째, 한 사람이 구현하는 본래적 가치는 다른 사람의 그것과 마찬가지로 좋은 것이다. 레건은 이런 의미에서 모든 인간은 평등하고, 본래적 가치의 구현에 있어서 각자 동일한 권리를 갖는다고 본다.

이 논증의 최종 목표는 권리 평등의 조건이 한 존재가 관심이익을 가져야 한다는 것임을 정립하고, 이를 통해 이에 해당하는 모든 존재, 특히 동물 역시 그런 권리를 갖는 존재임을 밝히는 데 있다. 어떤 동물이 관심이익을 갖는다고 볼 수 있는 조건을 충족하면, 동물은 인간과 마찬가지로 생명에 대한 평등한 권리를 갖는다는 것이다. 레건은 이와 같은 권리의 주체를 '삶의 주체(subject of a life)'라고 표현한다. 이 용어에는 인간중심의 권리 개념을 확장하여 동물의 권리까지 도덕적 고려의 범주에 편입하려는 의도가 함축되어 있다.

레건은 한 동물 혹은 한 동물종이 삶의 주체로 확인되면, 내재적 가치(inherent value)를 갖는 존재로서 평등한 도덕적 권리를 가지므로, 도덕적으로 고려되어야 한다고 주장한다. 인간의 육식에 이용되는 대부분의 동물은 이 범주에 속하는 도덕적 권리를 갖는 존재이므로, 어떤 경우에도 육식은 비윤리적이고 허용될 수 없다. 싱어와 같은 공리주의자의 경우, 식용동물의 도살이 고통 없이 이루어진 다면 육식은 논리적으로 허용할 수 있다. 그러나 레건은 동물의 권리를 근거로 육식 주장을 아예 차단하고 있다.

동물권리론에 따르면 최소한 한 살 정도의 정신 연령을 가진 포유류 이상의 동물을 내재적 가치를 지닌 존재로 간주하는데, 이는 사실상 인간과 동물의 도덕적 지위에 근본적인 차이가 없다는 뜻이다. 레건은 비윤리적인 동물농장뿐 아니라 동물을 대상으로 하는 모든 실험의 '무조건 폐기(categorical abolition)'를 주장하고, 이 모든 것의 '전면적 제거(total elimination)'정책과 그 시행을 요구한다. 레건의 동물권리론은 싱어의 동물해방론(동물복지론)보다 훨씬 더 과격하다.[335]

모든 이론은 비판받기 마련이다. 싱어의 동물해방론에 대하여 폴란 (M. Pollan)은 동물복지론을 내세우며 비판하였는데, 이에 대해 허남결 (2005)[335]의 논문에서 일부 내용을 발췌하여 다음과 같이 정리한다.

폴란은 싱어의 동물해방론이 동물복지론(animal welfare)에 가깝다고 결론 내린다. 싱어의 논리를 따라가다 보면 결국 동물의 이익, 즉 고통을 완화하고 즐거움을 주는 쪽으로 행위 하라는 요구를 받게 되기 때문이다. 싱어의 동물해방론은 인간의 구속으로부터 모든 동물을 해방하라거나, 동물의 권리를 인간과 동등한 수준으로 존중하라는 주장이 아니다. 공장식 동물농장이나 제약회사의 실험실 등에서 비참하게 죽어가고 있는 동물의 복지를 개선하라는 말과 다름없다.

폴란에 따르면 현실적으로 실천이 어려운 육식 금지보다는, 동물이 자연스러운 환경 속에서 최대한 고통 없는 삶을 누리도록 배려하는 것이 바람직하다고 한다. 싱어의 동물해방론도 사실은 이런 취지인데 사람들이 확대 해석한다는 것이다. 폴란은 버지니아의 폴리페이스 농장(Polyface Farm)의 동물들(소, 돼지, 닭, 토끼, 칠면조, 양)처럼, 사육과정에서 동물의 본성에 맞추어 최소한의 배려와 대우만 보장한다면, 인간인 우리가 동물에게 할 수 있는 도덕적 의무는 다 했다고 본다.

폴란은 동물해방론자나 동물권리론자가 동물을 개체(individual)로만 파악하여, 부분적인 동물의 고통과 해방을 호소하고 있으나, 동물은 자연계 내에서 '종(species)' 전체의 지위를 계속 유지하고자 하는 본능도 갖고 있다고 한다. 인간의 정착생활과 함께 시작된 가축의 사육은 바로 동물 종의 생명권 추구와 인간의 이익이 맞아떨어진 진화론적 발달의 모범 사례라는 것이다.

레건의 동물권리론에 대하여 워렌(Mary Anne Warren)은 '약한' 동물권리론을 내세우며 비판하였는데, 이에 대해서도 허남결(2005)[335]의 논문에서 일부 내용을 발췌하여 다음과 같이 정리한다.

레건의 내재적 가치 개념은 각각의 개체(individual)에만 적용되고 있을 뿐, '종(species)'이나 '생태계(ecosystem)'와 같은 상위 개념에는 해당되지 않는다. 상식적으로 볼 때 종이나 생태계 전체 또한 하나의 단위로서 당연히 내재적 가치를 갖는다고 보아야 한다. 게다가 동물 사이의 도덕적 지위를 어떻게 구분할지도 간단하지 않다. 워렌은 막연한 내재적 가치라는 개념을 버리고, 이성적 사고 능력이라는 좀 더 분명한 판단 기준을 도입하여, 다음과 같이 '약한' 동물권리론을 주장한다. 첫째, 모든 생물은 만족을 추구할 기회를 강제로 빼앗기지 않고 살 권리를 가진다. 둘째, 모든 생물은 어떤 절박한 이유 없이 고통과 괴로움, 또는 좌절을 강요받지 않을 권리를 가진다. 셋째, 모든 생물은 선한 이유 없이 죽임을 당해서는 안 된다.

캘리코트(J. B. Callicott)는 환경론적 입장에서 싱어의 동물해방론과 레건의 동물권리론을 비판한다. 환경론적으로 보면 어떤 사물은 그것이 '생명공동체의 통합성과 안정성 그리고 아름다움'에 기여하기만 하면 선한 것이 된다. 동물을 전체가 아닌 개체로만 파악하는 동물권리론자와 동물해방론자의 주장에 동조하게 되면, 오히려 '생명공동체의 통합성과 안정성 그리고 아름다움'을 해치는 결과를 빚을 것이다. 자연계 전체의 생존과 조화를 위해서는 때때로 약탈자의 역할이 요구되며, 이런 과정에서 초래되는 동식물의 고통은 오히려 자연의 일부이지 부정이나 거부가 아니다. 일방적인 동물해방론과 동물권리론은 자연의 질서를 교란할 수 있는 발상이라고 본다.[335]

맹주만은 식물의 존재론과 가치론을 배제한 싱어[341]와 레건[340]의 윤리적 채식주의를 각각 비판하고, 한면희(1997)[342]도 싱어의 동물해방론과 레건의 동물권리론을 비판한다. 동물해방론이나 동물권리론은 냉혹한 자연에서 벌어지는 상황과는 거리가 있다. 자연 도태의 원리는 명백히 인도주의적인 원리가 아니다. 생존과 종족 보존을 위해 행해지는 냉엄한 먹이-약탈 관계는 도덕적 문제와 관련이 없다. 환경론자는 생태계의 숭고함과 순결, 복합성을 보존하기 위해 개별적인 동물의 생명을 희생시킬 수 있다.

---

341   맹주만. 2007. 피터 싱어와 윤리적 채식주의. 철학탐구. 22: 231-258.
342   한면희. 1997. 환경윤리-자연의 가치와 인간의 의무. 철학과 현실사. 서울. pp.150-153.

반면에 동물해방론자나 동물권리론자는 동물의 비참함을 줄이고, 동물의 권리를 보호하기 위해, 생태계의 숭고함과 순결, 그리고 복합성을 희생시킬 수 있다. 특히 도덕적 고려의 범위를 동물해방론은 척추동물로 국한하고, 동물권리론은 일 년 이상 된 포유류로 제한함으로써, 여기에 해당되지 않는 동물과 식물 및 생태계의 훼손을 원리적으로 허용한다. 예컨대 가축의 자유로운 방목과 수적 증가에 따른 초지 확보로 인해 울창한 삼림이 베어져 풀밭으로 변하게 함을 용인하는 것이다.

이제 동물복지형 축산의 현황을 살펴보자. 신동민(2015)[343]은 동물복지형 축산에 대한 국내외 동향을 보고하였는데, 그 내용을 발췌하여 다음과 같이 요약한다. 국내 축산업은 생산성을 높이기 위해 규모화를 추구하는 방식으로 발전해 왔다. 규모화 생산은 소비자들로 하여금 비교적 저렴한 가격으로 축산물을 소비할 수 있게 하였지만, 밀집사육으로 인한 가축의 면역력 저하와 가축질병, 가축분뇨 및 악취로 인한 환경오염 등 많은 문제들을 야기하였다. 집약식 사육방식에서는 동물복지 수준이 매우 열악하거나 동물복지가 고려되지 않아, 동물의 육체적 건강뿐만 아니라 정신적 건강까지 위협한다는 인식이 팽배해졌다.

동물복지는 EU를 비롯하여 전 세계적으로 그 중요성이 부각되고 있다. 국내 축산업에서 동물복지의 중요성과 필요성이 본격적으로 제기된 것은 한 · EU FTA 협상과정에서 EU가 동물복지형 축산을 언급하기 시작하면서부터다. 우리나라도 국제적인 동향에 자유로울 수 없게 되면서 이러한 여건 변화에 따라 국내 축산업에서 동물복지가 주요 키워드로 대두하였다.

---

[343] 신동민. 2015. 동물복지형 축산에 대한 국내외 정책 동향 및 소비자인식에 관한 연구. 강원대학교 대학원. 석사학위논문. pp.9-10.

1991년에 처음 제정된 우리나라의 동물보호법은 반려동물, 실험동물, 농장동물의 복지에 대한 전반적인 개념을 수립하였다. 농장동물의 경우 동물복지 축산농장 인증제와, 운송 및 도축, 동물학대 금지 및 처벌 강화 등의 내용이 포함되어 있다. 동물복지 축산농장 인증제는 2013년 돼지, 2014년 육계, 2015년 한·육우, 젖소, 염소로 순차적으로 도입하고 있고, 동물복지 인증을 받은 농장의 축산물에 '동물복지형 축산물 인증마크'를 표시해준다.

우리나라 동물보호법[344]의 내용은 레건의 동물권리론보다 싱어의 동물 해방론을 반영하는 것처럼 보인다. 즉, 동물보호법은 동물의 생명보호, 안전 보장 및 복지 증진을 도모하는데, 여기서 동물이란 고통을 느낄 수 있는 척추동물을 말한다. 동물을 사육할 때에는 동물 본래의 습성과 신체의 원형을 유지하면서 정상적으로 살 수 있도록 하고, 동물이 공포와 스트레스를 받지 않도록 한다. 동물을 도살할 때 혐오감을 주거나 잔인한 방법으로 행해서는 안 되고, 도살과정에 불필요한 고통이나 공포, 스트레스를 주어도 안 된다. 동물을 죽이는 경우 고통을 최소화하여야 하고, 반드시 의식이 없는 상태에서 행해야 하며, 매몰을 하는 경우도 마찬가지다.

일반적으로 통용되는 동물복지의 개념에서, 동물복지란 인간과 동물을 동등하게 대우하는 것이 아니라, 인간이 동물을 이용할 때 동물에게 필요한 기초적인 조건을 보장하려는 것이다. 즉, 동물을 이용하는 행위를 수용하는 대신 그러한 행위의 주체인 인간에게 윤리적인 책임을 부과하는 것이다. 동물복지 개념에 내포되어 있는 윤리적인 책임 속에는 동물의 이용 범위와 동물들이 받는 고통의 범위를 최소화해야 한다는 기본 원칙

---

344   동물보호법(법률 제13023호, 시행 2015.1.20.).

이 자리 잡고 있는 것이다.[343]

　동물복지형 축산은 생명존중과 환경보전의 윤리 원리에 부합되는 바람직한 축산 방식이다. 이는 환경조건(축사, 시설, 사육형태 등)과 경영관리(사육방법)를 동물의 습성과 행동에 맞추어, 동물에게 가해지는 스트레스를 줄임으로써, 안전하고 우수한 축산물을 생산하는 것이다. 스트레스는 동물에게 긴장, 압박, 자극을 주는 추위, 더위, 영양 불균형, 과로, 두려움 등을 의미한다. 동물의 기본적인 욕구는 적절한 먹이와 신선한 물의 충분한 공급, 불필요한 고통과 질병으로부터 해방이다.[343]

4장

유전자변형 식품과 관련한 음식윤리의 문제

유전공학기술을 이용하여 기존의 번식방법으로는 나타날 수 없는 형질이나 유전자를 지니도록 개발한 생물체를 유전자변형 생물체(genetically-modified organism, GMO)라 한다. GMO 가운데 콩, 옥수수 등의 경우를 유전자변형 작물 또는 농산물(genetically-modified crop)이라 부른다. 육종은 같은 종(種, species)이나 속(屬, genus)에 속하는 식물끼리 인위적으로 교배하는 방법으로, 방울토마토와 씨 없는 수박이 여기에 해당한다. 반면에 GM농산물은 종과 속을 뛰어넘어 멀리 떨어져 있는 종류의 유전자는 물론이고, 동물과 미생물의 유전자도 인위적으로 삽입한 것이다.[345]

---

345   김훈기. 2013. 생명공학 소비시대 알 권리 선택할 권리. 도서출판 동아시아. 서울. pp.15-32. GMO를 우리나라 정부와 개발자는 주로 '유전자 변형 생물체' 또는 '유전자 재조합 생명체'라고 부른다. 소비자나 시민단체는 '유전자 조작 생물체'라고 한다. 한때 서구 사회에서 GMO를 반대하는 사람들은 'modified' 대신 'manipulated'를 사용했다. 국제협약에서는 LMO(living modified organism)이라는 용어를 쓰고 있다. LMO는 GMO에 비해 '살아 있는

유전자변형 식품(genetically-modified food, GM식품)은 유전자재조합기술을 활용하여 재배 · 육성한 농산물 · 축산물 · 수산물 등의 GMO를 주요 원재료로 하여 제조 · 가공한 식품 또는 식품첨가물이다.[346] 2014년 우리나라가 식용으로 수입한 GMO는 228만 톤이며, 그 가운데 옥수수는 126만 톤(55%), 대두는 102만 톤(45%)이었다.[347] 수입한 GM옥수수의 일부는 옥수수차, 팝콘, 시리얼 등에 사용되지만 대부분은 전분 및 전분당(물엿, 포도당, 과당 등)으로 제조된 후, 빵, 과자, 음료, 빙과, 스낵, 소스, 유제품 등에 사용된다. 반면에 GM콩은 거의 모두(99% 이상) 콩기름 제조에 이용되며, 부산물인 탈지대두박의 일부는 간장과 같은 장류 제조에 사용되고, 탈지대두박에서 추출한 대두단백은 두유, 이유식이나, 소시지 등의 육류 가공품에 쓰인다.[345]

우리나라는 몬산토(Monsanto)나 노바티스(Novartis) 같은 다국적 기업이 GM작물을 상업적으로 재배하기 시작한 1996년부터 GMO수입을 시작한 것으로 추정된다.[345] 이때부터 소비자들은 아무런 조치나 표시 없이 콩, 옥수수 등의 GM작물(그리고 이를 가공한 GM식품)을 먹어온 것이다.[348] 그러던 중 1999년의 GM두부 사건을 계기로 2001년부터 GM농산물과 GM식품의 표시제가 시행되었고,[349] 2000년 사료용 GM옥수수인 스타링크가 식용 옥수수에 오염된 사건이 발생함에 따라 2002년부터 GM식품

(living)' 생명체임을 강조하기 위한 용어다.

346   식품위생법 제12조의2(유전자재조합식품 등의 표시), 시행 2015. 9. 28. 법률 제13277호.

347   조정숙. 2015. GMO, 2014 전세계 GM작물 재배 면적 현황 및 최근 동향. Biosafety. 16(2): 48-61.

348   정순미. 2006. 유전자변형식품(GMO) 관련 기업 · 소비자 윤리에 관한 연구. 국민윤리연구. 63: 143-172.

349   이철호. 2005. 식품위생사건백서 II. 고려대학교 출판부. 서울. pp.244-274.

의 안전성 평가를 의무화하였다.[350] 우리나라의 경우 GMO나 GM식품에 대한 사회적 합의에 도달하기 전에 GMO나 GM식품을 먼저 수입·가공·판매하였다.[348] 그러다가 GM두부 사건이나 GM옥수수 스타링크 사건 등으로 인해 문제가 제기되자 법규범을 강화했다. 즉 GMO나 GM식품에 대해 사회가 합의한 윤리규범이나 관습규범이 없는 상태에서 다급하게 법규범을 먼저 만든 것이다.

음식윤리 사례-19

GM두부 사건

한국소비자원은 1998년 11월부터 1999년 10월까지 수도권에서 유통되는 포장·비포장 두부 22개 품목과 원산지가 표시된 콩 30개 품목에 대하여 유전자변형 콩의 혼입 여부를 조사하였다. 그 결과, 미국에서 수입한 콩에는 GM콩이 38% 섞여 있었고, 22개 두부 제품 가운데 18개가 GM 양성 반응이 나왔다고 발표했다.

더구나 '100% 국산 콩'으로 표기해 팔고 있는 6개 두부 제품 가운데 2개도 GM 양성 반응을 나타냈다는 소비자원의 보고는, GM식품이 국내에서는 팔리지 않고 있는 것으로 알고 있었던 소비자들을 분노케 했다. 소비자 단체 활동가들은 GM식품 조사 결과가 발표된 1999년 11월 3일, 두부 공장 앞에서 GM두부로 발표된 제품을 땅에 내팽개치는 퍼포먼스를 벌였다. 이는 공중파 방송의 저녁 뉴스로 국민들에게 전달돼 GMO가 매우 위험한 것이라는 각인 효과를 주었다.[351]

---

350   한국생명공학원 바이오안전성연구센터. 2009. 2009 바이오안전성백서. pp.95-102.
351   환경보건시민센터. 2015. GMO의 건강학. http://eco-health.org/bbs/board.php?bo_table=

A회사는 1999년 11월 5일 소비자원의 실험이 잘못됐다는 비판 광고를 일간지에 냈고, 1999년 11월 8일 환경 단체 소속 시민은 A회사를 상대로 1000만 원의 손해 배상 청구소송을 냈다. 곧이어 A회사가 1999년 11월 18일 소비자원을 상대로 106억 원의 손해 배상 청구소송을 내면서 이 사건은 법정 다툼으로 번졌다.

그러다가 2003년 5월 A회사가 소 취하를 제의하였고, 2003년 5월 30일 소비자원도 이에 동의하였다. 2004년 6월 4일 환경 단체 소속 시민이 소 취하서를 제출하였고, 2004년 6월 28일 A회사도 이에 동의하여 GM두부 사건은 매듭지어졌다. 이 사건은 결과적으로 GMO 및 GM식품의 표시 제도의 시행을 앞당기는 데 기여하였고, 원료 농산물의 GMO 함량이 3% 이하인 경우 GMO 표시를 면제하는 비의도적 혼입 허용치를 설정하도록 하였다.[349]

우리나라가 GM농산물을 수입할 수밖에 없는 이유는 무엇일까? 그 이유는 낮은 곡류 자급률(2000년대 대략 27% 수준) 때문이다. 해마다 부족한 곡물을 수입해야 하는 실정이었는데, 어느 해부터인가 곡물 수출국들이 GM농산물을 주로 재배했기 때문에 어쩔 수 없이 GM농산물을 수입하게 된 것이다. 2010년 기준으로 우리나라의 옥수수 소비량은 세계 10위이나 옥수수 자급률은 0.8%에 불과하여 옥수수 867만 톤을 수입했다. 콩의 자급률은 9.5%이고, 2011년 국내 콩 생산량은 11만 8,000톤, 수입량은 112만 7,000톤이었다. 우리나라에 옥수수와 콩을 수출하는 미국 등은 GM옥수수와 GM콩을 대량으로 재배하는 나라다.[345]

하지만 아무리 어쩔 수 없이 수입한다 하더라도, 먹는 소비자의 입장에

sub02_05&wr_id=39&page=6 (2015년 11월 12일 검색).

서는 GMO나 GM식품이 생명체와 환경에 위해를 가하는지에 관심을 가질 수밖에 없다. 즉, GMO나 GM식품이 인간 또는 동물의 건강이나 생명을 해치지는 않는지, 또는 생태계에 좋지 않은 영향을 끼치거나 지속 가능성을 파괴하지는 않는지 궁금해 하는 것은 당연한 일이다. 우리나라 소비자가 GMO나 GM식품을 먹은 경험은 1996년부터 2015년 현재까지 20년 정도이다. 20년을 길다고 볼 수도 있겠지만 30세에 결혼한다고 가정할 때 1세대기간도 안 되는 짧은 시간에 불과하다. 그리고 계속 새로운 GMO나 GM식품이 개발되고 있기 때문에 소비자의 입장에서는 모두 '신종 식품(novel food)'일 수밖에 없다. 더욱이 소비자가 먹는 식품이 GMO를 재료로 만들었는지 아닌지 알 수 없다면 소비자의 불안은 가중될 것이다. 따라서 소비자가 표시 제도와 이력 추적(traceability) 시스템을 요구하는 것은 당연한 일이다.

그렇다면 음식윤리의 여섯 가지 원리 중에서 GMO나 GM식품이 위배하기 쉬운 원리로는 어떤 것이 있을까? 아마도 생명존중, 안전성 최우선, 환경보전, 소비자 최우선의 네 가지 원리를 위배하기 쉬울 것이다.

먼저 생명존중의 원리를 살펴보자. 앞에서 설명한 것처럼, 생명은 자유롭게, 자기를 초월하면서, 살려고 애쓰는 존재이다. 생명을 존중한다는 것은 그 생명을 지닌 생명체를 존중하는 것이며, 생명체를 존중한다는 것은 그 생명체의 목적성(telos)을 존중하고, 그 생명체를 결코 수단으로 삼지 않는다는 것을 의미한다. 이런 것은 농작물보다 GM연어나 GM돼지와 같은 동물을 떠올리면 쉽게 이해할 수 있다. 과연 인간은 GM연어나 GM돼지를 만들면서 연어나 돼지를 목적성을 지닌 귀한 생명체로 존중하고 있을까?

Mepham(2000)[237]은 윤리 매트릭스를 적용하여 GM옥수수에 대한 윤리적 분석을 하면서 다른 생명체의 목적성 존중 개념을 적용하였다. 생명 존중이라는 황금률은 우리가 먹는 음식이 바로 이웃하는 생명체의 생명임을 인지하고 자각하는 것이다. 여기서 생명이란 인간의 생명은 물론 다른 생명체의 생명을 포함하기 때문에, 인간의 생명뿐 아니라 다른 생명체의 생명도 존중한다는 것을 뜻한다. 이런 관점에서 볼 때 인간이 GMO를 만들 때 다른 생명체의 생명을 존중한다고 보기는 어렵다. 유전자 변형의 목적이 인간의 이익을 위한 것이기 때문이다.

그럼에도 불구하고 역사적으로 뿌리 깊은 인간 중심의 생명관을 부정하기도 쉽지 않은데다가, 인간이 만든 GMO를 생명존중의 윤리를 적용하여 비윤리적이라고 보기도 어렵다. 왜냐하면 인간은 기원전에 작물을 재배하기 시작했을 때부터 어떤 형태로든 육종을 해왔는데, 이 육종을 비윤리적이라고 생각한 적은 거의 없기 때문이다. 비슷한 논리로 유전자 변형을 통한 이른바 '분자 육종'도 전통적인 육종 방식을 발전시킨 방식이라는 관점에서 본다면 생명존중의 원리를 어긴 것으로 보기는 어렵다. 더욱이 GMO는 농약을 적게 쓰고 병충해에 강한 작물을 목표로 한 녹색혁명의 대안으로 등장하지 않았는가.[352]

디딤돌-25

전통 육종과 분자 육종[353]

인류는 오래전부터 먹는 문제를 해결하기 위해 각종 작물의 품종 개량을 위한

---

352 주요한. 2007. 기아(굶주림)의 해결책으로서의 유전자 조작(GMO)식품-굶주리는 세계와 유전자 조작 식품에 관한 윤리 신학적 고찰. 대구가톨릭대학교 대학원. 석사학위논문. p.35.

353 한국바이오안정성정보센터. 2007. 2007 바이오안정성백서. pp.206-211.

육종 연구를 수행해왔다. 오늘날 우리가 즐겨먹는 대부분의 먹을거리는 이러한 육종 연구의 결과라 할 수 있다. 작물 육종 연구는 20세기 후반에 한층 더 발전하여, 기존의 품종 개량 차원을 뛰어넘는 획기적인 방식으로 작물을 개발하게 되었다. 이것은 오랫동안 반복적으로 교배하여 원하는 품종을 얻어내던 기존 육종 방식과 달리, 필요한 형질을 가진 유전자를 인위적으로 작물에 도입하여 원하는 품종을 얻어내는 방식이며, 이를 통해 얻은 것이 바로 GMO이다.

작물 육종은 크게 전통 육종과 분자 육종의 두 가지 방식으로 나눌 수 있다. 전통 육종 방식에는 교배 육종, 돌연변이 육종, 잡종 강세 등이 있다. 교배 육종은 근연이나 원연 식물 간의 교배를 통해, 특성이 우수한 개체를 선발하는 과정을 반복적으로 수행하여, 새 품종을 얻는 방식이다. 돌연변이 육종은 집단 내에 출현하는 유전자의 돌연변이를 이용하여 희망하는 특성을 가진 것으로 개량하는 방식이다. 잡종 강세는 서로 다른 품종 또는 계통 간 교잡을 통해 F1의 잡종 식물체가 양친보다 왕성한 생육 상태를 나타내는 현상을 활용한다. 이러한 육종은 식물을 재배하기 시작한 때부터 인류가 사용한 방식으로, 신품종의 개발·종자 보존·생산량 증대 등에 상당 부분 기여했다. 하지만 한정된 유전자원만을 이용함으로써 생산성 증대를 통한 식량문제 해결에는 한계가 있다.

분자 육종 방식은 식물·동물·미생물의 특정 유전자를 대상 식물에 도입하여, 유전자가 발현하도록 식물을 유전자 변형시키는 것으로, 식물의 생산성을 높일 수 있는 유전자 등, 원하는 유전자를 도입하여 우량 형질을 가진 품종으로 유전자를 변형하는 방식이다. 분자 육종은 전 세계적으로 광범위하게 연구 개발되고 있으며, 앞으로 무궁무진한 유전자원을 활용하여 전통 육종으로 해결하지 못한 많은 문제를 해결할 것이다. 전통육종과 분자육종의 차이점은 아래와 같다.

구분	전통 육종	분자 육종
관련 유전자 수	많은 유전자의 재조합	단일 또는 소수 유전자의 재조합
목적	교배가능 비목적 유전자의 대량 수용	목적 유전자를 선정하고 상세한 정보 분석 후 도입
유전자변형	무작위 돌연변이	선발표지 유전자와 함께 도입, 정확한 예상 가능
형질발현	여러 유전자의 복합성 결과	삽입 유전자의 특성이 첨가
유전자원	한계가 있음	한계가 없음
육종기간	약 10년	약 5~7년
연구경력	수백년	약 25년

그러나 GMO나 GM식품은 환경보전, 안전성 최우선, 소비자 최우선의 원리 측면에서는 수용하기 어려운 점이 많다. 환경보전의 관점에서 인간은 자연과의 공생적 평형관계를 지속시킬 책임이 있다. 그런데 GMO는 의도하지 않아도 환경으로 퍼져나갈 수 있고, 기존의 생명체의 유전자와 섞일 수 있으며, 이로 인한 환경오염이 인류의 지속 가능성에 부정적인 영향을 끼칠 수 있다. 또한 안전성 최우선의 원리는 우리의 건강이나 생명에 위험한지 아닌지 현재의 과학적 지식으로 판단할 수 없을 때 음식에 적용해야 하는 원리이다. DDT를 교훈으로 삼아, 위험성을 판단하기 어려울 때는, 경제성이나 효율성보다 안전성을 최우선으로 삼아, 해당 음식을 섭취하지 않는 것이 상위의 생명존중의 원리에 부합하는 길이다. 마지막으로 소비자 최우선의 원리는 소비자의 권리를 최우선으로 보장해야 한다는 의미로서, 소비자의 알 권리와 관계되는 GMO표시제도와 이

력추적 제도의 이론적 배경이 된다.

GMO가 환경에 좋지 않은 영향을 끼친다는 사실에 대해서는 동의하는 학자들이 많다. 제초제 내성 GMO를 심으면 제초제를 1~2회만 뿌려도 잡초는 전멸하고 내성을 지닌 GMO만 살아남는다. 하지만 한 가지 제초제를 계속 쓰다 보면 잡초도 내성을 갖게 된다. 유전자 조작으로 제초제 내성을 가지게 된 작물 옆에 제초제 내성이 있는 잡초가 함께 자라게 된다. 따라서 이 슈퍼 잡초를 제거하려면 더욱 강력한 농약을 뿌려야만 하는 악순환에 봉착하게 된다.[354]

이렇게 GMO를 경작하는 과정에서 슈퍼 잡초, 슈퍼 해충(어떤 농약으로도 막을 수 없는 해충), 농약 사용의 증가 등, GMO개발자가 예상하지 못한 상황이 발생할 수 있다. 이렇게 되면 농업생산자가 애초 기대했던 이익을 GMO가 반드시 보장해주지는 않는다. 더욱이 GM종자를 구입할 때 1회만 사용한다고 서명했기 때문에 파종할 때마다 GM종자를 새로 구입한다. 그런데 불행하게도 종자 가격은 일반 종자의 가격보다 매년 더 빠르게 상승하고 있다.[355]

더욱이 GMO가 농업 생태계에 끼치는 가장 큰 해악은 지속 가능한 유기농에 위협이 된다는 것이다. GMO유전자가 주변으로 넓게 확산하면서 유기농 작물이 이 유전자에 오염될 위험성이 있다. 그 결과 GMO의 꽃가루로 인해 유기농 농장이 직접적인 타격을 입게 된다.[354] 한마디로 GMO와 유기농업은 서로 공존할 수 없다. 유기농업과 자연생태계의 원할한 순

---

354   이종원. 2014. GMO의 윤리적 문제. 철학탐구. 36: 243-272.

355   김훈기. 2013. 생명공학 소비시대 알 권리 선택할 권리. 도서출판 동아시아. 서울. pp.102-120. 국가농업통계서비스 자료에 따르면 GM콩은 2001년 부셀(1부셀은 60파운드, 약 15만 개의 종자)당 23.9달러였는데, 2009년에는 49.6달러로 상승했다. 107% 오른 값이다. 이에 비해 일반 콩 종자는 17.9달러에서 33.7달러로 88% 상승했다.

환 구조는 서로 의존한다. 따라서 자연 환경의 청정성을 유지하는 것이 관건인데, GMO유전자가 확산함으로써 유기농업 자체가 어렵게 되는 것이다. 또한 유기농업이 가능하다 할지라도 유기농을 유지하는데 드는 비용이 상승하게 되어 유기농 농민의 생계가 위협받게 되는 것이다.[356]

게다가 GMO의 저항성 유전자는 손쉽게 생태계 속으로 확산되어, 생물다양성을 파괴할 수 있다. GMO가 잡초나 곤충을 제거할 경우 이것을 먹고 살던 생물종이 멸종당할 위험성이 있다. 해충 저항성인 Bt박테리아의 독성물질은 토양에 9개월이나 잔류하면서 유익한 곤충에게도 독성을 발휘한다. 그 결과 곤충의 다양성이 감소되고 토양 미생물도 죽게 되어 생물종 전체의 다양성이 무너지는 결과가 올 수 있다.[354]

화학물질에 의해 환경이 오염되면 쉽게 제거할 수 있지만 GMO에 의한 환경오염은 그렇지 않다. 유전자가 어디서 어떻게 변이하여 어떠한 영향을 끼치게 될지 예측할 수 없기 때문에 제거할 수 있는 방법이 거의 없다.[356] 이렇게 화학물질과 유전자는 다르다. GMO가 미치는 생태적인 영향은 장기간에 걸쳐 서서히 진행되므로 예측할 수 없는 위험을 초래할 수 있다. 그런데, 현재의 과학 지식으로는 이러한 생태계의 결과를 예측하기란 실제로 불가능하다. 이런 예측 불가능의 관점에서 캐나다의 환경 단체는 GM연어가 생태계에 재앙을 일으킬 수 있다면서 GM연어계획을 승인한 캐나다 정부를 상대로 최근 소송을 제기했다.

---

356 주요한. 2007. 기아(굶주림)의 해결책으로서의 유전자 조작(GMO)식품-굶주리는 세계와 유전자 조작 식품에 관한 윤리 신학적 고찰. 대구가톨릭대학교 대학원. 석사학위논문. pp.70-73.

GM연어와 생태계 재앙[357, 358]

2013년 12월, 캐나다 환경단체 두 곳(The Ecology Action Center와 The Living Oceans Society)은, 캐나다 연방정부가 미국·캐나다 합작 벤처회사인 아쿠아바운티 사(AquaBounty Technologies)의 GM연어계획을 승인했다는 사실에 항의하여 반대하는 소송을 제기했다. 아쿠아바운티 사가 필요한 승인을 모두 받는다면, P.E.I.섬에서 생산한 삼배체 알을 파나마 지역으로 보내고, 파나마 지역에서 키워 가공한 GM연어를 미국을 비롯한 세계 곳곳으로 수출하게 될 것이다.

아쿠아바운티 사는 대서양 연어(Atlantic salmon) 안에 두 개의 다른 종의 유전물질을 도입했다. 치누크 연어(Chinook salmon)의 성장호르몬 유전자와 뱀장어의 일종인 오션파웃(Ocean Pout)에서 추출한 프로모터(저온에서 얼지 않는 특성)가 그것이다. 덕분에 GM연어는 1년 내내 몸속에서 성장호르몬이 생산되므로 일반 연어보다 성장 속도가 훨씬 빠르다. 일반 연어는 겨울에 프로모터의 활동이 중단돼 성장호르몬이 생산되지 않기 때문이다.

아쿠아바운티 사는 GM연어가 양식업계와 소비자 모두에게 이익을 준다고 주장한다. 양식업계는 인건비와 사료비 등 생산비용을 크게 낮출 수 있으며, 소비자는 싼 가격에 연어를 구입할 수 있다는 것이다. 여기에는 GM연어로 인해 생길 수 있는 새로운 환경 위해성이 없다는 주장도 포함돼있다. 하지만 GM 연어의 위해성에 대한 반론도 만만치 않다. 만약 GM연어가 바다에 방출되어 야생

---

357 바이오안전성센터 뉴스. 2013. 캐나다 환경단체, GM연어 생태계 재앙 일으킬 것. http://www.biosafety.or.kr/bbs/Mboard.asp?exec=view&strBoardID=bsn_001&intSeq=82348 (2015년 11월 11일 검색).

358 김훈기. 2013. 생명공학 소비시대 알 권리 선택할 권리. 도서출판 동아시아. 서울. pp.189-200.

연어와 교배하게 될 경우, 유전자 오염이 미국 동북부 대서양 연안에서 러시아의 야생 어족들을 통해 퍼져나갈 수도 있다.

이 환경단체가 소송을 제기한 데에는 다음과 같은 세 가지 이유가 있다.

첫째, GM연어가 야생 연어에게 끼칠 수 있는 생태학적 위험성이다. GM연어가 캐나다 대서양 연안 너머로 퍼져나간다면 이종 교배가 크게 늘어날 것이다. 아쿠아바운티 사는 GM연어가 야생 연어와 교배하지 못하도록 밀폐된 환경을 갖추었고, 불임이 되도록 3배체 물고기로 만들었다고 한다. 일반적인 물고기가 두 개의 염색체를 갖는 데 비해, GM연어는 세 개의 염색체를 갖기 때문에, 번식하기 어렵다고 한다. 이는 어류의 불임화를 위한 방법으로, 삼배체 물고기의 불임화 비율은 95~100%라고 한다. 그러나 만약 이 연어들이 바다로 방출될 경우 5% 정도는 야생 연어나 다른 연어과 물고기와 이종 교배하여 새로운 종으로 번식할 수도 있다.

둘째, 캐나다나 미국이 아쿠아바운티 사의 GM연어를 승인하면 아마 이것은 사람이 먹는 세계 최초의 식용 GM동물이 될 것이다. 현재까지는 지구상 어디에서도 인간이 바로 먹을 수 있는 GM동물을 살 수 없다.

셋째, 캐나다 정부는 국민과 투명한 협의 없이 GM연어를 승인함으로써 전 세계적으로 좋지 않은 선례를 남겼다. 캐나다 환경부와 보건부는 아쿠아바운티 사의 연구에서 상업적 생산에 이르기까지의 모든 과정을 국민과 한 마디 상의도 없이 승인했던 것이다.

당신이 "난 절대 GM연어를 구입하지 않을 것이다."라고 생각하고 있다면, 캐나다에 GM표시법이 없다는 것을 명심해야 한다. 이는 본인도 모른 채 GM연어를 먹을 수도 있다는 것을 의미한다.

이제 GMO나 GM식품의 안전성을 살펴보자. 안전하다고 주장하는 측은, GMO나 GM식품이 분자 구조상 자연 물질과 동일하기 때문에, 영양, 성분, 안전성 면에서 전통적 식품과 실질적으로 차이가 없다는 입장이다.[359] GMO나 GM식품의 안전성을 평가할 때는 유전자변형이 되지 않은 같은 종류의 일반 작물이나 식품과의 동등성을 비교하여 안전 여부를 평가한다. 일반 농산물은 우리가 수천 년 동안 섭취해왔던 것으로 그 자체의 안전성을 평가한 적은 없지만 안전하다고[360] 생각하고 있다.[361]

그러나 안전하지 않다고 주장하는 측은, GMO의 새로운 독성 물질의 생성 가능성, 알레르기 유발 가능성, 필수 영양성분의 변화 유발 가능성, 항생제 내성 문제 유발 가능성, 유전자 재조합 식품을 섭취했을 때의 장기적 영향 등의 문제를 제기한다. GMO가 인체에 미치는 영향은 오랜 시간에 걸쳐 서서히 진행되므로, GMO가 어느 정도로 위험한지를 실제적으로 증명하는 것은 오랜 시간이 걸린다.[354] GMO가 안전하지 않다고 주장하는 다음의 두 사례를 살펴보자.

1998년 8월 10일 영국 로웨트 연구소(Rowett Research Institute) 소속 푸스타이(A. Pusztai) 박사[362]는 GM식품의 위험성을 알리는 연구 결과를 발표해 주목을 받았다. 그는 살충 성분인 렉틴이라는 단백질을 분비하도록 만든 GM감자에 대해 동물실험을 수행하고 있었다. 이 감자를 먹인 쥐의 면역체계에 심각한 결함이 발생했고, 소화기관에서 암 덩어리로 자랄 수 있는 세포들을 발견했으며, 각종 내장기관들이 비정상적으로 발달할 가

359　백소현. 2004. 바이오 안전성문제에 관한 국제법적 고찰-유전자변형생물체의 안전성 논의를 중심으로. 중앙대학교 대학원. 석사학위논문. pp.17-22.

360　미국에서는 이것을 'GRAS(generally recognized as safe)'라고 부른다.

361　농촌진흥청 농업생명공학연구원. 2005. 유전자변형작물의 안전성(3). pp.5-9.

362　김훈기. 2013. 생명공학 소비시대 알 권리 선택할 권리. 도서출판 동아시아. 서울. pp.54-100.

능성을 확인했다고 했다. 그러나 로웨트 연구소는 그의 실험 내용이 과학적으로 불확실하며, 그가 곧 연구소를 떠날 것이라고 밝혔다. 학계에서는 푸스타이 박사가 부당하게 해고됐으며, 그의 연구 결과는 과학적으로 신뢰할 만하다고 주장하고 나섰다. 1999년 2월 13개국의 과학자 30명이 푸스타이 박사를 지지하는 공개서한에 서명했다. 그러나 같은 해 6월 영국 왕립협회가 나서서 "푸스타이 박사 연구에 결함이 많다."는 내용의 성명을 발표했다. 이어 10월 푸스타이 박사는 연구를 수행하지 못했고 다른 학자들의 재연 실험도 이루어지지 않았다.

푸스타이 박사의 발표가 있은 지 14년 후인 2012년 9월 프랑스의 연구진[362]이 GMO의 안전성에 대해 심각한 우려를 표명한 연구 결과를 발표했다. 푸스타이 박사와 다르게 연구 논문을 전문 학술지에 발표한 점, 처음으로 장기간에 걸쳐 동물실험을 수행한 점, 그리고 이미 세계인이 먹고 있는 GMO를 대상으로 실험했다는 점 등 때문에 이 연구 결과는 GMO 개발자와 소비자, 그리고 각국 정부 모두에 상당한 영향을 끼쳤다. 프랑스 캉(Caen) 대학교 세랄리니(G. Seralini) 교수가 이끄는 연구진은 몬산토 사의 제초제 라운드업에 내성을 갖도록 만든 GM옥수수 NK603과 라운드업을 쥐에게 먹이면서 신체 기능의 변화를 관찰했다. 실험 결과 NK603과 라운드업을 먹지 않은 대조군에 비해 이를 먹은 쥐에서 유선 종양과 간과 신장 손상이 크게 늘어났다는 점을 발견했다. 실험 대상은 암수 각 100마리씩 총 200마리의 쥐였다. 프랑스 연구진은 쥐의 평균 수명인 2년에 걸쳐 상태를 관찰했다. 과학계에서 즉각적인 반박이 제기됐다. 실험 자체가 과학적으로 문제가 있기 때문에 그 결과를 신뢰할 수 없다는 내용이었다.

위의 두 실험 결과를 통해 볼 때 GMO는 포유동물에 어느 정도 독성이

있으며, 이러한 독성이 인체에 미치게 될 해악에 대해서는 신중하게 검토
할 필요가 있다.

GMO 장기 안전성 검증 프로젝트[363]

GMO 안전성 논란이 끊이지 않는 가운데, 이를 중립적인 입장에서 과학적
으로 장기간에 걸쳐 검증하겠다는 프로젝트가 출범했다. 이것은 'Factor GMO'
라는 프로젝트로, 러시아의 비영리 민간조직인 국립유전자안전성협회(NAGS,
National Association for Genetic Safety)가 주축이 되어, GM식품이 건강에 미치
는 영향에 대하여 장기적으로 종합적인 실험연구를 진행할 예정이다. 이 프로젝
트는 "GMO 안전성에 대한 세계 최대 규모의 국제적인 연구"라는 평가와 관심
을 받고 있다.

이 프로젝트에서 GM식품은 장기적으로 생명체에 유독한가? GM식품은 암
을 유발하는가? GM식품은 가임능력(fertility)을 떨어뜨리거나 기형아 출산의
원인이 되는가? 라운드업(Roundup)은 화학적인 성분에 있어서 단일 원료로 만
든 글리포세이트보다 독성이 강한가? 등 4가지 주요 질문에 대한 연구를 계획하
고 있다. 이 프로젝트는 편견을 없애고 객관성을 유지하기 위해 생명공학업계와
NGO 관계자를 배제하고, 과학에 근거하여 OECD가 설정한 가이드라인에 맞
춰 연구를 진행할 계획이다.

프로젝트에는 3년간 2500만 달러가 소요될 전망이며 기금 모금을 통해 이를
충당할 계획을 가지고 있다. 스위스의 글로벌 기업인 종합금융자문회사 나자디

---

363   한국생명공학연구원 바이오안전성정보센터. 2015. 2015 바이오안전성백서(Biosafety White Paper 2015). 대전. p.17.

앤드파트너스 AG(Najadi & Partners AG)의 창립자 패스컬 나자디(Pascal Najadi) 대표가 첫 공식 이사회의 회원이자 기부자라는 발표가 있었고, 프로젝트 기금의 모금이 완료되는 대로 기부자 리스트도 공개될 예정이다.

최근 국제암연구소(IARC)는 글리포세이트(glyphosate)를 '2A' 등급의 발암물질로 분류하였다.[364] 국제암연구소는 인체에 암을 일으키는(carcinogenic) 1등급, 거의 암을 일으키는(probably) 2A등급, 발암가능성이 있는 (possibly) 2B등급, 발암물질로 분류하지 않거나 암을 일으키지 않는 3~4 등급 등의 분류 체계를 활용하고 있다. 이번 발표에서 글리포세이트는 '2A'로 분류되었는데 인체 발암에 대한 증거는 제한적이지만 동물 실험 에서는 증거가 충분히 확보된 물질로 간주한다.

이번 발표가 있기 전 미국 환경보호청(Environmental Protection Agency, 이하 'EPA') 및 세계 규제기관은 글리포세이트를 인간에게 독성이 낮고, 조류 및 어류, 꿀벌에 대한 약간의 독성 외에 큰 위험이 없다고 판단하여 이용을 허가하고 있었다. 특히 EPA는 1993년 글리포세이트에 대한 검토 에서 암을 유발하지 않고, 독성이 아주 낮다고 밝혔는데 이후로 공식적인 테스트는 진행되지 않았다. 규제기관의 이런 평가와는 별개로 몇몇 독립 적인 연구들은 글리포세이트가 독성을 띠며, 인체의 호르몬 시스템, 장내 박테리아 교란, DNA 손상, 발달 독성, 선천적 결손증, 암, 신경독성 등을 일으킬 수 있을 것이라고 발표했다.

국제암연구소의 발암물질 분류 발표 후 EPA는 4월 1일 경, 글리포세이

---

364   한국바이오안전성정보센터. 2015. GMO, 농약, 그리고 발암물질. Biosafety. 16(2): 28-31.

트에 대한 안전성 평가를 진행하겠다고 발표했다. 이 결과는 2015년 말 초안이 나올 예정이다. 또한 EPA는 글리포세이트에 대한 우려가 증가하자 4월 17일 식품에 글리포세이트 잔류 여부 테스트를 실시한다고 발표하였다. 글리포세이트의 생태계 위협, 제초제 내성 잡초 증가 등의 우려를 표명해왔던 환경단체들은, WHO의 발표 후 글리포세이트 잔류물 테스트를 지원하고 있으며, 궁극적으로 제초제 성분 사용을 금지하는 방안을 모색하고 있다.

이야기 속의 이야기-19

라운드업(Roundup)[365]

라운드업[364]은 세계 최대의 농화학기업인 미국 몬산토 사가 1974년에 개발한 제초제 글리포세이트(Glyphosate)의 상품명이다. 몬산토 사는 자사 제품으로 베트남전쟁에 쓰였던 고엽제 에이전트 오렌지의 사용이 금지되자, 환경 친화적이며 무해한 제품을 연구하였으며, 그 결과 출시한 제품이 라운드업이다. 라운드업은 특정 잡초만 방제하는 선택적 제초제와 달리 모든 잡초를 방제할 수 있는 비선택성 제초제로 식물의 아미노산 합성에 관여하는 효소작용을 억제하여 식물생장을 방해하는 방식으로 식물을 죽게 만든다.

글리포세이트는 매년 5억 톤 정도가 사용되는 것으로 추정되고, 사실상 전 세계에서 가장 많이 쓰이는 농약으로 알려져 있으며, 세계 시장 규모는 60억 달러에 육박한다. 특히 유전자변형 농산물의 대량 재배에 활용되면서 사용량이 크게 늘어 수확한 곡물에 농약성분 잔류, 내성이 생긴 슈퍼 잡초, 토양 오염 등 여러

---

365 네이버 지식백과. 라운드업(Roundup). 두산백과. http://terms.naver.com/entry.nhn?docId=2805180&cid=40942&categoryId=32334 (2015년 11월 11일 검색).

가지 우려를 낳고 있다.

　1990년대 후반, 제초제 내성 GM작물이 도입되면서 글리포세이트의 사용량은 증가하게 되었고, 2014년 기준 제초제 내성 GM작물 재배면적은 1억 260만 ha로, 전체 GM작물 재배면적의 57%를 기록할 정도로, GM작물 재배면적과 글리포세이트 사용량은 증가하였다. GM작물을 가장 많이 재배하는 국가는 미국으로, 재배되는 대두의 94%, 옥수수의 98%에 글리포세이트 성분의 제초제가 사용되고 있다.

　유전자변형 농산물 시장의 95%를 장악한 몬산토 사는 GMO종자들이 글리포세이트 계열 제초제에 내성을 갖도록 개발, 특허권을 독점하고 있다. 몬산토 사는 자사가 개발한 '라운드업 레디' GMO종자를 파종한 뒤 라운드업 제초제만 뿌리면 잡초 걱정이 사라진다고 광고해 왔다.

　그러나 세계보건기구(WHO) 산하 국제암연구소(IARC)는 2015년 3월 글리포세이트가 발암성 물질 분류등급에서 두 번째로 위험한 '2A' 등급에 해당한다면서, 비호지킨 림프종이나 폐암을 일으킨다는 제한적 증거가 있다고 발표했다. 한편 EPA는 WHO의 이번 발표를 참고해서 글리포세이트의 안전성 여부를 다시 평가하겠다고 발표하는 등, 인체 및 환경에 대한 유해성 여부를 놓고 논란이 일고 있다.

　마지막으로 소비자 최우선의 원리 측면에서 GMO표시제도를 중심으로 살펴보자. 지금까지 GMO가 확실하게 위험하다는 증거도 없지만, 역으로 완벽하게 안전하다는 증거도 없다. 다시 말해 GMO의 불확실성과 예측불가능성으로 인해, 미래에 환경과 인체에 좋지 않은 영향을 끼칠지 안 끼칠지 알 수 없다.[366]

GMO의 특징은 정보의 비대칭성(asymmetry of information)을 갖고 있다는 것이다. 생산자는 정확한 정보를 가지고 있으나, 소비자는 정보를 파악할 수 없거나 알려고 해도 잘 알 수 없는 구조이다. 또 GMO는 '눈에 잘 보이지 않는' 특징을 지닌다. GMO의 용도가 대부분 가공식품이거나 동물 사료로 사용되기 때문이다. 이런 점에서 GMO에 대한 표시제는 소비자의 알 권리와 선택의 권리를 보장하기 위한 매우 중요한 정책이다. 미국은 자발적 표시제를 실시하고 있으나, 유럽은 이력 추적제를 활용한 과정기반 표시제를 실시하고 있다. GMO표시제는 증명기반(proof-based) 표시제와 과정기반(process-based) 표시제로 나누어지는데, 증명기반 표시제는 최종생산물에 대해 GMO유전자의 존재유무에 따라 표시하는 것이며, 과정기반 표시제는 최종생산물에 재조합유전자가 없다고 하더라도 제조과정 중에 포함된다면 표시하는 것이다.[354]

국가들의 GMO 규제는 곡물 수입국, 곡물 수출국, 곡물 자급국에 따라 차이가 있다.[367] 〈표 11〉에 의하면 곡물 수입국인 한국의 2013년 곡류 자급률은 23.0%, 두류 자급률은 15.5%이고, 일본의 2011년 곡류 자급률은 21.2%, 두류 자급률은 5.1%인 반면에, 곡물 수출국인 미국과 캐나다의 2011년 곡류 자급률은 각각 118.0%와 202.8%, 두류 자급률은 155.3%와 234.0%이다. 또한 곡물 자급국에 속하는 EU 국가들의 2011년 곡류 자급률은 프랑스 179.3%, 스웨덴 113.1%, 덴마크 108.3%, 독일 106.2%, 영국 103.6%로 일부국가(이탈리아 75.3%, 스페인 73.0%, 스위스 46.9%)를 제외하고는 높은 편이다. 다만 두류 자급률은 프랑스 106.1%로 100%를 초

---

366   박인경. 2007. 유전자 변형 식품에 대한 책임윤리적 고찰. 서강대학교 대학원. 석사학위논문. pp.84-85.

367   김석신, 신승환. 2011. 잃어버린 밥상 잊어버린 윤리. 북마루지. 서울. pp.125-131.

과하지만, 나머지 국가들은 100% 미만이다. 그래도 영국 86.6%, 덴마크 78.6%, 스페인 73.7%, 이탈리아 69.9%, 스웨덴 55.9%, 스위스 41.9%, 독일 36.8%로 한국이나 일본보다는 훨씬 높은 두류 자급률을 보인다.

표 11. 각국의 곡류 자급률[368]

국명	연도	곡류 자급률(%)	두류 자급률(%)
한국	2013	23.0	15.5
일본	2011	21.2	5.1
미국	2011	118.0	155.3
영국	2011	103.6	86.6
캐나다	2011	202.8	234.0
덴마크	2011	108.3	78.6
프랑스	2011	179.3	106.1
독일	2011	106.2	36.8
이탈리아	2011	75.3	69.9
스페인	2011	73.0	73.7
스웨덴	2011	113.1	55.9
스위스	2011	46.9	41.9

GM식품의 표시 정책에서 EU는 사전예방 원칙, 미국은 실질적 동등성 원칙, 한국은 사전예방 원칙과 실질적 동등성 원칙의 절충을 하고 있다.[369] 또한 GM식품 표시 제도에 대한 접근방법으로 EU는 소비자의 알

---

368 한국농촌경제연구원. 2014. 식품수급표 2013. p.239.
369 조성은, 김선혁. 2006. 정책 결정요인으로서의 제도, 이해 그리고 아이디어: EU · 한국 · 미국의 GMO 표시정책 비교연구. 행정논총. 44(3): 121-152.

권리와 선택의 자유에 중점을 두고, 별도의 표시 의무를 부과하되, 재조합된 DNA 및 단백질 성분의 최종제품 함유 여부에 관계없이 모든 GM 식품에 대한 표시를 의무화한다. DNA 및 단백질은 가공처리과정에서 분해 · 제거되어, 관리 · 감독시 검출이 불가능(예; 식용유, 간장)하기 때문에 EU는 표시 및 이력 추적(traceability)시스템을 하나로 묶은 제도로 관리하고 있다.

디딤돌-26

유전자 변형식품의 표시 기준

미국, EU, 한국의 유전자 변형식품의 표시 기준을 예로 들어보자. GM식품의 표시정책에서 EU는 사전예방원칙, 미국은 실질적 동등성 원칙, 한국은 사전예방원칙과 실질적 동등성 원칙의 절충을 하고 있다.[369]

EU는 GM식품 표시제도[370]에 대한 접근방법으로 소비자의 알 권리와 선택의 자유에 중점을 두고, 별도의 표시의무를 부과하되, 재조합된 DNA 및 단백질 성분의 최종제품 함유 여부에 관계없이 모든 GM식품에 대한 표시를 의무화한다. DNA 및 단백질은 열에 약하여 가공처리과정에서 분해 · 제거되기 때문에 관리 · 감독시 검출이 불가능(예; 식용유, 간장)하다. 이에 따라 표시 및 이력 추적(traceability)시스템을 하나로 묶은 제도로 관리하고 있다.

한국은 소비자의 알 권리와 선택의 자유에 중점을 두어, 별도의 표시의무를 부과하되, 재조합된 DNA 및 단백질 성분이 최종제품에 잔류되는 GM식품에 한하여 표시를 의무화한다.

---

370   신광순. 2009. 세계 주요국가의 GM식품 표시제도. Safe Food. 4(1): 25-32.

미국은 GM식품을 일반 식품과 동일하게 취급하여, GM식품의 조성 성분 및 영양가 면에서 기존의 표시제도로 다룬다. 기존의 식품과 현저한 차이가 있거나, 알레르겐을 함유하는 경우 표시의무를 부과하고, 그 이외에는 표시의무가 없는 제도를 유지하고 있다.

	한국	E U
식 품	식용유, 간장 등 제외	모두 표시
가공식품	상위 5개 품목 한정	모두 표시
외식산업	표시 대상 아님	메뉴 등에 표시
사 료	표시 대상 아님	표시 대상
비의도적 혼입률	3%	0.9%

이에 비해 한국과 일본은 소비자의 알 권리와 선택의 자유에 중점을 두고, 별도의 표시의무를 부과하되, 재조합된 DNA 및 단백질 성분이 최종 제품에 잔류되는 GM식품에 한하여 표시를 의무화한다. 하지만 미국은 GM식품을 일반 식품과 동일하게 취급하여, GM식품의 조성 성분 및 영양가 면에서 기존의 표시제도로 다룬다. 기존의 식품과 현저한 차이가 있거나, 알레르겐을 함유하는 경우 표시의무를 부과하고, 그 이외에는 표시의무가 없는 제도를 유지하고 있다.[370]

이야기 속의 이야기-20

미국 하원, 자발적 GM 표시제 법안 통과[371]

2015년 미국 하원에서 GM성분을 포함한 식품에 대한 자발적 표시제 도입 법안(The Safe and Accurate Food Labeling Act, H.R 1599)이 275대150으로 통과되었다.

이 표시제에 따라 미국은 GMO 포함 식품에 대해 자발적으로 표시하되, GM성분을 사용했기 때문에 GM제품이 더 안전하다거나 품질이 더 우수하다는 등 과장된 표시나 오해의 소지가 있는 표현을 사용할 수 없으며, GM성분을 함유한 제품이 동일한 non-GM제품과 영양, 조성, 기능에서 차이가 있을 경우에는 반드시 구체적인 내용을 명시하도록 하고 있다.

법안에는 각 주가 개별적으로 별도의 조치를 할 수 없도록 하고 있어, 위 법안이 최종 통과되면 해당 법안이 우선 적용되어 2016년 7월 발효를 앞둔 버몬트 주의 의무표시제 법안은 연방법으로 흡수될 것으로 예상된다.

국내 GMO표시제도의 개선을 요구하는 움직임이 활발하다.[372] 국내의 GMO표시제도는 예외 규정이 많아, 정작 소비자의 알 권리와 선택할 권리는 보장받지 못하는 것이 현실이다. 더구나 최근 조사 결과, 대부분의 식용유가 GMO를 원료로 하며 특히 카놀라유 제품은 지방산 강화 GMO를 원료로 사용한 것으로 추정되어 충격을 주고 있다. 문제는 우리나라 제도가 유럽 등 주요국에 비해 GMO 표시를 면제하는 예외 규정이 지나치게 많아 실제 소비자가 시장에서 GMO로 표시된 제품을 찾아보기 힘들다는 데 있다.

371   한국바이오안정성정보센터. 2015. 이슈로 살펴보는 3분기 바이오안정성 동향. Biosafety. 16(3): 80-81.

372   지윤아. 2014. 유전자 변형 식품 GMO, 소비자는 알고 선택할 권리가 있다! 소비자시대. (4): 24-25.

한국소비자원이 국내외 GMO표시제도를 비교·분석한 결과 우리나라는 유전자 변형 DNA 또는 단백질이 검출되지 않는 식품, 즉 최종 제품에 GMO성분이 존재하지 않는 간장, 식용유, 당류 등과 같은 식품에 대해 표시 의무를 면제하고 있다. 따라서 국내에 수입되는 GMO콩·옥수수·카놀라 대부분이 식용유·간장·전분당 원료로 사용되고 있지만 소비자는 이러한 정보를 전혀 알 수 없는 것이다. 실제로 GMO를 원료로 사용하고 있지만 표시가 면제되고 있는 식용유 26개 제품을 대상으로, 한국소비자원이 특정 영양성분 강화 GMO 사용 여부를 확인하기 위해 지방산 함량을 분석한 결과 놀라운 사실이 발견되었다.

수입산 유기농 카놀라유 1개 제품에서 일반 품종(Non-GMO)에서는 나타날 수 없는 지방산 조성(올레산 73.2%, 리놀레산 15.2%, 리놀렌산 2.6%)이 나타난 것이다. 이는 유전자가 변형된 올레산 강화 카놀라를 원료로 사용했거나, 올레산 강화 GMO콩으로 만든 제품을 카놀라유로 속여 국내로 수출했을 가능성을 배제할 수 없는 결과다. 그럼에도 우리나라는 검사를 통해 유전자 변형 DNA나 단백질을 검출할 수 없는 식품의 GMO 표시를 면제하고 있어, 지방산·전분·식이섬유·비타민 등 특정 영양성분에 변화가 발생한 GMO는 사실상 표시 관리가 불가능한 실정이다.

우리나라 GMO표시제도의 문제는 여기에서 그치지 않는다. 현 제도에 따르면 전 세계적으로 상업화된 18개 GMO작물 중 7개 108개 품종만이 표시 대상이다. 나머지 11개 GMO작물에 대해서는 어느 식품에 사용하든 소비자가 전혀 알 수 없는 것이다. 하물며 표시 대상조차 제품에 많이 사용한 원재료 5순위까지가 표시 대상에 해당하고 나머지 원료는 표시가 면제된다. 또한 비의도적으로 혼입된 GMO의 함량이 3% 이하인 경우에도 표시가 면제된다. 전문가들은 3% 수준까지 GMO가 포함된 식품을 일반 식품으로 인정하기에는 함량이 과도하다고 지적한다. 더구나 전 세계적으로 유통되는 GMO의 종류가 다양해지고 신규 품종의 개발·승인 속도도 빨라져 현행 GMO표시제도의 관리는 이미 한계에 도달했다는 지적이 팽배하다.

한편 GMO의 편익(benefit)과 리스크(risk)를 둘러싼 찬반의 논쟁이 팽팽하게 대립하고 있는데, 이 논쟁의 뿌리에는 지배적인 사회적 패러다임(dominant social paradigm, DSP)과 이에 맞서 새롭게 부상하고 있는 새로운 생태적 패러다임(new ecological paradigm, NEP)이 있다.[373] DSP에서는 자연을 경시하고, 인간 중심적 우월성을 강조하면서, 자연을 재화생산을 위한 도구로 간주하고, 경제성장이 환경보호보다 우선한다. 이해 반해 NEP에서는 자연에 높은 가치를 부여하고, 인간과 자연의 조화롭고 평등한 관계를 강조하면서, 환경보호가 경제성장보다 우선한다.

리스크에 대한 태도에서도 극명한 대립을 보이는데, DSP에서는 과학기술에 대한 맹신과 숭배, 부의 극대화를 위해서는 위험도 감수한다는 매우 위험선호적인 태도를 보이는 반면, NEP에서는 과학기술에 대한 위험 내재성을 비판하면서 위험을 피하는 사려깊은 행동을 선호하는 위험 기피적인 태도를 보인다. 또 생명공학과 GMO가 가져올 새로운 편익을 강조하면서, 이에 수반되는 리스크는 기존부터 존재하던 것이기 때문에, 예전과 다를 게 없다고 보는 '새로운 기회-오래된 리스크(the new chances-old risks)'진영과, 생명공학과 GMO의 편익은 기존의 현대의학과 녹색혁명 사례에서 보듯이 실패로 끝날 공산이 큰 데 비해, 새로운 기술이 불러일으킬 수 있는 리스크는 엄청나고도 놀라운 것이라고 보는 '새로운 리스

---

373   권영근. 2000. 위험한 미래, 유전자식품이 주는 경고. 당대. 서울. pp.50-86.

크-오래된 기회(the new risks-old chances)'진영으로 분류하기도 한다.

DSP의 주체는 생명공학 산업계, 관련학계, 정부 각 부처로서, 이들이 볼 때 생명공학과 GMO기술은 과학적으로 검증되지 않은 리스크에 비해 엄청난 편익이 기대되는, 21세기의 핵심적인 환경친화적 기술이며, 기존의 전통적인 생명기술과 동일한 안전한 기술이다. 따라서 국가경쟁력 제고를 위하여 국가적 차원에서 적극 육성되어야 하고, 이를 위하여 규제는 최소한으로 억제되어야 한다고 주장한다. 이에 반해 NEP의 주체는 시민단체와 소수 전문가 집단이며, GMO 및 GM 식품은 인위적인 조작에 의해 만들어진 새로운 위협요인으로서, 예측 불가능한 리스크가 너무도 큰 반면에 문제해결 가능성은 적기 때문에, 시민의 건강과 생태계의 안전을 위해서는 강력한 사회적 규제가 필요하다고 주장한다.

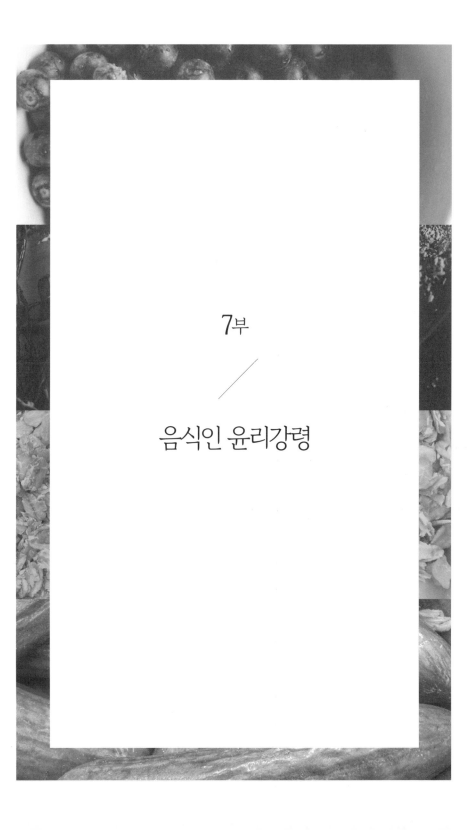

7부

음식인 윤리강령

1장

음식인의 정의 및
음식윤리의 특수성

앞에서 설명한 것과 같이 음식윤리는 '음식과 관계되는 모든 문제들에 대한 윤리적 고려'라고 정의한다. 음식은 만드는 사람, 파는 사람, 먹는 사람이 있어서 존재하는 것이고, 윤리는 음식이 지키는 것이 아니라 모름지기 사람이 지켜야 하는 도리라고 한다면, 음식윤리는 음식을 만들고 팔고 먹는 사람 모두가 지켜야 할 도리일 것이다. 그렇다면 의료윤리를 의사가 지키듯 음식윤리를 지킬 '만들고, 팔고, 먹는 사람' 모두를 아울러 나타내는 대표성 있는 용어를 정할 필요가 있다.

한국고용정보원에서 발간하는 『2013년 직종별 직업사전』[374]을 보면 음식서비스 관련직의 경우 주방장, 주방보조원, 조리사, 조리사보조원, 영양사, 급식도우미, 병원배식원, 바텐더, 브루마스터, 음식메뉴개발자, 차

---

[374]　한국고용정보원. 2012. 2013년 직종별 직업사전. pp.531-546.

조리사, 패스트푸드원, 웨이터, 제과점종업원, 음식배달원, 와인감별사, 푸드스타일리시트 등의 직업이 나와 있다.

『2014년 직종별 직업사전』[375]을 보면 식품 영업원이나 판매원의 경우, 식품포장 기계기술 영업원, 유통업체 식품영업원, 건강기능식품 영업원, 제과 영업원, 음료 영업원, 식자재 영업원, 주류 영업원, 떡 판매원, 음료 판매원, 농산물 판매원, 축산물 판매원, 건어물 판매원, 특산물 판매원, 건 강식품 판매원, 휴게소 판매원, 친환경농산물 판매원, 육류 판매원, 주류 판매원, 주방용품 판매원, 청과물판매원 등이 있다.

그리고 식품의약품안전처 등의 공무원, 교수 · 교사 · 강사 등의 교육 직, 한국식품연구원 등의 음식 관련 연구원, 작가 · 프로듀서 · 기자 · 리 포터 · 촬영기사 등의 방송인, 외식업체 매니저, 유람선식당 지배인, 호텔 식음업장 지배인 등의 관리직 등 음식과 관련된 직종이 많다.

앞에서 설명한 것처럼 음식인은 음식을 만드는 사람, 파는 사람, 먹는 사람을 가리키는 말이다. 음식을 파는 사람에는 농축어민은 물론 식품회 사와 식당도 포함되고, 파는 사람에는 대형마트와 백화점부터 시장상인 까지 다 포함되며, 음식을 먹는 사람에는 모든 사람이 포함되는데, 이 모 두를 아우를 수 있는 용어가 필요하다. 김석신(2014)[376]은 음식전문지《에 쎈》2014년 1월호에 기고한 글에서 '음식인'이라는 용어를 제안하였다.

사람의 직업을 나타내는 접미사를 살펴볼 필요가 있다. 사람의 직업을 나타내는 접미사 가운데 전문성을 나타내는 것으로 가(家), 사(士), 자(者), 인(人)이 있는데, 가(家), 사(士), 자(者)가 상위 계층을 나타내는 데 반해,

---

375   한국고용정보원. 2013. 2014년 직종별 직업사전. pp.479-556.

376   김석신. 2014. 음식인의 정의. 에쎈 1월호. http://navercast.naver.com/magazine_contents. nhn?rid=1095&contents_id=47131 (2015년 11월 9일 검색).

인(人)은 중간 계층을 나타내며, 특정 분야의 종사자임을 의미한다.[377] 흔히 정치가(政治家), 소설가(小說家)의 접미사 가(家), 변호사(辯護士), 설계사(設計士)의 접미사 사(士), 교육자(教育者), 철학자(哲學者)의 접미사 자(者)는 전문성을 나타내는 것으로 사회적으로 선호하는 상위계층에 속하는 직업을 나타낸다. 이에 비해 종교인(宗教人), 예술인(藝術人)의 접미사 인(人)은 특정 분야의 종사자임을 의미하며, 계층의 의미에서는 중도적이다. 예를 들어 정치인, 연예인, 방송인은 각각 정치, 연예(대중 앞에서 음악, 무용, 만담, 마술, 쇼 따위를 공연함), 방송 분야에 종사하는 사람이라는 중립적인 의미가 있다. 그렇다면 음식과 관련된 분야의 종사자를 '음식인(飮食人)'이라고 부르면 어떨까? 음식을 만들고 파는 사람뿐만 아니라 음식을 먹는 사람까지 모두 아우르는 용어로서 적합하지 않을까? 음식가(飮食家), 음식사(飮食士), 음식자(飮食者)보다 훨씬 중립적이면서 포괄적이 아닐까?

---

377   김정룡. 2012. 한자어 인칭접미사의 사회적 계층성 분석 · 직업성 인칭접미사를 중심으로. 한국어 의미학. 37: 53-76.

2장

전문인 윤리로서의 음식인 윤리강령

의료인이 의료윤리를 지키는 것처럼 음식인도 음식윤리를 지켜야 한다. 의사가 히포크라테스 선서를 하고 의료인 윤리강령을 지키듯, 음식인도 음식인 윤리강령을 지켜야 한다. 의료윤리가 생명과 직결된 것처럼 음식윤리도 생명과 직결된 것이기 때문이다. 그렇다면 음식인이 쉽게 이해할 수 있도록 일목요연(一目瞭然)하게 표현한 음식인 윤리강령이 있어야, 음식윤리의 핵심을 잘 받아들이고 다짐하면서 잘 지켜나갈 수 있지 않겠는가? 김석신(2014)[378]도 음식전문지《에쎈》2014년 2월호에 기고한 글에서 음식인 윤리강령의 필요성을 주장하였다.

윤리강령(ethical code)은 윤리적 덕목이나 권고를 해당 전문인에게 압축하여 제시하는 역할을 한다. 의료와 법조 분야 윤리강령의 예로서 국

---

378 김석신. 2014. 음식인의 윤리강령은 무얼까? 에쎈 2월호. http://navercast.naver.com/magazine_contents.nhn?rid=1095&contents_id=48982 (2015년 11월 9일 검색).

제의료윤리장전, 치과의사의 윤리강령, 법관 윤리강령, 변호사 윤리장전, 검사 윤리강령 등을 들 수 있다. 음식과 관계되는 윤리강령의 예로는 영양사 윤리강령, 조리사 윤리강령, 식품과학기술인 헌장 등이 있다.

전형적인 윤리강령은 의사나 변호사 등 전문직의 경우에 주로 볼 수 있다. 그렇다면 음식인 윤리강령을 제정하기 전에 음식인이 과연 전문인에 속하는지 아닌지 검토할 필요가 있다. 전문인인 의사에게 환자는 치료해야 할 대상이다. 물론 의사도 아플 수 있지만 그 경우 의사는 환자가 되어 다른 의사의 치료 대상이 된다. 마찬가지로 전문인인 변호사에게 의뢰인은 변호해야 할 대상이다. 변호사가 의뢰인이 될 수도 있지만 이 경우 다른 변호사의 변호 대상이 된다. 다시 말해 의사나 변호사는 환자나 의뢰인과 명백히 구별되는 전문인이다.

그러나 음식인은 의사나 변호사의 경우와 다르다. 사람은 단식하거나 금식하는 경우를 빼고는 누구나 매일 먹는다. 만드는 사람이든 파는 사람이든 매일 먹는다. 다른 사람이나 자기 자신이 만들거나 파는 음식을 먹을 수밖에 없다. 한 사람이 일인다역을 하는 셈이다. 이런 경우 만드는 사람이나 파는 사람은 전문인이고 먹는 사람은 비전문인일까? 만약 그렇다면 음식인의 윤리강령은 성립하기 어렵다.

일반적으로 음식을 만드는 사람은 그 분야의 전문인이고, 음식을 파는 사람도 그 분야의 전문인이다. 음식을 만들고 파는 직업 활동을 하면서 전문인이 된 것이다. 그렇다면 음식을 먹는 사람은 어떨까? 사람들은 태어나면서부터 죽을 때까지 음식을 먹는다. 살아 있는 동안 한 번도 바꾸지 않는 것이 음식을 먹는 역할이다. 그러니 음식을 먹는 사람이야말로 음식을 만드는 사람이나 파는 사람보다도 더 전문인일 수밖에 없다. 그러므로 음식인은 모두 윤리강령이 필요한 전문인이다.

음식인 윤리강령을 세우기 전에 음식인과 가장 관련이 깊은 식품과학기술인 헌장[379], 조리사 윤리강령[380], 영양사 윤리강령[381]을 살펴보자. 이때 음식윤리의 여섯 가지 원리인 생명존중, 정의, 안전성 최우선, 환경보전, 동적 평형, 소비자 최우선의 원리를 기준으로 삼아 살펴보자.

식품과학인 헌장의 핵심은 인간의 건강, 식품의 안전성, 그리고 식품과학기술의 발전이다. 건강에는 동적 평형의 원리가 적용되고, 안전성에는 안전성 최우선의 원리가 적용되며, 식품과학기술의 발전은 식품과학인의 고유한 책무이다. 그러나 아쉽게도 식품과학인 헌장에는 생명존중, 정의, 환경보전, 소비자 최우선의 원리는 잘 표현되어 있지 않다.

음식윤리 사례-20

식품과학기술인 헌장

식품과학기술인은 인류의 식생활 발전에 기여해왔으며 국가의 경제와 문화 발전에 초석이 되고 있어 식품과학기술에 대한 자부심을 갖는다. 식품과학기술이 이룩한 오늘의 풍요로운 식생활 속에서 파생하는 여러 가지 건강문제와 식품 안전의 문제들에 대하여 식품과학기술인은 책임을 느낀다. 이에 우리 식품과학기술인은 무한한 연구와 창의력으로 인류의 삶의 질을 향상시키고 건강하고 안전한 미래사회의 주체로서 다음과 같은 각오를 다진다.

1. 우리는 식품과학기술이 국민의 건강에 직결된다는 책임의식을 갖는다.

---

379 한국식품과학회. 2007. 식품과학기술인 헌장. 식품과학과 산업. 40(2): 100-100.

380 한국조리사회. http://www.ikca.or.kr/education.php (2015년 11월 9일 검색).

381 대한영양사협회. https://www.dietitian.or.kr/work/introduction/ki_about.do (2015년 11월 9일 검색).

1. 우리는 안전한 식품생산과 유통의 지킴이로서의 역할을 다한다.

1. 우리는 국가의 올바른 식량안보와 식품안전 정책 수립에 적극 참여한다.

1. 우리는 세계적인 식품과학기술 발전에 선도적 역할을 한다.

1. 우리는 우리의 전통음식문화 보존과 발전 및 세계화에 기여한다.

조리사 윤리강령의 핵심은 건강, 생명, 안전, 그리고 조리문화 발전이다. 건강에는 동적 평형의 원리, 생명에는 생명존중의 원리, 안전성에는 안전성 최우선의 원리를 적용할 수 있으며, 조리문화 발전은 조리사의 고유한 책무이다. 그러나 조리사 윤리강령에서 생명존중은 인간의 생명에 국한하는 것으로 보이고, 정의, 환경보전, 소비자 최우선의 원리는 전혀 반영되어 있지 않다. 특히 소비자인 고객에 대한 존중의 내용이 전혀 없는 것이 무척 아쉽다.

음식윤리 사례-21

조리사 윤리강령

1. 조리사는 국가경제 발전과 식문화 향상에 목표를 둔다.

2. 조리사는 국민의 건강과 생명을 첫째로 생각한다.

3. 조리사는 지속적인 연구활동으로 우리 전통음식을 세계화시키는 데 앞장선다.

4. 조리사는 향상된 서비스를 위해 모두 하나 되어 봉사정신을 가지고 꾸준히 정진한다.

5. 조리사는 개인의 창의력과 전문성을 키워 이 땅의 조리문화 발전에 기여

한다.

6. 조리사는 조리인의 고귀한 전통과 명예를 유지하고 계승 발전시킨다.

7. 조리사는 조리 환경을 청결히 유지하고 각종 질병 예방과 안전에 최선을 다한다.

8. 조리사는 모든 유관기관 및 단체와 상호 협력하고 관계법규 및 윤리강령 준수에 솔선한다.

조리인의 신조

1. 우리 조리인은 국민건강과 행복된 삶의 파수꾼임을 확신한다.
2. 우리 조리인은 참지식과 기능을 갖고 새 천년을 열어가는 역군이 된다.
3. 우리 조리인은 전통음식 연구 계승 발전과 보급에 앞장 설 것을 다짐한다.
4. 우리 조리인은 음식문화의 세계화와 서비스 정신으로 관광산업에 선두 주자가 된다.
5. 우리 조리인은 참된 봉사활동으로 국가와 사회에 이바지한다.

영양사 윤리강령의 핵심은 건강, 생명, 동등한 영양 서비스, 최상의 영양 서비스, 고객 정보의 보호, 지식과 기술 습득이다. 건강에는 동적 평형의 원리, 생명에는 생명존중의 원리, 동등한 영양 서비스에는 정의의 원리, 최상의 영양 서비스와 고객 정보의 보호에는 소비자 최우선의 원리를 적용할 수 있다. 다만 영양사 윤리강령에서 환경보전의 원리와 안전성 최우선의 원리가 반영되어 있지 않은 것과, 생명존중도 인간의 생명에 국한하는 것이 아쉬운 대목이다.

영양사 윤리강령

전문

영양사는 국민건강지킴이로서 모든 사람이 건강한 삶을 누리도록 영양 서비스를 제공하는 데 헌신하고, 특히 소외된 자들의 영양상태 개선에 노력하여 복지사회 구현에 앞장선다.

영양사는 모든 사람의 국적, 인종, 종교, 성별, 연령, 사상, 사회적 지위와 관계없이 동등한 영양 서비스를 제공하고, 국민의 건강을 수호하기 위해 어떠한 부당함이나 압력에도 굴복하지 않고 양심에 따라 정의롭게 행동한다.

영양사는 최상의 영양 서비스를 제공하기 위해 최신 지식과 기술 습득에 힘쓰고, 전문인으로서의 능력과 품위를 유지하기 위해 노력한다.

이에 우리는 개인, 가족, 집단, 지역사회, 나아가 국가와 인류의 건강과 복지향상에 관련된 영양사의 행위와 활동을 판단 · 평가하며 인도하는 윤리강령을 다음과 같이 제정하고 이를 준수할 것을 다짐한다.

윤리강령

가. 일반적 의무와 권리

1. 영양사는 모든 사람이 건강한 삶을 누리도록 영양 서비스를 제공하는 데 헌신하며, 특히 소외된 자들의 영양상태 개선에 앞장선다.
2. 영양사는 자기 개발을 위한 부단한 노력으로 전문가로서의 능력과 품위를 유지하는 데 힘쓴다.
3. 영양사는 업무를 수행하는 데 있어 개인의 이익보다 국민의 건강과 생명을 더 존중하며, 업무와 관련된 부당한 이익을 취하지 않는다.

4. 영양사는 대한영양사협회의 활동에 적극 참여하여 영양사직의 지위향상과 권익신장을 위해 노력한다.

나. 직업관

1. 영양사는 고객에게 최상의 영양 서비스를 제공하기 위해서 최신 지식과 기술 습득에 힘쓰고, 이를 활용하고 전파하기 위해 노력한다.

2. 영양사는 스스로 명예를 훼손하고 국민의 신뢰를 잃는 행동을 하지 않는다.

3. 전문영양사는 자격유지를 위한 교육을 받아 자격에 적합한 최선의 서비스를 제공하도록 노력한다.

4. 영양사는 모든 사람의 국적, 인종, 종교, 성별, 연령, 사상, 사회적 지위와 관계없이 동등한 영양 서비스를 제공한다.

5. 직무상 고객과의 관계에서 얻어진 정보는 국민건강증진 및 연구의 목적으로만 사용하고 개인의 이익을 위해 사용하지 않는다.

6. 영양사는 어떠한 불의나 부도덕한 행위와 타협하지 않고, 국민건강지킴이로서 자긍심을 갖고 맡겨진 책임을 다한다.

7. 영양사는 다른 보건의료전문인의 고유한 역할을 존중하며, 상호 협조한다.

8. 영양사는 과학적 사실에 근거한 정확한 정보만을 제공한다.

다. 국가와 사회에 대한 역할과 임무

1. 영양사는 영양전문인으로서 사명감을 갖고 지역사회, 국가 및 인류의 건강증진, 삶의 질 향상, 복지사회 구현을 위해 학문 연구와 기술 개발에 최선을 다한다.

2. 영양사는 실무 경험과 전문 지식을 활용하여 국민영양개선사업에 참여하고, 국가영양정책의 수립 및 집행에 필요한 지원을 한다.

3. 영양사는 자신이 속한 지역사회의 영양 문제에 관심을 가지고 이를 해결하

는 데 힘쓴다.

라. 소속기관에 대한 책무

1. 영양사는 대한영양사협회 활동에 적극 참여하여 협회 및 영양사직의 발전을 위해 노력하고, 다른 회원들과 서로 협조한다.
2. 영양사는 소속기관의 규범을 따르며, 직무에 충실함으로써 기관의 발전과 사업목표 달성을 위해 노력한다.
3. 영양사는 영양사 윤리강령에 어긋나는 행위가 발생할 경우 협회에 보고하여 영양사직의 자정과 발전을 도모한다.

영양사 선서

1. 나는 영양사로서 책임과 의무를 가지고 모든 사람이 건강한 삶을 누리도록 헌신하겠습니다.
1. 나는 최신의 영양정보와 올바른 지식을 국민에게 전달하고 지속적인 자기 개발과 연구에 힘쓰겠습니다.
1. 나는 영양 서비스를 받고자 하는 모든 이들에게 인도적으로 봉사하며 직무상 얻어진 고객의 비밀을 지키겠습니다.
1. 나는 개인의 이익보다 국민의 건강과 생명을 더 존중하며 소외된 자들의 영양상태 개선에 노력하여 복지사회 구현에 앞장서겠습니다.
1. 나는 국민건강 지킴이로서 영양사직의 발전을 위해 최선을 다하겠습니다.

나는 나의 명예를 걸고 이를 엄숙하게 선서합니다.

이제는 음식인 윤리강령을 제정할 차례이다. 강령은 전문과 선서로 구

성하되, 음식윤리의 여섯 가지 원리를 반영하고, 음식을 만드는 사람, 파는 사람, 먹는 사람의 세 입장을 망라하는 보편성을 부여하며, 복잡하지 않으면서도 꼭 필요한 내용이 다 들어 있도록 서술한다.

음식윤리 사례-23

음식인 윤리강령

전문

음식의 본질은 생명이고, 생명은 그 자체로 가치가 충만한 것이므로, 음식은 소중한 가치를 지닌다. 생명은 생명을 먹으며 생명을 유지하고, 생명을 유지하기 위한 음식이 다른 생명체이기에, 우리는 인간의 생명은 물론, 모든 생명체의 생명을 최선을 다해 존중한다. 우리는 비록 개인으로 먹고 살지만, 공동체가 없이는 존재할 수 없기 때문에, 음식의 나눔이라는 분배의 정의를 지키고, 참된 것을 추구하기 위해 최선을 다한다. 우리가 만들고, 팔고, 먹는 음식은 모두 자연에서 비롯되었으므로, 우리는 환경보전의 고귀한 책무를 통해, 자연과의 공생적 평형관계가 지속되도록 최선을 다한다. 안전하지 않은 음식은 우리의 생명을 위협하고 건강을 해치므로, 과학적으로 안전성이 입증되지 않은 경우에는, 경제성이나 효율성보다 안전성을 최우선으로 여긴다. 인간이나 공동체는 모두 동적 평형을 이루어야 제대로 존재할 수 있으므로, 음식의 절제와 균형을 통해 동적 평형을 유지하도록 최선을 다한다. 음식을 만드는 사람이든 파는 사람이든 모두 음식을 먹는 사람이므로, 이 모든 관점에서 음식을 먹는 소비자를 최우선으로 배려한다.

선서

1. 우리는 음식을 통해 인간의 생명과 모든 생명체의 생명을 존중한다.

1. 우리는 음식을 통해 나눔의 정의를 실현하고 거짓 행위를 배격한다.

1. 우리는 음식을 통해 환경을 보전함으로써 지속 가능성을 추구한다.

1. 우리는 음식을 통해 안전성을 해칠 우려가 있는 모든 행위를 거부한다.

1. 우리는 음식을 통해 개인과 공동체의 동적 평형을 절제하며 유지한다.

1. 우리는 음식을 통해 만들고 팔고 먹는 행위의 초점을 소비자에게 둔다.

8부

음식윤리학의
요약 및 제언

1장

음식윤리학 요약

이상 살펴본 음식윤리학의 내용을 다음과 같이 요약할 수 있다.

1부 '음식과 음식윤리'에서 다룬 주제는 1) 음식이란 무엇인가, 2) 음식과 생명의 관계, 3) 음식과 공동체의 관계, 4) 음식과 규범의 관계, 5) 음식윤리란 무엇인가, 그리고 6) 음식윤리의 역사였다.

이를 한마디로 요약한다면 음식은 단어의 의미 그대로 '살아 숨 쉬는 생명체인 사람에게 좋은 것'이다. 즉, 음식은 본질적으로 우리의 생명을 위한 고귀한 생명이며, 먹는다는 것은 다른 생명체의 생명을 먹으면서 나의 생명을 유지하는 고귀한 행위이다. 음식은 구성 요소인 재료나 성분으로부터 환원될 수 없는 복잡계(complex system)이며, 특히 소중한 생명을 다양한 윤리 문화로 버무린 복잡계이다.

생명은 자유롭게 자기를 초월하면서 살려고 애쓰는 존재로서, 자기 보존의 원칙에 따라, 다른 생명을 음식으로 먹으며 생명을 보존한다. 생명은 음식의, 음식은 생명의, 필요충분조건이다. 즉, 먹는 것이 사는 것이고, 사는 것이 먹는 것이다. 황금률이 "남에게 대접을 받고자 하는 대로 남을 대접하라."이듯이, 음식윤리의 황금률은 '우리가 먹는 음식이 바로 이웃하는 생명체의 생명임을 잘 인지하고 자각하는 것'이다. 따라서 윤리를 인간과 인간 사이에만 적용하지 말고, 그 적용 범위를 자연까지 확대하는 것이 음식윤리를 제대로 세우는 길이다.

음식을 기본적인 매개체로 삼아 공동체가 세워진다. 음식 나눔은 공동체 안에서 개인의 이기주의를 승화시켜 개체성과 공동체성의 조화를 이루게 한다. 이 조화와 질서를 상징하는 것이 접시나 밥공기 같은 그릇이며, 이는 음식윤리를 상징하기도 한다. 공동체는 관습규범, 윤리규범, 법규범이 상호 보완하여 안전하게 유지된다. 오늘날 음식의 관습규범은 여전히 존재하고(예: 금기음식), 법규범은 확실히 수립되어 있지만(예: 식품위생법), 윤리규범은 상대적으로 미흡한 상태다.

먹는 행위는 식욕을 만족시켜 인간에게 즐거움을 주는 본능적 행위이지만, 윤리적 측면에서는 도덕적 판단의 대상이 되는 이성적 행위다. 음식윤리학은 음식과 식음(먹고 마시는 행위)에 대한 '옳음'과 '좋음'을 다루는 학문이고, 음식윤리란 '음식과 관련된 윤리 또는 음식과 관련된 윤리적 고려'라고 할 수 있다. 음식윤리는 보편윤리이자, 응용윤리이며, 음식인 모두에게 적용하는 특수윤리이기도 하다.

음식은 원래 윤리적으로 중립이다. '착한 칼'이나 '착한 음식'이 없는 것은 칼도 음식도 윤리적으로 중립이기 때문이다. 칼은 어떻게 쓰이느냐에 따라, 음식은 어떻게 만들고 팔고 먹느냐에 따라 윤리적 판단을 받게 된다. 원래 윤리적으로 중립이어야 할 과학이 다양한 윤리적 문제를 일으키는 것처럼, 음식에서도 기술이 발달하면서 다양한 윤리적 문제가 발생하고 있다.

2부 '음식윤리에 대한 다양한 원리적 접근'에서는 1) 음식윤리 이론의 선정, 2) 이기주의와 공리주의의 결과주의 윤리, 3) 자연법 윤리와 인간존중의 윤리의 비결과주의 윤리, 3) 정의론, 생명존중의 윤리 및 덕의 윤리의 최근의 윤리에 대해 고찰하였다.

이기주의 가운데 윤리적 이기주의는 다른 사람을 자기 이익을 위한 수단이 아니라 오히려 목적으로 대우한다. 고객에게 예의를 갖추어 대하며 항상 감사의 마음을 표현하는 상인의 행동은, 자기 이익을 위한 것이지만 고객을 목적으로 대한 것이므로 윤리적이다.

공리주의의 관점에서, 비만은 질병을 초래할 위험성이 높고, 질병에 걸리면 의료비를 소진하게 되며, 본인은 물론 가족의 삶의 질도 떨어뜨리게 되므로, 비만을 초래할 수 있는 패스트푸드 등의 섭취는 자제해야 한다. 하지만 자제하기가 어렵고 이로 인한 질병 증가가 사회적으로 문제가 커진다면, 예방을 위한 음식윤리의 강조도 중요하지만, 비만세와 같은 법적 제재까지도 고려해야 할지 모른다.

자연법 윤리의 생명존중과 바른 지식의 추구(예를 들어 거짓을 추구하지 않고 진실을 추구하는 것)는 음식윤리에서도 엄격하게 적용된다. 부정·불량식품과 표시위반식품은 음식윤리의 기본, 즉 건강과 생명 유지에 도움을 주고, 참돼야지 가짜면 안 된다는 근본적인 개념에 위배되는 대표적인 사례다.

인간존중의 윤리를 적용하여 도출한 음식윤리의 정언명령은 다음과 같다. 첫째, 맛있고, 영양이 풍부하고, 안전한 음식을 만들고, 팔고, 먹어라. 둘째, 참되고 품질이 우수한 음식을 만들고, 팔고, 먹어라. 또는 가짜 음식이나 품질이 열악한 음식을 만들거나, 팔거나, 먹지 마라. 셋째, 소비자의 자율성과 선택권을 보장하라. 세부적으로는 표시를 바르게 하라 또는 생산이력 추적 시스템을 제대로 가동하라. 넷째, 음식을 만들거나 팔거나 먹는 사람 모두 절제하라. 그리고 음식을 만들거나 팔거나 먹는 사람 모두 생명을 존중하라.

정의론에서는 공정무역을 대표적인 사례로 들 수 있는데, 이 가운데 음식윤리에 해당하는 것이 공정무역 커피이다. 이것은 제3세계의 가난한 재배농가의 커피를 공정한 가격에 거래하는 정의로운 거래방식이다. 또한 사회적 약자인 페닐케톤뇨증 환자를 위해, 특수분유와 저단백 밥을 만드는 것과, 채식주의자를 위해 야채라면을 만드는 것도 롤스의 차등원칙에 해당하는 정의로운 사례이다.

생명존중의 윤리에서, 인간의 생명을 존중하지 않는 예로 중국의 멜라민 파동을 들 수 있고, 동물의 생명을 존중하지 않는 예로 젖소에게 성장호르몬의 하나인 BST(bovine somatotrophin)를 주사하는 것을 들 수 있다.

덕 윤리에서 용기의 덕은 옳은 길을 일관성 있게 추구할 때 필요하다. 선의의 투자라고해서 결실을 맺는다는 법이 없는데도, 지속가능한 식품(sustainable food)을 생산하기 위해, 별도의 연구나 제조공정에 과감히 투자한다면, 이것이 바로 용기의 덕이다.

3부 '다른 응용윤리와 음식윤리의 관련성'에서는 1) 의료윤리, 2) 생명윤리, 3) 환경윤리, 4) 소비윤리 및 5) 기업윤리와 음식윤리의 관련성을 살펴보았다.

의료윤리에서 환자에 대해 '충분한 설명에 근거한 동의(informed consent)'로 자율성을 존중하는 원칙은, 음식윤리에서 소비자에게 충분한 정보를 제공하여 자발적으로 식품을 선택할 수 있도록 배려하는 '표시'기준과 일맥상통한다.

생명윤리의 생명존중의 원칙은 음식윤리에도 그대로 적용된다. 인간은 자신의 생명은 물론 다른 생명체의 생명도 함부로 다루어서는 안 되며, 유전자와 관계되는 GMO 연구나 GM식품의 활용에서도 이런 기준을 지켜야 한다.

환경윤리에서는 지속 가능성이야말로 인류의 건강, 생명, 존재 자체의 유지에 필수적인 전제조건이다. 만일 인간과 자연의 공생적 평형관계가 깨진다면 이에 대한 책임은 오로지 인간의 몫이다. 이것이 바로 음식윤리에서도 환경보전이 중요한 이유이다.

소비윤리도 음식윤리와 직결된다. 시간적 의미의 지속가능한 소비 측면에서, 친환경농산물 이용하기, 음식물쓰레기 거름으로 재활용하기, 동물성식품 절제하기, 채식하기 등이 있다. 또한 공간적 의미의 동시대 인류를 위한 책임 측면에서, 공정무역 커피나 공정무역 초콜릿 이용하기, 로컬 음식 구매하기 등이 있다.

기업윤리에서 기업의 사회적 책임(corporate social responsibility, CSR) 활동은 주로 기업의 필요에 의해 진행되고 있으며, 소비자의 안전성 확보나 표시·광고 등에 대한 소비자의 요구에는 능동적으로 부응하지 못하고 있다. 특히 기업은 소비자가 피해보상을 받을 권리와 안전할 권리를 많이 요구하는 점에 유의하여, 사회적 약자를 위한 CSR 활동뿐만 아니라, 절대다수의 소비자를 위한 CSR 활동도 적극적으로 수행해야 한다.

4부 '음식윤리의 실용적 접근방법'에서는 1) 실용적 접근방법의 선정 근거와 2) 실용적 접근방법의 대표적 예를 검토하였는데, 후자에서는, 1) 최적 이론 접근법, 2) 윤리 매트릭스(Ethical Matrix) 접근법, 3) 핵심 원리 접근법, 4) 결의론 접근법, 및 5) 덕 윤리 접근법을 살펴보았다.

첫째, 최적 이론 접근법은 여섯 윤리 이론(이기주의, 공리주의, 자연법 윤리, 인간존중의 윤리, 정의론, 생명존중의 윤리) 가운데 윤리적 이슈에 가장 적합한 이론을 선정하여 윤리적 평가를 하는 방법이다.

둘째, 윤리 매트릭스(Ethical Matrix) 접근법은 세 윤리원칙(복지, 자율성, 정의)을 기준으로 네 집단(생산자, 소비자, 대상 생명체, 생물군)의 관심이익을 수치화하여 윤리적 평가를 하는 방법이다.

셋째, 핵심 원리 접근법은 음식윤리의 핵심 원리로 간주할 수 있는 여섯 원리(생명존중, 정의, 환경보전, 안전성 최우선, 동적 평형, 소비자 최우선) 가운데, 윤리적 이슈의 평가에 적절한 1개 이상의 원리를 적용하여 윤리적 평가를 하는 방법이다.

넷째, 결의론 접근법은 전형적인 음식윤리 사례를 기준으로 해당 윤리적 이슈와 비교함으로써 윤리적 평가를 하는 방법이다.

다섯째, 덕 윤리 접근법은 사주덕(정의, 지혜, 용기, 절제) 가운데 윤리적 이슈에 가장 적합한 덕목을 선정하여 윤리적 평가를 하는 방법이다.

이 가운데 핵심 원리 접근법이 가장 이해하기 쉽고 간단하며 명료한 대표적인 접근법이다. 핵심 원리 접근법은 생명존중의 원리, 정의의 원리, 환경보전의 원리, 안전성 최우선의 원리, 동적 평형의 원리, 소비자 최우선의 원리의 여섯 가지 원리를 중심으로 음식윤리에 접근한다.

5부 '음식윤리의 핵심 원리 위배 사례'에서는 1) 생명존중 위배 사례, 2) 정의 위배 사례, 3) 환경보전 위배 사례, 4) 안전성 최우선 위배 사례, 5) 동적 평형 위배 사례를 검토하였고, 6) 소비자 최우선 위배 사례에서는 소비자의 권리 측면과 소비자의 책무 측면으로 구분하여 살펴보았다.

첫째, 생명존중 위배 사례로는 미니컵 젤리 사건을, 둘째, 정의 위배 사례로는 고름우유 사건을, 셋째, 환경보전 위배 사례로는 김 양식의 폐염산 처리를, 넷째, 안전성 최우선 위배 사례로는 벤조피렌 함유 라면스프 사건을, 다섯째, 동적 평형 위배 사례로는 과도한 음식문화와 음식물 쓰레기를 분석하였다. 여섯째, 소비자 최우선 위배 사례로는 소비자의 권리 측면의 경우 병 음료 속 유리 이물 사건을, 소비자의 책무 측면의 경우 지렁이 단팥빵 사건과 개구리 분유 사건을 들었다.

6부 '음식윤리의 대표적 문제 연구'에서는 1) 관행농업 및 유기농업, 2) 광우병, 3) 공장식 축산 및 동물복지형 축산 및 4) 유전자변형 식품과 관련한 음식윤리의 문제를 살펴보았다.

첫째, 관행농업 및 유기농업과 관련한 음식윤리의 문제에서, 관행농업은 생명존중, 환경보전, 안전성 최우선의 세 가지 원리를 지키지 않는다는 점을 지적하면서, 그 대안으로 유기농업을, 또 유기농업의 대안으로 자연농업을 들었다.

둘째, 광우병과 관련한 음식윤리의 문제에서는, 안전성 최우선의 윤리 마인드를 함양하는 것이 소비자는 물론 축산농민이나 행정관료 모두에게 선행되어야 한다고 주장하였다.

셋째, 공장식 축산 및 동물복지형 축산과 관련한 음식윤리의 문제에서, 공장형 축산에 의한 환경오염 문제, 가축질병 문제, 식품안전성의 문제, 사육동물에 대한 생명존중의 문제를 지적하면서, 동물복지형 축산을 윤리적인 대안으로 제시하였다.

넷째, 유전자변형 식품과 관련한 음식윤리의 문제에서는, 국내의 GMO표시제도는 예외 규정이 많아, 정작 소비자의 알 권리와 선택할 권리가 보장받지 못하므로, 국내 GMO표시제도의 개선이 필요하다는 것을 지적하였다.

7부 '음식인 윤리강령'에서는 음식인의 정의 및 음식윤리의 특수성, 그리고 전문인 윤리로서의 음식인 윤리강령에 대해 살펴보았다.

음식인 윤리강령의 선서는 다음과 같다. 첫째, 우리는 음식을 통해 인간의 생명과 모든 생명체의 생명을 존중한다. 둘째, 우리는 음식을 통해 나눔의 정의를 실현하고 거짓 행위를 배격한다. 셋째, 우리는 음식을 통해 환경을 보전함으로써 지속 가능성을 추구한다. 넷째, 우리는 음식을 통해 안전성을 해칠 우려가 있는 모든 행위를 거부한다. 다섯째, 우리는 음식을 통해 개인과 공동체의 동적 평형을 절제하며 유지한다. 여섯째, 우리는 음식을 통해 만들고 팔고 먹는 행위의 초점을 소비자에게 둔다.

2장

음식윤리학 제언

음식윤리학 저술을 마무리하면서, 모든 음식인의 윤리적 마인드가 더욱 깊어지면 좋겠다는 기원을 담아, 다음과 같이 몇 가지 떠오르는 생각을 제언으로 남긴다.

첫째, 음식을 먹는 데에는 특별한 자격이 필요하지 않다. 먹는 행위는 사람이 공통으로 지닌 가장 낮은 수준의 공통분모다. 배고프다는 것 외에 어떠한 다른 조건 없이도 모든 사람이 함께 동참할 수 있다. 임금과 백성이 함께 먹는 '떡국'안에 똑같은 생명을 지닌 사람의 평등한 권리의 근거가 들어 있다.

둘째, 음식의 '나눔'은 음식윤리의 정언명령이다. 사람은 공동체에서 태어나고 공동체에서 죽는다. 그 공동체의 바탕에 음식이 깔려 있다. 결국 사람과 공동체의 생명과 건강의 유지가 음식에 달려 있다. 나눔이 없는 공동체는 단기적으로는 유지되겠지만, 장기적으로는 결국 붕괴되고 만다. 음식 나눔은 공동체 구성원의 권리이자 의무다.

셋째, 모든 사람은 음식을 먹는다. 음식을 만드는 사람도, 음식을 파는 사람도, 결국 먹을 수밖에 없다. 누구나 음식을 먹기에 음식을 먹는 행위는 보편적이다. 그래서 음식윤리도 보편적이다. 음식을 만들거나 파는 사람이, 음식을 먹는 사람을 '우리'가 아니라 '그들'로 본다면, 음식윤리의 보편성을 위배하는 것이 되므로, 음식윤리는 설 자리를 잃게 된다.

넷째, 모든 사람은 다른 생명체를 먹는다. 산업혁명 이후 음식의 생산과 소비 사이의 거리가 확장되어, 치킨 너겟에서 닭의 생명을 눈치 채기 어렵다. 그렇다 하더라도 치킨 너겟이 닭이라는 생명체였음은 분명한 사실이다. 모든 생명체는 자연에서 오고 인간도 자연으로 되돌아간다. 사람은 자신만큼 다른 생명체의 생명도 고귀하다는 것을 인지하고 존중하여야 한다.

다섯째, 음식문화는 상대적이지만, 음식윤리는 상대적이 아니다. 김치와 케밥처럼 문화의 다원성을 인정한다고 해서 이것이 윤리의 상대성을 인정하는 것은 아니다. 인간이 서로 인사하는 것이 윤리라면, 인사하는 방법의 차이가 다원성인 것이다. 윤리는 절대적으로 선을 행하고 악을 피한다. 그래서 누전이 생겼을 때 차단기와 같은 예방적 역할을 맡을 수 있는 것이다.

여섯째, 윤리적인 음식은 윤리적인 조직에서 생긴다. 사람은 대부분 회사와 같은 조직 안에서 일하면서, 조직의 윤리 문화에 크게 영향 받기 때문이다. 윤리는 본질적으로 자율적인 것이기 때문에, 살아 움직이는 조직이 되려면 구성원과 리더의 파트너십(partnership)이 중요하다. 사람에서 시작된 윤리적 파트너십이 조직으로 확장되면 조직 전반에 좋은 영향을 준다.

일곱째, 가공식품이 나쁜 것이 아니라, 비윤리적인 식품이 나쁠 뿐이다. 쌈채소는 천연식품이라 좋고, 쌈채소를 종류별로 썰어서 포장한 가공식품은 나쁜 것인가? 인류는 원시시대부터 자연을 문화로, 즉 음식을 조리하여 먹었다. 가공은 조리의 규모를 키운 것일 뿐, 좋고 나쁨이 성립되지 않는다. 미꾸라지 한 마리가 개울물을 흐리듯 일부 비윤리적인 가공식품이 문제다.

여덟째, 음식으로 인해 생긴 사건이나 사고에 정당방위는 없다. 음식을 만들고 파는 사람의 부주의에서 비롯되는 경우가 대부분이기 때문이다. 지인 10명이 음식점에서 저녁을 먹고 9명이 식중독에 걸려 '죽고 싶을'정도로 밤새 구토와 설사를 했던 개인적인 경험이 있다. 식중독은 이중 결과의 원리가 적용되지 않는, 결코 변명이 통하지 않는 비윤리적 행위이다.

아홉째, 새로운 음식윤리를 눈여겨봐야 한다. 과학의 발달로 음식윤리도 새롭게 만들어지기 때문이다. 예를 들어 3-D 프린터로 만든 음식이 예상을 뛰어넘는 윤리적 문제를 일으킬 수도 있다. 다행히 하늘아래 새로운 것은 없다. 음식윤리의 역사에서 새로 등장한 윤리도 대부분 과거의 윤리에서 비롯되기에, 음식윤리의 근원적인 관점에서 새로운 윤리를 수용할 수 있다.

　열째, 사람이 윤리를 위해 존재하는가? 아니면 윤리가 사람을 위해 존재하는가? 우문이지만 한번은 꼭 되짚어봐야 하는 질문이다. 윤리가 사람이 사는 길과 방향을 제시해주는 역할을 한다는 면에서 후자가 답이다. 마찬가지로 음식윤리도 사람을 위해 존재한다. 특히 모든 사람이 공통적으로 음식을 먹는다는 점에서, 음식윤리는 먹는 사람을 위해 존재한다.

나가는 글

이제 긴 터널의 끝이 보인다. 기획부터 마무리까지 거의 2년이 걸렸던 과정을 되돌아보면서 수많은 생각이 스쳐지나간다. 식품공학을 전공한 학자로서 음식윤리를 강의하면서 하루도 빠짐없이 느꼈던 철학이나 윤리에 대한 부족감. 영원히 못 벗어날 그 압박감의 존재를 탈고하면서 잠시라도 잊고 싶다. 이런 번뇌(?)에도 불구하고 사서 고생하듯 음식윤리에서 손을 못 떼는 이유는 무얼까? 아마도 음식윤리가 여기-지금(here and now) 꼭 필요하다는 자각과 그 필요성을 널리 알려야겠다는 사명감 때문이리라.

식품영양학과에는 식품학이나 영양학 같은 기초과목이 있다. 다양한 전공과목을 미리 소개하는 서론과 같은 과목인데, 식품영양학을 배우는 큰 틀의 목적이나 방향보다 단기적인 과목별 목표를 주로 제시하는 것처럼 보인다. 식품영양학의 대상인 사람의 생명은 왜 중요하고, 사람의 생명과 다른 생명체의 생명은 무슨 관계가 있으며, 음식의 안전성은 왜 추구해야 하고, 정의롭지 않은 음식이 왜 나쁜지 등등… 가르치는 교수의 입장에서 늘 헛헛한 마음이 든 이유이기도 했다. 이런 의미에서 음식윤리는 식품영양학, 식품공학 및 식품조리학의 강의에서 목적과 방향을 잡아주는 과목이 될 수 있다.

대부분의 대학이 생명윤리, 환경윤리, 공학윤리, 소비윤리 등 다양한 윤리 교과목을 개설하는데, 아직까지 음식윤리를 강의하는 대학이 있다는 말은 듣지 못했다. 혹시 그런 대학이 있다면 반가운 마음에 단숨에 달려가리라. 음식윤리는 2016년 현재 우리 대학에만 개설되어 있다. 그러나 실망하거나 좌절하지 않는다. 환경윤리도 처음에는 미국의 한 대학에서 시작된 것이 오늘날처럼 확산되었기 때문이다. 언제 그런 날이 올지 모르지만, 반드시 꼭 오리라 확신한다.

음식으로 인한 위해 사건은 점점 더 종류가 다양해지고 규모도 커지고 있다. 식품위생법 등 다양한 법규범이 있지만 법만으로는 통제에 한계가 있으며, 예방은 생각하기도 어려운 실정이다. 윤리적 마인드가 필요한 이유다. 윤리는 누전이 일어날 때 차단기와 같은 예방적인 역할을 한다. 그러니 앞으로는 음식인에게 위생교육만 시킬 것이 아니라, 그보다 앞선 단계의 음식윤리를 먼저 교육해야 할 것이다. 대학에서도 음식윤리 강의나 교육이 절실한 시점이다. 그런 의미에서 이 졸저가 음식인 모두에게 도움이 되었으면 좋겠다.

참고문헌

· 가바야마 고이치. 2012. 서구 세계와 식(食)의 문명사. "식(食)의 문화. 식의 사상과 행동." 도요카와 히로유키 편집. 동아시아식생활학회 옮김. 광문각. 파주. pp.43-55.

· 강규한. 2014.『샌드 카운티 연감』의 생태학적 비전: 앨도 리어폴드의 대지윤리 재조명. 문학과 환경. 13(1): 11-31.

· 경향신문. 2015. 기업이 밑지고 판다, 왜? 2015. 4. 4. 15면. http://bizn.khan.co.kr/khan_art_view.html?artid=201504032148275&code=920401&med=khan (2015년 8월 5일 검색).

· 고수현. 2013. 생명윤리학. 양서원. 파주. pp.13-29, 53-79.

· 공정거래위원회. 1995. (사)한국유가공협회의 부당한 광고행위에 대한 건. http://www.ftc.go.kr/fileupload/data/hwp/case/의결95-284.txt (2015년 11월 5일 검색).

· 공정거래위원회. 1996. 파스퇴르유업(주)의 이의신청에 대한 건. http://www.ftc.go.kr/fileupload/data/hwp/case/재결96-17.txt (2015년 11월 5일 검색).

· 공정거래위원회. 1998. 파스퇴르유업(주)의 고름우유 광고건 공정거래위원회 대법원 승소판결. http://ftc.go.kr/news/ftc/reportView.jsp?report_data_no=12&tribu_type_cd=&report_data_div_cd=&currpage=509&searchKey=&searchVal=&stdate=&enddate= (2015년 11월 5일 검색).

· 곽성희. 2014. 블랙컨슈머의 악성적 행동에 관한 사례분석 : 식품과 공산품을 중심으로. 성신여자대학교 대학원. 석사학위논문. pp.1-20.

· 관세청. 2013. 보도자료. 2013. 7. http://www.customs.go.kr/kcshome/cop/bbs/selectBoard.do?bbsId=BBSMSTR_1075&layoutMenuNo=20716&nttId=258(2015년 8월 2일 검색).

· 구승회. 1997. 환경윤리의 문제 영역. 철학사상. 7: 283-305.

· 구자원. 2009. 기업 성장단계에 따른 기업윤리 특성에 관한 연구. 윤리경영연구. 11(1): 31-47.

· 국가기록원. 미국산 쇠고기 수입 재개 문제. http://www.archives.go.kr/next/search/listSubjectDescription.do?id=009024 (2015년 11월 16일 검색).

· 국가법령정보센터. 소비자기본법. http://www.law.go.kr/lsSc.do?menuId=0&p1=&subMenu=1&nwYn=1&section=&tabNo=&query=%EC%86%8C%EB%B9%84%EC%9E%90%EA%B8%B0%EB%B3%B8%EB%B2%95#undefined (2015년 10월 10일 검색).

· 국가생명윤리정책연구원. http://www.nibp.kr/xe/info4_5/4780 (2015년 8월 27일 검색).

· 국민권익위원회. 2012. 산업별 기업 윤리경영 모델. pp.3-8.

· 국민권익위원회. 2012. 기업윤리 반부패라운드의 역사와 동향. 기업윤리 브리프스. 2012-6호. http://www.acrc.go.kr/acrc/briefs/201206/4.html (2015년 10월 14일 검색).

· 국민권익위원회. 2014. 기업윤리 브리프스. 2014-7호. pp.2-5. http://www.acrc.go.kr/acrc/board.do?command=searchDetail&menuId=05060107&method=searchDetailViewInc&boardNum=45637&currPageNo=2&confId=85&conConfId=85&conTabId=0&conSearchCol=BOARD_TITLE (2015년 10월 14일 검색).

· 권영근. 2000. 위험한 미래, 유전자식품이 주는 경고. 당대. 서울. pp.50-86.

· 김기룡. 2006. 친환경농업의 경제성분석. 강원대학교 대학원. 석사학위논문. pp.77-79.

· 김덕웅, 정수현, 염동민, 신성균, 여생규, 조원대. 2011. 21C 식품위생학. 수학사. 서울. pp.65-71.

· 김동진, 김영자. 2012. 외식기업의 사회적 책임 활동에 대한 소비자의 인식에 관한 연구. 한국조리학회지. 18(1): 259-271.

· 김동훈, 서은진. 2006. 윤리경영의 실천체계 - 아주그룹 사례를 중심으로. 소비문화연구. 9(4): 241-260.

· 김명식. 2013. 생태윤리의 새로운 쟁점: 기후, 물, 음식. 범한철학. 71: 237-263.

· 김명식. 2014. 음식윤리와 산업형 농업. 범한철학. 74: 441-468.

· 김문기. 2003. 윤리학과 도덕교육 관계. 국민윤리연구. 54: 133-165.

· 김민동. 2008. 식품에 혼입된 이물(異物)에 대한 제조자의 과실 및 제품결함의 판단기준과 제조상 결함. 소비자문제연구. 34: 1-18

· 김민배. 2011. 미국에서의 비만책임 논쟁. 법학논총. 18(3): 337-366.

· 김민지. 2014. 병 음료 속 유리이물 조심하세요! 소비자시대. 4월호: 26-27.

· 김석수. 2014. 칸트철학과 물자체. 현대사상. 13: 5-38.

· 김석신. 2011. 불량만두소 사건에 대한 음식윤리적 접근. 한국식생활문화학회지. 26(5): 437-444.

· 김석신. 2012. 한국 음식 속담에 대한 음식윤리적 접근. 한국식생활문화학회지. 27(2): 157-171.

· 김석신. 2012. 1994-2005년 한국 음식 신어에 대한 음식윤리적 접근. 한국식생활문화학회지. 27(5): 445-448.

· 김석신. 2012. 안심하고 먹을 수 있는 착한 음식. 에쎈 12월호.

· 김석신. 2013. 음식윤리의 약사(略史). 생활과학연구논집. 33(1): 160-175.

· 김석신. 2014. 음식인의 정의. 에쎈 1월호. http://navercast.naver.com/magazine_contents.nhn?rid=1095&contents_id=47131 (2015년 11월 9일 검색).

· 김석신. 2014. 음식인의 윤리강령은 무얼까? 에쎈 2월호. http://navercast.naver.com/magazine_contents.nhn?rid=1095&contents_id=48982 (2015년 11월 9일 검색).

· 김석신. 2014. 음식 신어(新語)를 통해 본 현대인의 음식윤리. 에쎈 6월호.

· 김석신. 2014. 미니컵 젤리 사건의 국가배상판결에 대한 음식윤리 관점에서의 분석. 법과사회. 46: 175-199.

· 김석신. 2014. 나의 밥 이야기. 궁리출판. 서울. pp.24, 30-33, 108-111, 143-148, 188-194.

· 김석신, 신승환. 2011. 잃어버린 밥상 잊어버린 윤리. 북마루지. 서울. pp.16, 22-48, 56-73, 85-100, 116-131.

· 김석신, 원혜진. 2015. 맛있는 음식이 문화를 만든다고? 비룡소. 서울. pp.43-47, 73-77, 151-154.

· 김선화, 이계원. 2013. 기업의 사회적 책임활동(CSR) 관련 연구들에 대한 검토 및 향후 연구방향3. 대한경영학회지. 26(9): 2397-2425.

· 김성수. 1999. 한국기업의 비윤리적 행위에 관한 조사 연구. 기업윤리연구. 1: 221-240.

· 김성한. 2012. 피터 싱어 윤리 체계의 일관성. 철학논총. 70(4): 229-250.

· 김수정. 2009. 아리스토텔레스의 덕 윤리와 생명윤리에의 적용. 생명윤리정책연구. 3(2): 135-153.

· 김양현. 2000. 현대 환경윤리학의 논의 방향과 쟁점들. 신학과 철학. 2: 1-14.

· 김영준, 김석신, 노봉수, 박인식, 이원종, 정구민. 2012. 좋은 음식을 말한다. 백년후. 서울. pp.224-228.

· 김영한. 2010. 슈바이처의 생명외경 사상 - 생명공학 시대 속에서의 새로운 조명. 기독교철학. 10: 1-31.

· 김완구. 2014. 음식윤리의 주요 쟁점과 그 실천의 문제. 환경철학. 18: 1-34.

· 김용남. 2004. 현대사회의 윤리 문제에 있어서 고전적 공리주의의 한계와 적용 가능성에 대한 연구. 한국교원대학교 대학원. 석사학위논문. pp.iii-vii, 8-15, 16-37, 56-59, 63-65, 69-71.

· 김용선. 2001. 광우병과 nvCJD. 대한내과학회지. 60(5): 411-413.

· 김우항, 김도희, 최민선. 2000. 김양식장에서 산처리가 해양환경에 미치는 영향. 한국해양환

경 · 에너지학회 학술대회논문집. pp.89-94.

· 김일방. 2012. 채식주의의 윤리학적 근거. 철학논총. 68(2): 147-169.

· 김재득. 2008. 가톨릭의 자연영성과 생태윤리 의식조사. 인간연구. 15: 203-235.

· 김정선. 2011. 우리나라 식품 이물 관리현황과 이물보고 분류체계의 개선방향. 보건복지포럼. 180: 54-67.

· 김정은, 이기춘. 2008. 소비자시민성의 개념화 및 척도개발. 소비자학연구. 19(1): 46-70.

· 김정훈. 2004. 소비자 특성에 따른 소비자 비윤리 행동. 한국생활과학회지 13(3): 417-423.

· 김종욱. 2011. 복잡계로서 생태계와 법계. 철학사상. 44: 7-36.

· 김주진. 2014. 관행농업, 유기농업, 자연농업으로 재배된 배추 및 김치의 성분분석 및 기능성 연구. 건국대학교 대학원. 박사학위논문. pp.1-3.

· 김창길, 정학균, 문동현. 2015. 2015 국내외 친환경농산물 생산실태 및 시장전망(108호). 한국농촌경제연구원. pp.1-18.

· 김청룡. 2012. 한자어 인칭접미사의 사회적 계층성 분석 · 직업성 인칭접미사를 중심으로. 한국어 의미학. 37: 53-76.

· 김항규. 1995. 공리주의와 롤스 정의론의 복지정책관 비교 연구. 한국사회와 행정연구. 6: 181-198.

· 김혜연, 김시월. 2011. 소비자의 8대 기본권리 실현을 위한 기업의 책임 수행에 대한 소비자의 인식 및 요구: 기업의 사회적 책임에 대한 논의를 중심으로. 소비자학연구. 22(3): 1-23.

· 김훈기. 2013. 생명공학 소비시대 알 권리 선택할 권리. 도서출판 동아시아. 서울. pp.15-32, 54-100, 102-120, 189-200.

· 네이버 지식백과. 경운(耕耘, tillage). 토양사전. http://terms.naver.com/entry.nhn?docId=2699006&cid=51610&categoryId=51610 (2015년 11월 14일 검색).

· 네이버 지식백과. 공리주의/이기주의 해설. 벤담 『도덕 및 입법의 원리 서설』 (해제). 2004. 서울대학교 철학사상연구소. http://terms.naver.com/entry.nhn?docId=1000345&cid=41908&categoryId=41936 (2015년 7월 17일 검색).

· 네이버 지식백과. 공정무역 커피(fair trade coffee). 두산백과. http://terms.naver.com/entry.nhn?docId=1342856&ref=y&cid=40942&categoryId=32127 (2015년 8월 5일 검색).

· 네이버 지식백과. 관습. 21세기 정치학대사전. 한국사전연구사. http://terms.naver.com/entry.nhn?docId=726255&cid=42140&categoryId=42140 (2015년 7월 12일 검색).

· 네이버 지식백과. 녹색혁명(綠色革命, green revolution). 한국민족문화대백과. http://terms.naver.com/entry.nhn?docId=2457075&cid=46637&categoryId=46637 (2015년 11월 14일 검색).

· 네이버 지식백과. 뉴턴의 운동 제1법칙, 관성의 법칙. 살아 있는 과학 교과서. 2011. 6. 20. 휴

머니스트. http://terms.naver.com/entry.nhn?docId=1524032&cid=47341&categoryId=4734
1&expCategoryId=47341 (2015년 7월 29일 검색).

· 네이버 지식백과. 뉴턴의 운동 제2법칙, 힘과 가속도의 법칙. 살아 있는 과학 교과서. 2011.
6. 20. 휴머니스트. http://terms.naver.com/entry.nhn?docId=1524033&cid=47341&categoryI
d=47341&expCategoryId=47341 (2015년 7월 29일 검색).

· 네이버 지식백과. 뉴턴의 운동 제3법칙, 작용과 반작용의 법칙. 살아 있는 과학 교과서.
2011. 6. 20. 휴머니스트. http://terms.naver.com/entry.nhn?docId=1524034&cid=47341&cat
egoryId=47341&expCategoryId=47341 (2015년 7월 29일 검색).

· 네이버 지식백과. 다양한 색을 연출하는 명감독. 빛과 색. 2005. 12. 27. ㈜살림출판사.
http://terms.naver.com/entry.nhn?docId=1047857&cid=42639&categoryId=42639 (2015년
7월 5일 검색).

· 네이버 지식백과. 라운드업(Roundup). 두산백과. http://terms.naver.com/entry.nhn?docId=2
805180&cid=40942&categoryId=32334 (2015년 11월 11일 검색).

· 네이버 지식백과. 배추김치. 두산백과. http://terms.naver.com/entry.nhn?docId=1240629&ci
d=40942&categoryId=32112 (2015년 7월 5일 검색).

· 네이버 지식백과. 법. 한국민족문화대백과. 한국학중앙연구원. http://terms.naver.com/entry.
nhn?docId=557442&cid=46648&categoryId=46648 (2015년 7월 12일 검색).

· 네이버 지식백과. 빛의 3원색. 색채용어사전. 2007. 도서출판 예림. http://terms.naver.com/
entry.nhn?docId=270000&cid=42641&categoryId=42641 (2015년 7월 5일 검색).

· 네이버 지식백과. 생명윤리학. 생명과학대사전. http://terms.naver.com/entry.nhn?docId=42
8572&cid=42411&categoryId=42411 (2015년 9월 29일 검색).

· 네이버 지식백과. 선험적 종합판단(先驗的綜合判斷, a priori synthetic judgment). 교육학용
어사전. 1995. 6. 29. 하우동설. http://terms.naver.com/entry.nhn?docId=511163&cid=42126
&categoryId=42126 (2015년 7월 29일 검색).

· 네이버 지식백과. 선험적 종합판단(先驗的綜合判斷, synthetisches Urteil a priori). 칸트사전.
2009. 10. 1. 도서출판 b. http://terms.naver.com/entry.nhn?docId=1712820&cid=41908&cat
egoryId=41954 (2015년 7월 29일 검색).

· 네이버 지식백과. 세계 식량 안보에 관한 로마 선언(Rome Declaration on World Food Se-
curity). 기아 문제와 식량 문제를 해결하기 위한 발걸음. 세계를 바꾼 연설과 선언, 2006. 1.
15. 서해문집. http://terms.naver.com/entry.nhn?docId=1720370&cid=47336&categoryId=4
7336&expCategoryId=47336 (2015년 9월 2일 검색).

· 네이버 지식백과. 세계의 음식-필리핀 발룻(EBS 동영상). http://terms.naver.com/entry.nhn
?docId=2446056&cid=51670&categoryId=51672 (2015년 7월 5일 검색).

· 네이버 지식백과. 스뫼르고스보르드(smörgåsbord). 두산백과. http://terms.naver.com/entry. nhn?docId=1233712&ref=y&cid=40942&categoryId=32140 (2015년6월 29일 검색).

· 네이버 지식백과. 아메바(amoeba). 브리태니커 비주얼사전. 2012. http://terms.naver.com/ entry.nhn?docId=1692573&cid=49027&categoryId=49027. (2015년 6월 27일 검색).

· 네이버 지식백과. 아이티의 음식. 아이티 개황. 2010. 3. 외교부. http://terms.naver.com/ entry.nhn?docId=1022654&cid=48183&categoryId=48282 (2015년 7월 5일 검색).

· 네이버 지식백과. 우유성(accident, 偶有性). 철학사전. 2009. 중원문화. http://terms.naver. com/entry.nhn?docId=388386&cid=41978&categoryId=41985 (2015년 7월 30일 검색).

· 네이버 지식백과. 원초적 입장. 롤스『정의론』(해제), 2005. 서울대학교 철학사상연구소. http://terms.naver.com/entry.nhn?docId=999388&cid=41908&categoryId=41925 (2015년 8월 5일 검색).

· 네이버 지식백과. 윤리. 원불교대사전. 원불교100년기념성업회. http://terms.naver.com/ entry.nhn?docId=2113310&cid=50765&categoryId=50778 (2015년 7월 12일 검색).

· 네이버 지식백과. 이기주의(egoism, 利己主義). 두산백과. http://terms.naver.com/entry.nhn? docId=1134266&cid=40942&categoryId=31532 (2015년 7월 17일 검색).

· 네이버 지식백과. 정의(正義). Basic 고교생을 위한 사회 용어사전. 2006. 10. 30. (주)신원 문화사. http://terms.naver.com/entry.nhn?docId=941586&cid=47331&categoryId=47331 (2015년 8월 5일 검색).

· 네이버 지식백과. 존 롤스(John Rawls). 두산백과. http://terms.naver.com/entry.nhn?docId=1 088726&cid=40942&categoryId=33488 (2015년 8월 5일 검색).

· 네이버 지식백과. 질병/의료정보. http://health.naver.com/medical/disease/detail.nhn?selected Tab=detail&diseaseSymptomTypeCode=AA&diseaseSymptomCode=AA000081&cpId=ja2&m ove=con (2015. 7. 23. 검색).

· 네이버 지식백과. 착한 사마리아인의 법(The Good Samaritan Law). 두산백과. http://terms. naver.com/entry.nhn?docId=1233669&cid=40942&categoryId=31721 (2015년 7월 8일 검색).

· 네이버 지식백과. 최소 극대화 원칙. 롤스『정의론』(해제), 2005. 서울대학교 철학사상연구 소. http://terms.naver.com/entry.nhn?docId=999623&cid=41908&categoryId=41925 (2015 년 8월 5일 검색).

· 네이버 지식백과. 코셔(Kosher). 두산백과. http://terms.naver.com/entry.nhn?cid=20000000 0&docId=1301063&mobile&categoryId=200000401 (2015년 7월 15일 검색).

· 네이버 지식백과. 타자(the other, 他者). 두산백과. http://terms.naver.com/entry.nhn?docId= 1152064&cid=40942&categoryId=31433 (2015년 7월 8일 검색).

· 네이버 지식백과. 팥빙수. 두산백과. http://terms.naver.com/entry.nhn?docId=1224335&cid=40942&categoryId=32128 (2015년 7월 14일 검색).

· 네이버 지식백과. 폐산. 두산백과. http://terms.naver.com/entry.nhn?docId=1173025&cid=40942&categoryId=32411 (2015년 11월 7일 접근).

· 네이버 지식백과. 프랑스어의 역사. 두산백과. http://terms.naver.com/entry.nhn?docId=1189569&cid=40942&categoryId=32983 (2015년 7월 14일 검색).

· 네이버 지식백과. 피지스(physis). 철학사전. 2009. 중원문화. http://terms.naver.com/entry.nhn?docId=388907&cid=41978&categoryId=41985 (2015년 7월 9일 검색).

· 네이버 지식백과. 환원우유(reconstituted milk). 식품과학기술대사전. http://terms.naver.com/entry.nhn?docId=1615416&cid=50346&categoryId=50346 (2015년 7월 6일 검색).

· 네이버 지식백과. 후기산업사회(後期産業社會, post-industrial society). 행정학사전. 2009. 1. 15. 대영문화사. http://terms.naver.com/entry.nhn?docId=78579&cid=50298&categoryId=50298 (2015년 7월 23일 검색).

· 노상호. 1999. 체세포 수와 우유의 품질. 낙농 · 육우. 19(6): 109-111.

· 노영란. 2009. 덕 윤리의 비판적 조명. 철학과 현실사. 서울. pp.30-32.

· 노영란. 2012. 응용윤리에 대한 덕 윤리적 접근의 비판적 고찰. 철학. 113: 349-380.

· 농림수산식품부. BSE(일명 광우병)란 무엇인가? http://www.mafra.go.kr/BSE_main.htm (2015년 11월 15일 검색).

· 농림수산식품부 보도자료. 2014. 구제역, 소해면상뇌증 등 청정국 지위 획득. 2014. 5. 28.

· 농림수산식품부 보도자료. 2015. 농식품부, BSE 발생으로 캐나다산 쇠고기 검역중단. 2015년 2월 13일.

· 농촌진흥청 농업생명공학연구원. 2005. 유전자변형작물의 안전성(3). pp.5-9.

· 대한영양사협회. https://www.dietitian.or.kr/work/introduction/ki_about.do (2015년 11월 9일 검색).

· 도요카와 히로유키. 2012. 복잡계로서의 식. "식(食)의 문화. 식의 사상과 행동." 도요카와 히로유키 편집. 동아시아식생활학회 옮김. 광문각. 파주. pp.13-26.

· 로저 스크러턴. 2002. 칸트. 김성호 옮김. 시공사. 서울. pp.25-42, 50-54, 86-87.

· 류지한. 2009. 권리에 기초한 공리주의 비판과 공리주의 대응 전략. 윤리문화연구. 5: 155-193.

· 리사 슈와츠(Lisa Schwarz), 폴 프리스(Paul E. Preece), 로버트 헨드리(Robert A. Hendry). 2008. 사례중심의 의료윤리(Medical Ethics-A Case-Based Approach). 조비룡, 김대군, 박균열, 정규동 옮김. 인간사랑. 일산. pp.33-46.

· 매일신문. 2012. 발암물질 검출 라면 회수 결정. 2012년 10월 27일 사설.

· 맹주만. 2007. 피터 싱어와 윤리적 채식주의. 철학탐구. 22: 231-258.

· 맹주만. 2009. 톰 레건과 윤리적 채식주의. 근대철학. 4(1): 44-65.

· 맹주만. 2012. 롤스와 샌델, 공동선과 정의감. 철학탐구. 32: 313-348.

· 미디어오늘. 1995. MBC 고름우유 보도 유가공업체 파문. 1995년 11월 8일. http://www.mediatoday.co.kr/news/articleView.html?idxno=9196 (2015년 11월 5일 검색).

· 미주 중앙일보. 2015. 불량식품 제조사 대표에 '철퇴'. 2015. 9. 22. http://www.koreadaily.com/news/read.asp?art_id=3696958 (2015년 11월 4일 검색).

· 바이오안전성센터 뉴스. 2013. 캐나다 환경단체, GM연어 생태계 재앙 일으킬 것. http://www.biosafety.or.kr/bbs/Mboard.asp?exec=view&strBoardID=bsn_001&intSeq=82348 (2015년 11월 11일 검색).

· 박명희, 송인숙, 손상희, 이성림, 박미혜, 정주원, 천경희, 이경희. 2011. 누가 행복한 소비자인가? 교문사. 파주. pp.4-22, 24-47.

· 박미혜. 2015. 윤리적 소비와 관련한 소비자의 감정경험. 소비자학연구. 26(3): 27-58.

· 박선미. 2006. 사회윤리학적 관점에서 본 윤리교육 활성화에 관한 연구. 인제대학교 대학원. 석사학위논문. pp.6-8.

· 박성호. 2012. 매킨타이어가 옹호한 아리스토텔레스의 목적론. 철학논총. 67: 133-144.

· 박승찬, 노성숙. 2013. 철학의 멘토, 멘토의 철학. 가톨릭대학교 출판부. 서울. pp.118-120, 132-163, 271-277, 282-291, 292-299.

· 박인경. 2007. 유전자 변형 식품에 대한 책임윤리적 고찰. 서강대학교 대학원. 석사학위논문. pp.84-85.

· 박정기. 2010. 공리주의의 대안으로서 롤스의 정의론. 동서사상. 9: 275-296.

· 박종원. 2007. 공리주의 윤리설의 존재론적 기초에 대한 연구. 철학. 92: 113-130.

· 박채옥. 1995. 인과성에 대한 흄과 칸트의 견해. 범한철학. 10: 317-339.

· 박희제. 2012. 한국인의 광우병 위험인식과 위험회피행동. 농촌사회. 22(1): 311-341.

· 박희제. 2013. 전문성은 광우병 위험 인식의 결정요인이었나?: 전문가와 일반시민의 광우병 인식 차이 비교. 농촌사회. 23(2): 301-341.

· 배순영. 2013. 소비자의 불량 불평행동 동향 및 시사점. 월간소비자정책동향. 41: 19-38.

· 백소현. 2004. 바이오 안전성문제에 관한 국제법적 고찰-유전자변형생물체의 안전성 논의를 중심으로. 중앙대학교 대학원. 석사학위논문. pp.17-22.

· 변순용. 2004. 생명에 대한 책임: 쉬바이처와 요나스를 중심으로. 범한철학. 32: 5-28.

· 변순용. 2009. 먹을거리의 인간학적, 윤리적 의미에 대한 연구. 범한철학. 53: 329-361.

· 변순용. 2012. 생태적 지속 가능성의 생태윤리적 의미에 대한 연구. 윤리연구. 85: 167-186.

· 변순용. 2015. 음식윤리의 내용체계 연구. 초등도덕교육. 47: 141-162.

· 브레이크뉴스. http://www.breaknews.com/sub_read.html?uid=395305&section=sc3 (2015년 10월 16일 검색).

· 사공용. 2014. 광우병이 국내 육류 선호변화에 미친 영향. 농업경제연구. 55(2): 51-70.

· 사지연, 여정성. 2013. 식품의 기술적 위험에 대한 소비자의 인식수준 비교분석: 유전자재조합식품, 식품첨가물, 광우병을 대상으로. 소비자정책교육연구. 9(4): 1-28.

· 서울신문 2012. '무해 발암라면' 회수 조치에 시민들 먹어? 말아? 식약청 국감서 질타 받고 결정, 혼란만 키워. 2012. 10. 27.

· 성혜, 남명진. 2009. 생명과학 입장에서 본 생명윤리. 생명윤리. 10(1): 67-76.

· 손석춘. 2013. 한국 기업의 '사회적 책임'과 소통5. 경제와 사회. pp. 92-121.

· 손승길. 2008. 칸트 윤리학의 근본이념들-윤리학의 맥(脈)을 중심으로. 윤리교육연구. 15: 145-168.

· 송인숙. 2005. 소비윤리의 내용과 차원정립을 위한 연구. 소비자학연구. 16(2): 37-55.

· 수도권매립지관리공사. 2007. 음식물 쓰레기로 버려지는 식량자원의 경제적 가치 산정에 관한 연구. pp.103-105.

· 수도권매립지관리공사. 2007. 음식물 쓰레기로 버려지는 식량자원의 경제적 가치 산정에 관한 연구. 부록. 식량자급을 위한 방향과 대책. pp.14-16.

· 쓰지하라 야스오. 2002. 음식, 그 상식을 뒤엎는 역사. 이정환 역. 창해. 서울. pp. 56, 105-125, 174-179.

· 식품의약품안전처 보도자료. 2011. 식품에서 나온 이물 때문에 당황한 적 있나요? 2011년 4월 27일.

· 식품의약품안전처 보도자료. 2012. 기준·규격 부적합 "가쓰오부시"제품 등 유통판매 금지 및 회수조치. 2012년 6월 29일.

· 식품의약품안전처 보도자료. 2012. 식약처, 벤조피렌 검출 관련 후속 조치 발표 - 4개사 9개 제품 회수, 폐기. 2012년 10월 25일.

· 식품의약품안전처 설명자료. 2012. MBC가 10월 23일 9시 뉴스데스크에서 보도한 '라면스프에 1급 발암물질 검출' 내용과 관련하여 다음과 같이 설명합니다. 2012년 10월 23일.

· 신광순. 2009. 세계 주요국가의 GM식품 표시제도. Safe Food. 4(1): 25-32.

· 신동민. 2015. 동물복지형 축산에 대한 국내외 정책 동향 및 소비자인식에 관한 연구. 강원대학교 대학원. 석사학위논문. pp.9-10.

· 신아일보. 2015. 서울 호텔 커피값, 세계 최고가. 2015. 6. 29. http://www.shinailbo.co.kr/news/articleView.html?idxno=453196 (2015년 7월 5일 검색).

· 심상훈. 2011. 대기업의 비윤리적 경영에 대한 소비자의 인지정도와 구매의사의 상관관계. 경영관리연구. 4(2): 17-36.

· 심영. 2009. 소비자의 사회적 책임에 관한 연구. 소비자학연구. 20(2): 81-119.

· 아리스토텔레스(Aristoteles). 2007. 니코마코스 윤리학(Ethica Nocomachea). 이창우, 김재홍, 강상진 옮김, 이제이북스. 서울. p.13.

· 안네마리에 피퍼(Annemarie Pieper). 2012. 덕(德)의 의미, 어제와. 오늘. 김형수 옮김. 신학전망. 178: 213-235.

· 앨버트 존슨(Albert R. Jonsen). 2014. 의료윤리의 역사(A Short History of Medical Ethics). 이재담 옮김. 로도스출판사. 서울. pp.21-41, 189-204, 214-222.

· 야마우찌 히사시. 2012. 음식 금기의 암호해독. "식(食)의 문화. 식의 사상과 행동." 도요카와 히로유키 편집. 동아시아식생활학회 옮김. 광문각. 파주. pp.315-329.

· 양대종. 2012. 윤리적 덕들의 위계질서에 대한 고찰. 철학연구. 124: 195-218.

· 양병우.2008. 식품안전성의 위기: 미국산 쇠고기 파동의 본질. GS&J 강좌자료. pp.1-17.

· 양성범, 양승룡. 2013. 식품 이물에 대한 소비자 인지와 구매행동에 대한 연구. 한국식품영양학회지. 26(3): 470-475.

· 양성범, 양승룡. 2013. 식품이물관리의 비용편익분석. 식품유통연구 30(3): 73-92

· 양해림. 2013. 한스 요나스(Hans Jonas)의 생태학적 사유 읽기. 충남대학교 출판문화원. 대전. pp.55-57, 84.

· 연합뉴스. 1997. 고름우유 공방, 양당사자 소비자에 배상책임. http://news.naver.com/main/read.nhn?mode=LSD&mid=sec&sid1=102&oid=001&aid=0004184916 (2015년 11월 6일 검색).

· 오명주. 2007. 칸트의 윤리사상에 관한 연구. 부산교육대학대 대학원. 석사학위논문. pp.3-4.

· 오세영. 2005. 현대 한국 식문화에 나타난 함께 나눔의 성격. 한국식생활문화학회지. 20(6): 683-687.

· 원창수. 2013. HACCP 지정업소와 미지정업소간 이물질 발생빈도에 관한 비교 연구. 중앙대학교 대학원. 석사학위논문. pp.36-42.

· 위종희. 1998. 공리주의적 정책결정의 적실성에 관한 비판적 연구. 광주전남 행정학회보. 4: 157-175.

· 위키백과. 폭스바겐 배기가스 조작. https://ko.wikipedia.org/wiki/%ED%8F%AD%EC%8A%A4%EB%B0%94%EA%B2%90_%EB%B0%B0%EA%B8%B0%EA%B0%80%EC%8A%A4_%EC%A1%B0%EC%9E%91 (2015년 10월 16일 검색).

· 윌슨(J.Q. Wilson). 1997. 도덕감성(The Moral Sense). 안재욱, 이은영 공역. 자유기업센터. 서울. pp.197-200.

· 윤창호. 2012. 동물복지형 축산의 경제적 타당성에 관한 연구-전남 지역을 중심으로. 목포대학교 대학원. 박사학위논문. pp.7-18.

· 음식문화개선 범국민운동본부. 2011. 음식물 쓰레기 줄이기 101가지 실천방법. 환경부. pp.80-81.

· 이경헌. 2006. 김 양식 산업의 현황과 발전방안. 목포대학교 대학원. 석사학위논문. PP.26-27.

· 이경훈. 2006. 윤리적 이기주의에 관한 연구. 전북대학교 대학원. 석사학위논문. pp.5-9, 9-12, 21-28, 28-34, 46-47.

· 이경희. 2008. 거시윤리학을 말하다-테크노폴리 시대의 거시윤리학의 실천가능성. 정신문화연구. 31(1): 391-401.

· 이미경, 황재문, 이서래. 2005. 남부지역 시설채소 재배 농가의 농약 사용실태. 농약과학회지. 9(4): 391-400.

· 이상돈. 2007. 법학입문. 법문사. 서울. pp.187-205.

· 이상목. 2003. 가톨릭의 생명윤리. 철학논총. 34(4): 407-430.

· 이양수. 2007. 정의로운 삶의 조건. 롤스 & 매킨타이어. 김영사. 파주. pp.32-38, 77, 83, 131-133, 146.

· 이종영. 2005. 기업윤리-윤리경영의 이론과 실제. 삼영사. 서울. pp.19-69, 109-145, 171-107.

· 이종원. 2014. GMO의 윤리적 문제. 철학탐구. 36: 243-272.

· 이진남. 2010. 자연법과 생명윤리: 토마스주의 자연법윤리의 체계와 원리를 중심으로. 범한철학. 57: 163-188.

· 이철호, 맹영선. 1997. 식품위생사건백서. 고려대학교 출판부. 서울. pp.146-150.

· 이철호. 2005. 식품위생사건백서 II. 고려대학교 출판부. 서울. pp.244-274.

· 이택수, 조봉순. 2010. 벤처기업가의 윤리적 리더십에 관한 연구. 윤리경영연구. 12(2): 60-84

· 이해원. 2007. 중국음식문화의 내재적 의미 연구. 중국문화연구. 11: 333-363.

· 이호찬. 2014. 덕과 아레테. 도덕교육연구. 26(1): 69-93.

· 이화여자대학교 생명의료법연구소. 2014. 현대 생명윤리의 쟁점들: 자율성과 몸의 지위. 로도스출판사. 서울. pp.11-35.

· 임송택, 이춘수, 양승룡. 2010. 전과정평가(Life Cycle Assessment)를 이용한 관행농과 유기농 쌀의 환경성 및 외부비용 분석. 한국유기농업학회지. 18(1): 1-19.

· 임종식. 1998. 이중 결과원리, 그 기본 전제들에 대한 옹호. 철학. 55: 237-259.

· 장 지글러. 2009. 왜 세계의 절반은 굶주리는가? 유영미 역. 갈라파고스. 서울. pp.184-198.

· 정기혜. 2009. 우리나라 식품 이물 혼입 현황 및 개선을 위한 정책방향. 보건복지포럼. 151: 67-78

· 정기혜. 2012. 식품이물관리 적정화를 위한 규제 개선. 보건복지포럼. 190: 6-20

· 정상모. 2004. 생명공학기술 규제의 윤리학적 기초: 생명윤리 및 안전에 관한 법안을 중심

으로. 철학논총. 36(2): 377-398.

· 정순미. 2006. 유전자변형식품(GMO) 관련 기업 · 소비자 윤리에 관한 연구. 국민윤리연구. 63: 143-172.

· 정영숙, 박영선. 2009. 우즈베키스탄 고려인의 한국 전통 음식에 대한 인식과 민족 정체성과의 관계. 동아시아식생활학회지. 19(5): 668-680.

· 정영호, 고숙자, 임희진. 2010. 청소년 비만의 사회경제적 비용. 보건사회연구 30(1): 195-219.

· 조기식. 2008. 요나스(H. Jonas)의 생명 이해와 책임윤리. 서울대학교 대학원. 석사학위논문. pp.31-37.

· 조민환. 2006. 피터 싱어(Peter Singer)의 동물해방론과 전 지구적 윤리. 연세대학교 대학원.석사학위논문. pp.5-16, 17-31.

· 조병희. 2009. 광우병 사례를 통해 본 한국인의 질병인식. 보건과 사회과학. 25: 129-152.

· 조성은, 김선혁. 2006. 정책 결정요인으로서의 제도, 이해 그리고 아이디어: EU · 한국 · 미국의 GMO 표시정책 비교연구. 행정논총. 44(3): 121-152.

· 조정숙. 2015. GMO, 2014 전세계 GM작물 재배 면적 현황 및 최근 동향. Biosafety. 16(2): 48-61.

· 조천수. 2004. 자연법과 사물의 본성. 저스티스. 77: 157-175.

· 종안령. 2011. 대만 기업의 위기 커뮤니케이션 전략 연구-멜라민 파동을 중심으로. 한양대학교 대학원. 석사학위논문. pp.1-5.

· 종합법률정보. 2013. http://glaw.scourt.go.kr/wsjo/intesrch/sjo022.do (2014년 1월 25일 검색).

· 주요한. 2007. 기아(굶주림)의 해결책으로서의 유전자 조작(GMO)식품-굶주리는 세계와 유전자 조작 식품에 관한 윤리 신학적 고찰. 대구가톨릭대학교 대학원. 석사학위논문. p.35, 70-73.

· 지윤아. 2014. 유전자 변형 식품 GMO, 소비자는 알고 선택할 권리가 있다! 소비자시대. (4): 24-25.

· 진교훈. 2001. 생명이란 무엇인가. 생명윤리. 2(2): 2-12.

· 진현정. 2006. 광우병 발생에 대한 대중매체의 보도와 국내육류소비에 대한 소비자의 반응. Safe Food. 1(2): 39-45.

· 천경희, 홍연금, 윤명애, 송인숙. 2014. 윤리적 소비의 이해와 실천. 시그마프레스. 서울. pp.30-48.

· 천주교 서울대교구 생명위원회. 2008. 생명과학과 생명윤리. 기쁜소식. 서울. pp.179-199.

· 최문기. 2008. 공학윤리 접근의 이론적 토대. 윤리연구. 68: 27-58

· 최영길. 1997. 이슬람에서 허용된 음식과 금기된 음식. 인문과학연구논총. 16: 299-317.

· 최은순. 2014. 매킨타이어의 덕윤리와 도덕교육. 도덕교육연구. 26(1): 49-68.

· 최제윤. 2004. 자기 이익 추구와 도덕에 관한 연구. 연세대학교 대학원. 박사학위논문. p.131, 423-441.

· 최제윤. 2004. 자기 이익적인 행위자의 도덕적 삶. 철학논총. 36(2): 423-441.

· 최혜미, 김정희, 김초일, 송경희, 장경자, 민혜선, 임경숙, 변기원, 송은승, 송지현, 강순아, 여의주, 이홍미, 김경원, 김희선, 김창임, 남기선, 윤은영, 김현아. 2005. 21세기 영양학. 교문사. 서울. pp.167-184.

· 최훈. 2009. 맹주만 교수는 피터 싱어의 윤리적 채식주의를 성공적으로 비판했는가? 철학탐구. 25: 195-214.

· 최훈. 2012. 광우병과 관련된 리스크 분석과 논리적 대응. 환경철학. 14: 119-143.

· 최훈. 2013. 벤담&싱어 매사에 공평하라. 김영사. 서울. p.63.

· 최훈. 2014. 동물의 도덕적 지위와 동물의 도덕적 지위와 육식은 동시에 옹호 가능한가? 철학탐구. 36: 207-241.

· 클라우스 E. 뮐러(Klaus E. Muller). 2007. 넥타르와 암부로시아(Nektar und Ambrosia). 조경수 역. 안티쿠스. 서울. pp.103-114, 157.

· 티타렌코 A. I. 1991. 윤리학 입문. 견학필, 박장호 역. 사상사. 서울. pp.72-75.

· 하대청. 2014. '위로부터의 지구화'와 위험담론의 역사적 구성. 환경사회학연구. ECO. 18(1): 235-278.

· 한경희, 허준행, 윤일구, 이강택, 강호정. 2012. 공학 분야의 윤리적 문제해결방법-매트릭스 가이드. 공학교육연구. 15(1): 61-71.

· 한국고용정보원. 2012. 2013년 직종별 직업사전. pp.531-546.

· 한국고용정보원. 2013. 2014년 직종별 직업사전. pp.479-556.

· 한국농촌경제연구원. 2014. 식품수급표 2013. pp.239, 240-254.

· 한국바이오안정성정보센터. 2007. 2007 바이오안정성백서. pp.206-211.

· 한국바이오안정성정보센터. 2015. GMO, 농약, 그리고 발암물질. Biosafety. 16(2): 28-31.

· 한국바이오안정성정보센터. 2015. 이슈로 살펴보는 3분기 바이오안정성 동향. Biosafety. 16(3): 80-81.

· 한국생명공학원 바이오안전성연구센터. 2009. 2009 바이오안전성백서. pp.95-102.

· 한국생명공학연구원 바이오안전성정보센터. 2015. 2015 바이오안전성백서(Biosafety White Paper 2015). 대전. p.17.

· 한국소비자원. 2009. 식의약 안전분야 조사결과보고서. pp.10-11.

· 한국소비자원 보도자료. 1998. 김 양식에 사용되는 염산 및 김 시험결과. http://m.kca.go.kr/brd/m_20/view.do?seq=11&srchFr=&srchTo=&srchWord=&srchTp=&itm_seq_1=0&itm_

seq_2=0&multi_itm_seq=0&company_cd=&company_nm= (2015년 11월 6일 검색).

· 한국소비자원 소비자안전센터. 2010. 식품의 이물 실태조사. pp.206-215.

· 한국식품과학회. 2007. 식품과학기술인 현장. 식품과학과 산업. 40(2): 100-100.

· 한국외식정보(주). 2011. 2011 한국외식연감. pp. 65-474.

· 한국육류유통수출협회. 2015. 미국산 쇠고기 수입 현황. www.kmta.or.kr.

· 한국조리사회. http://www.ikca.or.kr/education.php (2015년 11월 9일 검색).

· 한국표준협회. 2015. 2015년 KRCA(대한민국지속 가능성보고서상) 조사 결과 공시. http://
ksi.ksasma.or.kr/ksi/customer/news/view.asp?seq=59 (2015년 10월 16일 검색).

· 한면희. 1997. 환경윤리-자연의 가치와 인간의 의무. 철학과 현실사. 서울. pp.17-18, p.45,
141-142, 150-153.

· 한세현. 2014. 광우병의 병리학적 측면에서 언론보도 및 시민 인식에 대한 연구. 경북대학교
대학원. 박사학위논문. pp.2-3, 10-11, 12-22, 150-158.

· 한소인. 2006. 한스 요나스의 생명철학과 책임의 윤리-생명공학 시대의 윤리적 요청에 대
한 응답. 철학논총. 43(1): 367-390.

· 한스 요나스(Hans Jonas). 2001. 생명의 원리. 철학적 생물학을 위한 접근. 한정선 옮김. 아카
넷. 서울. pp.547-551, 565-569.

· 한스 요나스(Hans Jonas). 2005. 기술 의학 윤리 – 책임 원칙의 실천. 이유택 옮김. 솔출판사.
서울. pp.73-87.

· 해리스(Harris, C.E.Jr.). 1994. 도덕이론을 현실 문제에 적용시켜 보면(Applying Moral Theo-
ries). 김학택, 박우현 옮김. 서광사. 서울. pp.17-31, 74-75, 110-111, 122, 131-132, 150,
159-168, 192-193, 196-197, 206-209, 218-223.

· 허남결. 2005. 동물의 권리에 대한 윤리적 논의의 현황. 불교학보. 43: 173-199.

· 홍성걸, 강종호, 마임영. 1999. 김 양식어업 발전을 위한 정책방향. 한국해양수산개발연구원
연구보고서. pp.1-88.

· 홍성우. 2011. 자유주의와 공동체주의 윤리학. 선학사. 성남시. pp.5-9, 15-20.

· 홍연금. 2009. 우리나라 윤리적 소비자에 대한 사례연구. 가톨릭대학교 대학원. 박사학위논
문. pp.94-107.

· 홍연금, 송인숙. 2010. 우리나라 윤리적 소비자에 대한 사례연구. 소비문화연구. 13(2):
1-25.

· 환경보건시민센터. 2015. GMO의 건강학. http://eco-health.org/bbs/board.php?bo_
table=sub02_05&wr_id=39&page=6 (2015년 11월 12일 검색).

· 환경부. 2013. 음식물쓰레기 줄이기. p.5

· 환경부. 2014. 음식물쓰레기 줄이기 우수사례집. p.2.

· 황경식. 2009. 도덕체계와 사회구조의 상관성. 철학사상. 32: 223-261.

· 황광우. 2012. 철학콘서트3. 웅진지식하우스. 서울. pp.171-191.

· 황은애, 송순영. 2008. 사업자의 소비자관련 사회적 책임활동 현황분석 : 국내 지속 가능성 보고서 내용검토를 중심으로. 소비자학연구. 19(4): 109-133.

· Cho, H.Y. 1998. The historical background and characteristics of Korean food. Korean J. Food Culture. 13: 1, 1-8.

· Cho, Y.K. 2002. On position of the doctrine of Confucius and Mencius in Chinese dietary culture history. Korean J. Food Culture. 17: 3, 496-529.

· Clark, J.P, Ritson, C. 2013. Practical Ethics for Food Professionals. Ethics in Research, Education and the Workplace. IFT Press. Wiley-Blackwell. Oxford. UK. pp.7-17, 21-37, 41-43, 46-55.

· Coff, C. 2006. The Taste for Ethics. An Ethic of Food Consumption. Springer. Dordrecht, The Netherlands. pp.3-5, 6-11, 13-16, 16-21, 21-30.

· EBS. 2014. 다큐프라임. 법과 정의 2부. 정의의 오랜 문제, 어떻게 나눌까? 2014. 5. 27. 방송. http://www.ebs.co.kr/tv/show?prodId=348&lectId=10221035 (2015년 8월 5일 검색).

· Food Safety Commission of Japan. 2013. Risk Assessment Report: Choking Accidents Caused by Foods. pp.43, 88-89. https://www.fsc.go.jp/english/topics/choking_accidents_caused_by_foods.pdf (2015년 11월 4일 검색).

· Frankena, W.K. 1973. Ethics. Englewood Cliffs : Prentice-Hall. p.116.

· Gofton, L. 1996. Bread to biotechnology: cultural aspects of food ethics. In "Food Ethics"ed. Ben Mepham. Routledge. London. pp.64-83.

· Grigorakis, K. 2010. Ethical issues in aquaculture production. Journal of Agricultural and Environmental Ethics. 23: 345-370.

· International Association of Bioethics. http://bioethics-international.org/index.php?show=objectives (2015년 9월 29일 검색).

· KBS. 2005. KBS 스페셜. 저질 중국농산물은 왜 한국으로 향하나. 2005. 11. 27. 방송. http://www.kbs.co.kr/end_program/1tv/sisa/kbsspecial/view/old_vod/1369547_61811.html(2015년 8월 2일 검색).

· Kim, S.S. 2014. The mini-cup jelly court cases: A comparative analysis from a food ethics perspective. Journal of Agricultural and Environmental Ethics. 27(5): 735-748.

· Manning, L., Baines, R.N., Chadd, S.A. 2006. Ethical modelling of the food supply chain, British Food Journal. 108(5): 358-370.

· Mepham, B. 1996. Food Ethics. Routledge. London. pp. xii-xiv, 101-119.

· Mepham, B. 2000. A framework for the ethical analysis of novel foods: the ethical matrix. Journal of Agricultural and Environmental Ethics. 12(2): 165-173.

· OIE. 2014. List of Bovine Spongiform Encephalopathy Risk Status of Member Countries. http://www.oie.int/en/animal-health-in-the-world/official-disease-status/bse/list-of-bse-risk-status/ (2015년 11월 16일 검색).

· Park, S.J. Sun, E.J. 2011. Fat tax and its implication to Korea. Taxation and Accounting Journal. 12(4):69-101.

· SBS. 2009. SBS 스페셜. 생명의 선택 1부. 당신이 먹는 게 삼대를 간다. 2009. 11. 15. 방송.

· Special contribution. 2014. Journal of the Korean Medical Association 57(11): 899-902. http://dx.doi.org/10.5124/jkma.2014.57.11.899.

· Wardlaw, G.M., Hampl, J.S., DiSilvestro, R.A. 2005. Perspective in Nutrition(생활 속의 영양학). 김미경, 왕수경, 신동순, 정해랑, 권오란, 배계현, 노경아, 박주연 옮김. 라이프 사이언스. 서울. pp.6-7.

· Zwart, H. 2000. A short history of food ethics. Journal of Agricultural and Environmental Ethics. 12(2): 113-126.

찾아보기

찾아보기(영어)

local food 53

M

macro-ethics 88, 245

managerial egoism 232

maximum morality 188

maximin rule 164~165

McIntyre 168

means-ends principle 134

medical ethics 199

meso-ethics 245

metabolic definition 207

Mill 108

micro-ethics 88, 245

mini-cup jelly 265

mini-livestock 339

minimum morality 188

misbranded food 130

modern virtue ethics 184

moral virtue 185

moralis 66

morals 66

mos 67

motivation 193

N

natural agriculture 310

natural inclination 125, 128

natural law ethics 123

neoliberalism 106

NEP 373

network 215

new chances-old risks 373

new ecological paradigm 373

new risks-old chances 374

Newton 142

nomos 57~58

nonanthropocentrism 174

nonconsequential ethics 123

non face-to-face 192

non-subtractive goods 136

norm 57

not-being 43, 178

novel food 353

Nuremberg Code 200~201

O

open system 42

organic agriculture 219, 307

original position 165~166

P

Paclobutrazol 131

pathocentrism 175

phenomenon 155

phenylketonuria 171

phronesis 185

physicalism 126

physiological definition 207

physis 57~58

PKU 171

pleasure 107~108

post-industrial society 106, 222

precautionary approach 326

preference 112

preference utilitarianism 335

prescriptive 124

preventive ethics 199

system 255

음식윤리학

1판 1쇄 찍음 2016년 2월 19일
1판 1쇄 펴냄 2016년 2월 25일

지은이 김석신

주간 김현숙 | **편집** 변효현, 김주희
디자인 이현정, 전미혜
영업 백국현, 도진호 | **관리** 김옥연

펴낸곳 궁리출판 | **펴낸이** 이갑수

등록 1999년 3월 29일 제300-2004-162호
주소 10881 경기도 파주시 회동길 325-12
전화 031-955-9818 | **팩스** 031-955-9848
홈페이지 www.kungree.com | **전자우편** kungree@kungree.com
페이스북 /kungreepress | **트위터** @kungreepress

ⓒ 김석신 2016.

ISBN 978-89-5820-368-1   93570

값 25,000원

본 출판물은 (재)오뚜기재단의 출판지원을 받아 발간되었습니다.